plurall

Parabéns!
Agora você faz parte do **Plurall**, a plataforma digital do seu livro didático!
No **Plurall**, você tem acesso gratuito aos recursos digitais deste livro por meio do seu computador, celular ou *tablet*.
Além disso, você pode contar com a nossa tutoria *on-line* sempre que surgir alguma dúvida sobre as atividades e os conteúdos deste livro.

Incrível, não é mesmo?
Venha para o **Plurall** e descubra uma nova forma de estudar!
Baixe o aplicativo do **Plurall** para Android e IOS ou acesse **www.plurall.net** e cadastre-se utilizando o seu código de acesso exclusivo:

AASZMCF4S

CB060729

Este é o seu código de acesso Plurall.
Cadastre-se e ative-o para ter acesso aos conteúdos relacionados a esta obra.

@plurallnet

@plurallnetoficial

SOMOS EDUCAÇÃO

GELSON IEZZI

FUNDAMENTOS DE MATEMÁTICA ELEMENTAR

Complexos
Polinômios
Equações

6

511 exercícios propostos com resposta

227 questões de vestibulares com resposta

8ª edição | São Paulo – 2013

Atual Editora

© Gelson Iezzi, 2013

Copyright desta edição:
SARAIVA S. A. Livreiros Editores, São Paulo, 2013
Rua Henrique Schaumann, 270 — Pinheiros
05413-010 — São Paulo — SP
Fone: (0xx11) 3611-3308 — Fax vendas: (0xx11) 3611-3268
SAC: 0800-0117875
www.editorasaraiva.com.br
Todos os direitos reservados.

Dados Internacionais de Catalogação na Publicação (CIP)
(Câmara Brasileira do Livro, SP, Brasil)

Iezzi, Gelson, 1939 –

Fundamentos de matemática elementar, 6 : complexos, polinômios, equações / Gelson Iezzi. – 8. ed. – São Paulo : Atual, 2013.

ISBN 978-85-357-1752-5 (aluno)
ISBN 978-85-357-1753-2 (professor)

1. Matemática (Ensino médio) 2. Matemática (Ensino médio) – Problemas e exercícios etc. 3. Matemática (Vestibular) – Testes I. Título. II. Título: Complexos, polinômios, equações.

13-02579 CDD-510.7

Índice para catáslogo sistemático:
1. Matemática: Ensino médio 510.7

Fundamentos de Matemática Elementar — vol. 6

Gerente editorial: Lauri Cericato
Editor: José Luiz Carvalho da Cruz
Editores-assistentes: Fernando Manenti Santos/Juracy Vespucci/Guilherme Reghin Gaspar/Livio A. D'Ottaviantonio
Auxiliares de serviços editoriais: Daniella Haidar Pacifico/Margarete Aparecida de Lima/Rafael Rabaçallo Ramos/Vanderlei Aparecido Orso
Digitação de originais: Rodinelia da Silva Leite
Pesquisa iconográfica: Cristina Akisino (coord.)/Enio Rodrigo Lopes
Revisão: Pedro Cunha Jr. e Lilian Semenichin (coords.)/Aline Araújo/Patrícia Cordeiro/Rhennan Santos/Felipe Toledo/Fernanda Antunes/Tatiana Malheiro
Gerente de arte: Nair de Medeiros Barbosa
Supervisor de arte: Antonio Roberto Bressan
Projeto gráfico: Carlos Magno
Capa: Homem de Melo & Tróia Design
Imagem de capa: Ben Miners/Ikon Images/Getty Images
Ilustrações: Conceitograf/Mario Yoshida
Diagramação: TPG
Encarregada de produção e arte: Grace Alves
Coordenadora de editoração eletrônica: Silvia Regina E. Almeida

Produção gráfica: Robson Cacau Alves
Impressão e acabamento: Log&Print Gráfica e Logística S.A.

731.325.008.003

Editora Saraiva SAC 0800-0117875
De 2ª a 6ª, das 8h30 às 19h30
www.editorasaraiva.com.br/contato

Rua Henrique Schaumann, 270 – Cerqueira César – São Paulo/SP – 05413-909

Apresentação

Fundamentos de Matemática Elementar é uma coleção elaborada com o objetivo de oferecer ao estudante uma visão global da Matemática, no ensino médio. Desenvolvendo os programas em geral adotados nas escolas, a coleção dirige-se aos vestibulandos, aos universitários que necessitam rever a Matemática elementar e também, como é óbvio, àqueles alunos de ensino médio cujo interesse se focaliza em adquirir uma formação mais consistente na área de Matemática.

No desenvolvimento dos capítulos dos livros de *Fundamentos* procuramos seguir uma ordem lógica na apresentação de conceitos e propriedades. Salvo algumas exceções bem conhecidas da Matemática elementar, as proposições e os teoremas estão sempre acompanhados das respectivas demonstrações.

Na estruturação das séries de exercícios, buscamos sempre uma ordenação crescente de dificuldade. Partimos de problemas simples e tentamos chegar a questões que envolvem outros assuntos já vistos, levando o estudante a uma revisão. A sequência do texto sugere uma dosagem para teoria e exercícios. Os exercícios resolvidos, apresentados em meio aos propostos, pretendem sempre dar explicação sobre alguma novidade que aparece. No final de cada volume, o aluno pode encontrar as respostas para os problemas propostos e assim ter seu reforço positivo ou partir à procura do erro cometido.

A última parte de cada volume é constituída por questões de vestibulares, selecionadas dos melhores vestibulares do país e com respostas. Essas questões podem ser usadas para uma revisão da matéria estudada.

Aproveitamos a oportunidade para agradecer ao professor dr. Hygino H. Domingues, autor dos textos de história da Matemática que contribuem muito para o enriquecimento da obra.

Neste volume abordamos o estudo dos números complexos, dos polinômios e das equações polinomiais. Os dois últimos capítulos complementam o terceiro, enfatizando o estudo das equações recíprocas e a determinação do mdc e do mmc de dois polinômios.

A teoria passou por cuidadosa revisão, fazendo-se as simplificações ou acréscimos julgados pertinentes. As respostas dos exercícios foram conferidas minuciosamente. No manual do professor estão resolvidos todos os exercícios mais complicados.

Finalmente, como há sempre uma certa distância entre o anseio dos autores e o valor de sua obra, gostaríamos de receber dos colegas professores uma apreciação sobre este trabalho, notadamente os comentários críticos, os quais agradecemos.

Os autores

Sumário

CAPÍTULO I

Números complexos

I. Operações com pares ordenados

1. Seja $\mathbb{R}$ o conjunto dos números reais. Consideremos o produto cartesiano $\mathbb{R} \times \mathbb{R} = \mathbb{R}^2$:

$$\mathbb{R}^2 = \{(x, y) \mid x \in \mathbb{R} \text{ e } y \in \mathbb{R}\}$$

isto é, $\mathbb{R}^2$ é o conjunto dos pares ordenados (x, y) em que *x* e *y* são números reais.

Vamos tomar dois elementos, (a, b) e (c, d), de $\mathbb{R}^2$ para dar três importantes definições:

a) **igualdade**: dois pares ordenados são iguais se, e somente se, apresentarem primeiros termos iguais e segundos termos iguais.

$$(a, b) = (c, d) \Leftrightarrow a = c \text{ e } b = d$$

b) **adição**: chama-se *soma* de dois pares ordenados a um novo par ordenado cujos primeiro e segundo termos são, respectivamente, a soma dos primeiros e a soma dos segundos termos dos pares dados.

$$(a, b) + (c, d) = (a + c, b + d)$$

c) **multiplicação**: chama-se **produto** de dois pares ordenados a um novo par ordenado cujo primeiro termo é a diferença entre o produto dos primeiros termos e o produto dos segundos termos dos pares dados e cujo segundo termo é a soma dos produtos do primeiro termo de cada par dado pelo segundo termo do outro.

$$(a, b) \cdot (c, d) = (ac - bd,\ ad + bc)$$

2. Conjunto dos números complexos

Chama-se **conjunto dos números complexos**, e representa-se por $\mathbb{C}$, o conjunto dos pares ordenados de números reais para os quais estão definidas a igualdade, a adição e a multiplicação conforme o item 1.

É usual representar-se cada elemento $(x, y) \in \mathbb{C}$ com o símbolo *z*; portanto:

$$z \in \mathbb{C} \Leftrightarrow z = (x, y), \text{ sendo } x, y \in \mathbb{R}$$

3. Aplicações

1ª) Dados $z_1 = (2, 1)$ e $z_2 = (3, 0)$, calcular $z_1 + z_2$, $z_1 \cdot z_2$ e z_1^2.
Temos:

$$z_1 + z_2 = (2, 1) + (3, 0) = (2 + 3, 1 + 0) = (5, 1)$$

$$z_1 \cdot z_2 = (2, 1) \cdot (3, 0) = (2 \cdot 3 - 1 \cdot 0, 2 \cdot 0 + 1 \cdot 3) = (6, 3)$$

$$z_1^2 = z_1 \cdot z_1 = (2, 1) \cdot (2, 1) = (2 \cdot 2 - 1 \cdot 1, 2 \cdot 1 + 1 \cdot 2) = (3, 4)$$

2ª) Dados $z_1 = (1, 2)$ e $z_2 = (3, 4)$, calcular *z* tal que $z_1 + z = z_2$.
Temos:

$$z_1 + z = z_2 \Rightarrow (1, 2) + (x, y) = (3, 4) \Rightarrow (1 + x, 2 + y) = (3, 4) \Rightarrow$$

$$\Rightarrow \begin{cases} 1 + x = 3 \\ 2 + y = 4 \end{cases} \Rightarrow \begin{cases} x = 2 \\ y = 2 \end{cases}$$

portanto $z = (2, 2)$.

3ª) Dados $z_1 = (1, -1)$ e $z_2 = (2, 3)$, calcular *z* tal que $z_1 \cdot z = z_2$.
Temos:

$z_1 \cdot z = z_2 \Rightarrow (1, -1) \cdot (x, y) = (2, 3) \Rightarrow (x + y, y - x) = (2, 3) \Rightarrow$

$$\Rightarrow \begin{cases} x + y = 2 \\ y - x = 3 \end{cases} \Rightarrow \begin{cases} x = -\dfrac{1}{2} \\ y = \dfrac{5}{2} \end{cases}$$

Portanto $z = \left(-\dfrac{1}{2}, \dfrac{5}{2}\right)$.

4. Propriedades da adição

Teorema

A operação de adição em $\mathbb{C}$ verifica as seguintes propriedades:

[A−1] propriedade associativa

[A−2] propriedade comutativa

[A−3] existência do elemento neutro

[A−4] existência do elemento simétrico

Demonstração:

[A−1] $(z_1 + z_2) + z_3 = z_1 + (z_2 + z_3),\ \forall z_1, z_2, z_3 \in \mathbb{C}$

$(z_1 + z_2) + z_3 = [(a, b) + (c, d)] + (e, f) = (a + c, b + d) + (e, f) =$
$= [(a + c) + e, (b + d) + f] = [a + (c + e), b + (d + f)] =$
$= (a, b) + (c + e, d + f) = (a + b) + [(c, d) + (e, f)] =$
$= z_1 + (z_2 + z_3)$

[A−2] $z_1 + z_2 = z_2 + z_1,\ \forall z_1, z_2 \in \mathbb{C}$

$(z_1 + z_2) = (a, b) + (c, d) = (a + c, b + d) = (c + a, d + b) =$
$= (c, d) + (a, b) = z_2 + z_1$

[A−3] $\exists\ e_a \in \mathbb{C} \mid z + e_a = z,\ \forall z \in \mathbb{C}$

Fazendo $z = (a, b)$, provemos que existe $e_a = (x, y)$ tal que $z + e_a = z$:

$$(a, b) + (x, y) = (a, b) \Leftrightarrow \begin{cases} a + x = a \\ b + y = b \end{cases} \Leftrightarrow \begin{cases} x = 0 \\ y = 0 \end{cases}$$

Portanto existe $e_a = (0, 0)$, chamado **elemento neutro** para a adição, que somado a qualquer complexo *z* dá como resultado o próprio *z*.

[A−4] $\forall z \in \mathbb{C}, \exists\ z' \in \mathbb{C} \mid z + z' = e_a$

Fazendo $z = (a, b)$, provemos que existe $z' = (x, y)$ tal que $z + z' = e_a$:

$$(a, b) + (x, y) = (0, 0) \Leftrightarrow \begin{cases} a + x = 0 \\ b + y = 0 \end{cases} \Leftrightarrow \begin{cases} x = -a \\ y = -b \end{cases}$$

portanto existe $z' = (-a, -b)$, chamado **simétrico** ou **inverso aditivo** de z, que somado ao complexo $z = (a, b)$ dá como resultado $e_a = (0, 0)$.

5. Subtração

Decorre do teorema anterior que, dados os complexos $z_1 = (a, b)$ e $z_2 = (c, d)$, existe um único $z \in \mathbb{C}$ tal que $z_1 + z = z_2$, pois:

$$z_1 + z = z_2 \Rightarrow z_1' + (z_1 + z) = z_1' + z_2 \Rightarrow (z_1' + z_1) + z = z_2 + z_1' \Rightarrow$$
$$\Rightarrow e_a + z = z_2 + z_1' \Rightarrow z = z_2 + z_1'$$

Esse número z é chamado **diferença** entre z_2 e z_1 e indicado por $z_2 - z_1$, portanto:

$$z_2 - z_1 = z_2 + z_1' = (c, d) + (-a, -b) = (c - a, d - b)$$

Exemplo:

$$(7, 4) - (6, 1) = (7, 4) + (-6, -1) = (7 - 6, 4 - 1) = (1, 3)$$

6. Propriedades da multiplicação

Teorema

A operação de multiplicação em $\mathbb{C}$ verifica as seguintes propriedades:

[M−1] propriedade associativa

[M−2] propriedade comutativa

[M−3] existência do elemento neutro

[M−4] existência do elemento inverso

Demonstração:

[M−1] $(z_1 \cdot z_2) \cdot z_3 = z_1 \cdot (z_2 \cdot z_3), \forall z_1, z_2, z_3 \in \mathbb{C}$

$$(z_1 \cdot z_2) \cdot z_3 = [(a, b) \cdot (c, d)] \cdot (e, f) = (ac - bd, ad + bc) \cdot (e, f) =$$
$$= [(ac - bd)e - (ad + bc)f, (ac - bd)f + (ad + bc)e] =$$
$$= [ace - bde - adf - bcf, acf - bdf + ade + bce] =$$
$$= [a(ce - df) - b(de + cf), a(de + cf) + b(ce - df)] =$$
$$= (a, b) \cdot (ce - df, cf + de) = (a, b) \cdot [(c, d) \cdot (e, f)] = z_1 \cdot (z_2 \cdot z_3)$$

[M–2] $z_1 \cdot z_2 = z_2 \cdot z_1, \forall z_1, z_2 \in \mathbb{C}$

$z_1 \cdot z_2 = (a, b) \cdot (c, d) = (ac - bd, ad + bc) = (ca - db, cb + da) =$
$= (c, d) \cdot (a, b) = z_2 \cdot z_1$

[M–3] $\exists\, e_m \in \mathbb{C} \mid z \cdot e_m = z, \forall z \in \mathbb{C}$

Fazendo $z = (a, b)$, provemos que existe $e_m = (x, y)$ tal que $z \cdot e_m = z$:

$(a, b) \cdot (x, y) = (a, b) \Leftrightarrow (ax - by, ay + bx) = (a, b) \Leftrightarrow$

$$\Leftrightarrow \begin{cases} ax - by = a \\ bx + ay = b \end{cases} \Leftrightarrow \begin{cases} x = 1 \\ y = 0 \end{cases}$$

portanto existe $e_m = (1, 0)$, chamado **elemento neutro** para a multiplicação, que multiplicado por qualquer complexo z dá como resultado o próprio z.

[M–4] $\forall z \in \mathbb{C}^*, \exists z'' \in \mathbb{C} \mid z \cdot z'' = e_m$ (*)

Fazendo $z = (a, b)$, com $a \neq 0$ ou $b \neq 0$, provemos que existe $z'' = (x, y)$ tal que $z \cdot z'' = e_m$:

$$(a, b) \cdot (x, y) = (1, 0) \Leftrightarrow (ax - by, ay + bx) = (1, 0) \Leftrightarrow \begin{cases} ax - by = 1 \\ bx + ay = 0 \end{cases} \Leftrightarrow$$

$$\Leftrightarrow x = \frac{a}{a^2 + b^2} \text{ e } y = \frac{-b}{a^2 + b^2}$$

portanto existe $z'' = \left(\dfrac{a}{a^2 + b^2}, \dfrac{-b}{a^2 + b^2}\right)$, chamado **inverso** ou **inverso multiplicativo** de z, que multiplicado por $z = (a, b)$ dá como resultado $e_m = (1, 0)$. Observemos que a condição $a \neq 0$ ou $b \neq 0$ equivale a $a^2 + b^2 \neq 0$ e isto garante a existência de z''.

7. Divisão

Decorre do teorema anterior que, dados os complexos $z_1 = (a, b) \neq (0, 0)$ e $z_2 = (c, d)$, existe um único $z \in \mathbb{C}$ tal que $z_1 \cdot z = z_2$, pois:

$$z_1 \cdot z = z_2 \Rightarrow z_1'' \cdot (z_1 \cdot z) = z_1'' \cdot z_2 \Rightarrow (z_1'' \cdot z_1) \cdot z = z_2 \cdot z_1'' \Rightarrow e_m \cdot z = z_2 \cdot z_1'' \Rightarrow$$
$$\Rightarrow z = z_2 \cdot z_1''$$

(*) $\mathbb{C}^* = \mathbb{C} - \{(0, 0)\}$

Esse número z é chamado **quociente** entre z_2 e z_1 e indicado por $\frac{z_2}{z_1}$:

$$\frac{z_2}{z_1} = z_2 \cdot z_1'' = (c, d)\left(\frac{a}{a^2 + b^2}, -\frac{b}{a^2 + b^2}\right) = \left(\frac{ca + db}{a^2 + b^2}, \frac{da - cb}{a^2 + b^2}\right)$$

Exemplo:

$$\frac{(1, 2)}{(3, 4)} = (1, 2) \cdot \left(\frac{3}{3^2 + 4^2}, -\frac{4}{3^2 + 4^2}\right) = (1, 2) \cdot \left(\frac{3}{25}, -\frac{4}{25}\right) = \left(\frac{11}{25}, \frac{2}{25}\right)$$

8. Propriedade distributiva

Em $\mathbb{C}$, a operação de multiplicação é distributiva em relação à adição:

[D] $z_1 \cdot (z_2 + z_3) = z_1 \cdot z_2 + z_1 \cdot z_3, \forall z_1, z_2, z_3 \in \mathbb{C}$

Demonstração:

$$z_1 \cdot (z_2 + z_3) = (a, b) \cdot [(c, d) + (e, f)] = (a, b) \cdot (c + e, d + f) =$$
$$= [a(c + e) - b(d + f), a(d + f) + b(c + e)] =$$
$$= [ac + ae - bd - bf, ad + af + bc + be] =$$
$$= [(ac - bd) + (ae - bf), (ad + bc) + (af + be)] =$$
$$= (ac - bd, ad + bc) + (ae - bf, af + be) =$$
$$= (a, b) \cdot (c, d) + (a, b) \cdot (e, f) = z_1 \cdot z_2 + z_1 \cdot z_3$$

II. Forma algébrica

9. Imersão de $\mathbb{R}$ em $\mathbb{C}$

Consideremos o subconjunto R' de $\mathbb{C}$ formado pelos pares ordenados cujo segundo termo é zero:

$$R' = \{(a, b) \in \mathbb{C} \mid b = 0\}$$

Pertencem, por exemplo, a R' os pares (0, 0), (1, 0), (a, 0), (b, 0), (a + b, 0), (a · b, 0), etc.

Consideremos agora a aplicação f, de $\mathbb{R}$ em R', que leva cada $x \in \mathbb{R}$ ao par $(x, 0) \in R'$.

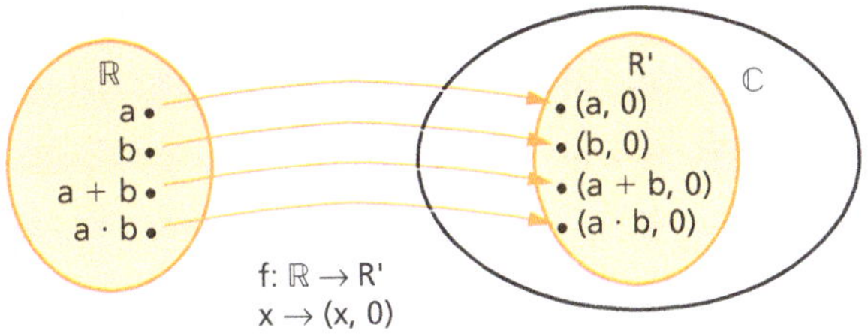

Primeiramente notemos que f é bijetora, pois:

1) todo par $(x, 0) \in R'$ é o correspondente, segundo f, de $x \in \mathbb{R}$ (ou seja, f é sobrejetora);

2) dados $x \in \mathbb{R}$ e $x' \in \mathbb{R}$, com $x \neq x'$, os seus correspondentes $(x, 0) \in R'$ e $(x', 0) \in R'$ são distintos, de acordo com a definição de igualdade de pares ordenados (ou seja, f é injetora).

Em segundo lugar, notemos que f conserva as operações de adição e multiplicação, pois:

1) à soma $a + b$, com $a \in \mathbb{R}$ e $b \in \mathbb{R}$, está associado o par $(a + b, 0)$, que é a soma dos pares $(a, 0)$ e $(b, 0)$, correspondentes de a e b, respectivamente:

$$f(a + b) = (a + b, 0) = (a, 0) + (b, 0) = f(a) + f(b)$$

2) ao produto ab, com $a \in \mathbb{R}$ e $b \in \mathbb{R}$, está associado o par $(ab, 0)$, que é o produto dos pares $(a, 0)$ e $(b, 0)$, correspondentes de a e b, respectivamente:

$$f(ab) = (ab, 0) = (ab - 0 \cdot 0, a \cdot 0 + 0 \cdot b) = (a, 0) \cdot (b, 0) = f(a) \cdot f(b)$$

Devido ao fato de existir uma aplicação bijetora $f: \mathbb{R} \to R'$ que conserva as operações de adição e multiplicação, dizemos que $\mathbb{R}$ e R' são isomorfos.

Devido ao isomorfismo, operar com $(x, 0)$ leva a resultados análogos aos obtidos operando com x. Isto justifica a igualdade:

$$x = (x, 0), \forall x \in \mathbb{R}$$

que usaremos daqui por diante.

Aceita esta igualdade, temos em particular que $0 = (0, 0)$, $1 = (1, 0)$ e $\mathbb{R} = R'$. Assim, o corpo $\mathbb{R}$ dos números reais passa a ser considerado subconjunto do corpo $\mathbb{C}$ dos números complexos:

$$\mathbb{R} \subset \mathbb{C}$$

10. Unidade imaginária

Chamamos **unidade imaginária** e indicamos por *i* o número complexo (0, 1).

Notemos que:

$$i^2 = i \cdot i = (0, 1) \cdot (0, 1) = (0 \cdot 0 - 1 \cdot 1, 0 \cdot 1 + 1 \cdot 0) = (-1, 0) = -1$$

isto é, a propriedade básica da unidade imaginária é:

$$i^2 = -1$$

Aplicando a propriedade associativa da multiplicação, temos também:

$$i^3 = i^2 \cdot i = (-1) \cdot i = -i$$

$$i^4 = i^2 \cdot i^2 = (-1) \cdot (-1) = 1$$

Mais geralmente, para todo $n \in \mathbb{N}$, temos:

$$i^{4n} = 1, \quad i^{4n+1} = i, \quad i^{4n+2} = -1, \quad i^{4n+3} = -i$$

cuja demonstração fica como exercício.

11. Dado um número complexo qualquer $z = (x, y)$, temos:

$$z = (x, y) = (x, 0) + (0, y) = (x, 0) + (y \cdot 0 - 0 \cdot 1, y \cdot 1 + 0 \cdot 0) =$$
$$= (x, 0) + (y, 0) \cdot (0, 1)$$

Isto é:

$$z = x + y \cdot i$$

Assim, todo número complexo $z = (x, y)$ pode ser escrito sob a forma $z = x + y \cdot i$, chamada forma algébrica. O número real *x* é chamado parte real de *z* e o número real *y* é chamado parte imaginária de *z*. Em símbolos indica-se:

$$x = \text{Re}(z) \quad \text{e} \quad y = \text{Im}(z)$$

Chama-se **real** todo número complexo cuja parte imaginária é nula. Chama-se **imaginário puro** todo número complexo cuja parte real é nula e a imaginária não.

Assim:

$z = x + 0i = x$ é real

$z = 0 + yi = yi \ (y \neq 0)$ é imaginário puro

12. A forma algébrica $(x + yi)$ é muito mais prática que o par ordenado (x, y) na representação dos números complexos, uma vez que ela facilita as operações. Vejamos como ficam as definições de igualdade, adição e multiplicação de complexos, usando a forma algébrica:

Igualdade: $a + bi = c + di \Leftrightarrow a = c$ e $b = d$, isto é, dois números complexos são iguais se, e somente se, têm partes reais iguais e partes imaginárias iguais.

Adição: $(a + bi) + (c + di) = (a + c) + (b + d)i$, isto é, a soma de dois números complexos é um complexo cuja parte real é a soma das partes reais das parcelas e cuja parte imaginária é a soma das partes imaginárias das parcelas.

Multiplicação: $(a + bi)(c + di) = (ac - bd) + (ad + bc)i$, isto é, o produto de dois números complexos é o resultado do desenvolvimento de $(a + bi)(c + di)$, aplicando a propriedade distributiva e levando em conta que $i^2 = -1$:

$$(a + bi)(c + di) = a(c + di) + bi(c + di) = ac + adi + bci + bdi^2 =$$
$$= (ac - bd) + (ad + bc)i$$

Exemplo:

Dados $z_1 = 1 + i$, $z_2 = 1 - i$ e $z_3 = 3 + 2i$, calculemos $z_1 + z_2 + z_3$ e $z_1 \cdot z_2 \cdot z_3$:

$z_1 + z_2 + z_3 = (1 + 1 + 3) + i(1 - 1 + 2) = 5 + 2i$

$z_1 \cdot z_2 \cdot z_3 = (1 + i)(1 - i)(3 + 2i) = 2 \cdot (3 + 2i) = 6 + 4i$

EXERCÍCIOS

1. Efetue as operações indicadas:

a) $(6 + 7i)(1 + i)$

b) $(5 + 4i)(1 - i) + (2 + i)i$

c) $(1 + 2i)^2 - (3 + 4i)$

Solução

Operamos com complexos na forma algébrica da mesma maneira que fazemos com expressões algébricas, lembrando apenas que $i^2 = -1$:

a) $(6 + 7i)(1 + i) = 6 + 7i + 6i + 7i^2 = 6 + 7i + 6i - 7 = -1 + 13i$

b) $(5 + 4i)(1 - i) + (2 + i)i = 5 + 4i - 5i - 4i^2 + 2i + i^2 =$
$= 5 + 4i - 5i + 4 + 2i - 1 = 8 + i$

c) $(1 + 2i)^2 - (3 + 4i) = 1 + 4i + 4i^2 - 3 - 4i = 1 + 4i - 4 - 3 - 4i = -6$

2. Efetue:

a) $(3 + 2i) + (2 - 5i)$

b) $(5 - 2i) - (2 + 8i)$

c) $(1 + i) + (1 - i) - 2i$

d) $(6 + 7i) - (4 + 2i) + (1 - 10i)$

3. Efetue:

a) $(2 - 3i)(1 + 5i)$

b) $(1 + 2i)(2 + i)$

c) $(4 - 3i)(5 - i)(1 + i)$

d) $(7 + 2i)(7 - 2i)$

4. Se $u = 4 + 3i$ e $v = 5 - 2i$, calcule $u \cdot v$.

5. Calcule:

a) $(3 + 2i)^2$

b) $(5 - i)^2$

c) $(1 + i)^3$

6. Se $f(z) = z^2 - z + 1$, calcule $f(1 - i)$.

7. Dado $f(z) = z^4 + iz^3 - (1 + 2i)z^2 + 3z + 1 + 3i$, calcule o valor de f no ponto $z = 1 + i$.

8. Prove que $(1 + i)^2 = 2i$ e coloque na forma algébrica o número $z = \dfrac{(1 + i)^{80} - (1 + i)^{82}}{i^{96}}$.

Solução

$(1 + i)^2 = (1 + i)(1 + i) = 1 + 2i + i^2 = 2i$

$$z = \frac{[(1 + i)^2]^{40} - [(1 + i)^2]^{41}}{(i^4)^{24}} = \frac{(2i)^{40} - (2i)^{41}}{1^{24}} = \frac{2^{40} - i \cdot 2^{41}}{1} = 2^{40} - i \cdot 2^{41}$$

9. Calcule as seguintes potências de i:

a) i^{76}

b) i^{110}

c) i^{97}

d) i^{503}

10. Prove que $(1 - i)^2 = -2i$ e calcule $(1 - i)^{96} + (1 - i)^{97}$.

11. Se $i^2 = -1$, calcule o valor de $(1 + i)^{12} - (1 - i)^{12}$.

12. Qual o resultado da simplificação de:

$$\frac{(2 + i)^{101} \cdot (2 - i)^{50}}{(-2 - i)^{100} \cdot (i - 2)^{49}}?$$

13. A igualdade $(1 + i)^n = (1 - i)^n$ verifica-se para os números naturais divisíveis por qual número natural?

14. Determine $x \in \mathbb{R}$ e $y \in \mathbb{R}$ para que se tenha:

a) $2 + 3yi = x + 9i$

b) $(x + yi)(3 + 4i) = 7 + 26i$

c) $(x + yi)^2 = 4i$

Solução

Vamos aplicar a definição de igualdade no campo complexo:

$\alpha + \beta i = \gamma + \delta i \Leftrightarrow \alpha = \gamma$ e $\beta = \delta$

a) $2 + 3yi = x + 9i \Leftrightarrow \begin{cases} 2 = x \\ 3y = 9 \end{cases} \Rightarrow x = 2$ e $y = 3$

b) $(3x - 4y) + (4x + 3y)i = 7 + 26i \Leftrightarrow \begin{cases} 3x - 4y = 7 \\ 4x + 3y = 26 \end{cases}$

e, resolvendo o sistema, temos $x = 5$ e $y = 2$.

c) $(x^2 - y^2) + 2xyi = 4i \Leftrightarrow \begin{cases} x^2 - y^2 = 0 \\ 2xy = 4 \end{cases}$

da primeira equação tiramos $x = \pm y$ e substituímos na segunda:

$2(\pm y)(y) = 4 \Rightarrow \pm 2y^2 = 4 \Rightarrow y = \pm\sqrt{2} \Rightarrow x = \pm\sqrt{2}$

Portanto $x = \sqrt{2}$ e $y = \sqrt{2}$ ou $x = -\sqrt{2}$ e $y = -\sqrt{2}$.

15. Determine $x \in \mathbb{R}$ e $y \in \mathbb{R}$ para que se tenha:

a) $3 + 5ix = y - 15i$

b) $(x + yi)(2 + 3i) = 1 + 8i$

c) $(3 + yi) + (x - 2i) = 7 - 5i$

d) $(x + yi)^2 = 2i$

e) $(2 - x + 3y) + 2yi = 0$

f) $(3 - i)(x + yi) = 20$

16. Quais os números complexos *x* e *y* para os quais $x + yi = i$ e $xi + y = 2i - 1$?

17. Qual é a condição para que o produto de dois números complexos $a + ib$ e $c + id$ dê um número real?

18. Qual a condição para que o número $(a + bi)^4$, a e b reais, seja estritamente negativo?

13. Conjugado

Chama-se **conjugado** do complexo $z = x + yi$ ao complexo $\bar{z} = x - yi$, isto é:

$$z = x + yi \Leftrightarrow \bar{z} = x - yi$$

Exemplos:

1º) $z = 2 + 5i \Rightarrow \bar{z} = 2 - 5i$
2º) $z = 3 - 4i \Rightarrow \bar{z} = 3 + 4i$
3º) $z = -1 - 3i \Rightarrow \bar{z} = -1 + 3i$
4º) $z = -7 + 2i \Rightarrow \bar{z} = -7 - 2i$

É imediato notar que o complexo conjugado de $\bar{z}$ é z:

$\overline{(\bar{z})} = \left(\overline{x - y \cdot i}\right) = x + yi = z$

Por esse motivo dizemos que z e $\bar{z}$ são números complexos conjugados (um é conjugado do outro).

14. Propriedades do conjugado

Teorema

Para todo $z \in \mathbb{C}$, temos:

1) $z + \bar{z} = 2 \cdot \text{Re}(z)$

2) $z - \bar{z} = 2 \cdot \text{Im}(z) \cdot i$

3) $z = \bar{z} \Leftrightarrow z \in \mathbb{R}$

Demonstração:

Fazendo $z = x + yi$, temos:

1) $z + \bar{z} = (x + yi) + (x - yi) = 2x = 2 \cdot \text{Re}(z)$

2) $z - \bar{z} = (x + yi) - (x - yi) = 2yi = 2 \cdot \text{Im}(z) \cdot i$

3) $z = \bar{z} \Leftrightarrow (x + yi = x - yi) \Leftrightarrow y = -y \Leftrightarrow y = 0 \Leftrightarrow z \in \mathbb{R}$

15. Conjugados da soma e do produto

Teorema

Se z_1 e z_2 são números complexos quaisquer, temos:

1) $\overline{z_1 + z_2} = \overline{z_1} + \overline{z_2}$

2) $\overline{z_1 \cdot z_2} = \overline{z_1} \cdot \overline{z_2}$

Demonstração:

Fazendo $z_1 = x_1 + y_1 i$ e $z_2 = x_2 + y_2 i$, temos:

1) $z_1 + z_2 = (x_1 + x_2) + (y_1 + y_2)i \Rightarrow \overline{z_1 + z_2} = (x_1 + x_2) - (y_1 + y_2)i =$
$= (x_1 - y_1 i) + (x_2 - y_2 i) = \overline{z_1} + \overline{z_2}$

2) $z_1 \cdot z_2 = (x_1 + y_1 i)(x_2 + y_2 i) = (x_1x_2 - y_1y_2) + (x_1y_2 + x_2y_1)i$

Então:

$\overline{z_1 z_2} = (x_1x_2 - y_1y_2) - (x_1y_2 + x_2y_1)i = (x_1x_2 - x_1y_2 i) + (-x_2y_1 i + y_1y_2 i^2) =$
$= x_1(x_2 - y_2 i) - y_1 i(x_2 - y_2 i) = (x_1 - y_1 i)(x_2 - y_2 i) = \overline{z_1} \cdot \overline{z_2}$

16. Uso do conjugado na divisão

Vimos no item 7 como pode ser calculado o quociente de dois números complexos. Agora temos um processo mais prático baseado em que:

$z\bar{z} = (a + bi)(a - bi) = a^2 - b^2i^2 = a^2 + b^2$

Dados $z_1 = a + bi \neq 0$ e $z_2 = c + di$, temos:

$$\frac{z_2}{z_1} = \frac{c + di}{a + bi} = \frac{(c + di)(a - bi)}{(a + bi)(a - bi)} = \frac{ca + db}{a^2 + b^2} + \frac{da - cb}{a^2 + b^2}\,i$$

isto é, para calcular $\frac{z_2}{z_1}$ basta multiplicar numerador e denominador pelo conjugado do denominador.

Exemplo:

$$\frac{3 + 2i}{1 + i} = \frac{(3 + 2i)(1 - i)}{(1 + i)(1 - i)} = \frac{(3 + 2) + (2 - 3)i}{1 + 1} = \frac{5}{2} - \frac{1}{2}\,i$$

EXERCÍCIOS

19. Coloque na forma algébrica os seguintes números:

a) $\frac{2}{i}$ b) $\frac{3}{2+i}$ c) $\frac{1+2i}{3-i}$ d) $\frac{i^9}{4-3i}$

Solução

Para reduzirmos um quociente $\frac{z_1}{z_2}$ à forma a + bi basta multiplicar e dividir por $\overline{z_2}$:

a) $\frac{2}{i} = \frac{2(-i)}{i\,(-i)} = \frac{-2i}{-i^2} = 2i$

b) $\frac{3}{2+i} = \frac{3(2-i)}{(2+i)(2-i)} = \frac{6-3i}{4-i^2} = \frac{6}{5} - \frac{3}{5}i$

c) $\frac{1+2i}{3-i} = \frac{(1+2i)(3+i)}{(3-i)(3+i)} = \frac{1+7i}{9-i^2} = \frac{1}{10} + \frac{7}{10}i$

d) $\frac{i^9}{4-3i} = \frac{i^8 \cdot i \cdot (4+3i)}{(4-3i)(4+3i)} = \frac{4i-3}{16-9i^2} = -\frac{3}{25} + \frac{4}{25}i$

20. Coloque na forma a + bi os seguintes números complexos:

a) $\frac{1}{i}$

b) $\frac{1}{1+i}$

c) $\frac{3+4i}{2-i}$

d) $\frac{1+i}{1-i}$

e) $\frac{i^{11} + 2 \cdot i^{13}}{i^{18} - i^{37}}$

f) $\frac{1-3i}{3-i}$

g) $\frac{i^3 - i^2 + i^{17} - i^{35}}{i^{16} - i^{13} + i^{30}}$

h) $\frac{1+i}{(1-i)^2}$

21. Qual o conjugado de $\frac{1+3i}{2-i}$?

Solução

$$z = \frac{1+3i}{2-i} = \frac{(1+3i)(2+i)}{(2-i)(2+i)} = \frac{-1+7i}{5} = \frac{-1}{5} + \frac{7}{5}i$$

$$\bar{z} = \frac{-1}{5} - \frac{7}{5}i$$

22. Determine o conjugado de $\frac{1 + i}{i}$.

23. Calcule o conjugado do inverso do número complexo $z = \left(\frac{1 + i}{1 - i}\right)^{-1}$.

24. Sejam *u* e *v* dois números complexos tais que $u^2 - v^2 = 6$ e $\overline{u} + \overline{v} = 1 - i$ ($\overline{u}$ e $\overline{v}$ conjugados de *u* e *v*). Calcule $u - v$.

25. Sejam os números complexos $u = 1$ e $v = 1 - i$. Calcule $u^{52} \cdot v^{-51}$.

26. Variando o inteiro *n*, quais os possíveis valores que o número complexo $\left(\frac{1 + i}{1 - i}\right)^n$ pode assumir?

27. Dê as condições necessárias e suficientes para que $\frac{a + bi}{c - di}$ (com $c + di \neq 0$) seja um:

a) imaginário puro;

b) real.

Solução

$$z = \frac{a + bi}{c + di} = \frac{(a + bi)(c - di)}{(c + di)(c - di)} = \frac{(ac + bd) + (bc - ad)i}{c^2 + d^2}$$

a) $\text{Re}(z) = 0 \Leftrightarrow ac + bd = 0$

b) $\text{Im}(z) = 0 \Leftrightarrow bc - ad = 0$

28. Se $u = x + iy$ e $v = \frac{1}{2} - i\frac{\sqrt{3}}{2}$, calcule o valor da parte real do número complexo $v \cdot \overline{u}$.

29. Seja $z = x + iy$, $x^2 + y^2 \neq 0$ ($i^2 = -1$, *x* e *y* reais). Qual é a condição para que $z + \frac{1}{z}$ seja real?

30. Se z_1 e z_2 são números complexos, $z_1 + z_2$ e $z_1 \cdot z_2$ são ambos reais, o que se pode afirmar sobre z_1 e z_2?

31. Determine $x (x \in \mathbb{R})$ de modo que o número $z = \frac{2 - xi}{1 + 2xi}$ seja imaginário puro.

32. Determine $a (a \in \mathbb{R})$ de modo que o número $z = \frac{1 + 2i}{2 + ai}$ seja real.

33. Determine o número complexo cujo produto por $5 + 8i$ é real e cujo quociente por $1 + i$ é imaginário puro.

34. Determine o número complexo z tal que $\frac{z}{1 - i} + \frac{z - 1}{1 + i} = \frac{5}{2} + i \cdot \frac{5}{2}$.

35. Determine $z \in \mathbb{C}$ tal que $\bar{z} = -2zi$.

Solução

Fazendo $z = x + yi$ e $\bar{z} = x - yi$, temos:

$x - yi = -2(x + yi)i \Rightarrow x - yi = 2y - 2xi$

então $\begin{cases} x = 2y \\ y = 2x \end{cases} \Rightarrow x = 0 \text{ e } y = 0$

portanto $z = 0$.

36. Sejam dados os números complexos $z = x + iy$ e $u = \frac{1}{2} - i\frac{\sqrt{3}}{2}$. Sendo $\bar{z}$ o conjugado de z, calcule as partes real e imaginária do número complexo $z_1 = u \cdot \bar{z}$.

37. Demonstre que $\overline{z^n} = (\bar{z})^n$ para todo n natural.

38. Prove que se a equação $x^2 + (a + bi)x + (c + di) = 0$, em que $a, b, c, d \in \mathbb{R}$, admite uma raiz real, então $abd = d^2 + b^2c$.

39. Determine os números complexos z tais que $z \cdot \bar{z} + (z - \bar{z}) = 13 + 6i$.

40. Determine $z \in \mathbb{C}$ tal que $z^3 = \bar{z}$.

41. Determine $z \in \mathbb{C}$ tal que $z^2 = i$.

42. Determine $z \in \mathbb{C}$ tal que $z^2 = 1 + i\sqrt{3}$.

43. Sendo $x^2 + y^2 = 1$, prove que $\frac{1 + x + iy}{1 + x - iy} = x + iy$.

44. Prove que

$$\frac{1 + \operatorname{sen} x + i \cdot \cos x}{1 - \operatorname{sen} x - i \cdot \cos x} = (\operatorname{tg} x + \sec x)i$$

para todo x real, $x \neq \frac{\pi}{2} + k\pi$.

III. Forma trigonométrica

17. Norma e módulo

Chama-se **norma** de um número complexo $z = x + yi$ ao número real não negativo

$$N(z) = x^2 + y^2$$

Chama-se **módulo** ou **valor absoluto** de um número complexo $z = x + yi$ ao número real não negativo

$$|z| = \sqrt{N(z)} = \sqrt{x^2 + y^2}$$

Algumas vezes, em lugar de $|z|$ usamos os símbolos ρ ou r para representar o módulo.

Exemplos:

1º) $z = \sqrt{3} + i \Rightarrow N(z) = (\sqrt{3})^2 + 1^2 = 4$ e $|z| = 2$

2º) $z = -2i \Rightarrow N(z) = 0^2 + (-2)^2 = 4$ e $|z| = 2$

3º) $z = -5 \Rightarrow N(z) = (-5)^2 + 0^2 = 25$ e $|z| = 5$

4º) $z = -1 - i \Rightarrow N(z) = (-1)^2 + (-1)^2 = 2$ e $|z| = \sqrt{2}$

18. Propriedades do módulo

Teorema

Se $z = x + yi$ é um número complexo qualquer, então:

(1) $|z| \geqslant 0$

(2) $|z| = 0 \Leftrightarrow z = 0$

(3) $|z| = |\bar{z}|$

(4) $\text{Re}(z) \leqslant |\text{Re}(z)| \leqslant |z|$

(5) $\text{Im}(z) \leqslant |\text{Im}(z)| \leqslant |z|$

Demonstração:

(1) $\left.\begin{matrix} x^2 \geqslant 0 \\ y^2 \geqslant 0 \end{matrix}\right\} \Rightarrow x^2 + y^2 \geqslant 0 \Rightarrow \sqrt{x^2 + y^2} \geqslant 0 \Rightarrow |z| \geqslant 0$

(2) $|z| = 0 \Leftrightarrow x^2 + y^2 = 0 \Leftrightarrow x^2 = y^2 = 0 \Leftrightarrow z = 0$

(3) $|z| = \sqrt{x^2 + y^2} = \sqrt{x^2 + (-y)^2} = |\bar{z}|$

(4) $\left.\begin{matrix} x \geqslant 0 \Rightarrow x = |x| \\ x < 0 \Rightarrow x < |x| \end{matrix}\right\} \Rightarrow x \leqslant |x| \quad \text{(I)}$

Por outro lado:

$x^2 \leqslant x^2 + y^2 \Rightarrow \sqrt{x^2} \leqslant \sqrt{x^2 + y^2} \Rightarrow |x| \leqslant |z| \quad \text{(II)}$

Comparando (I) e (II), vem:

$x \leqslant |x| \leqslant |z|$

(5) análoga à (4).

19. Observemos que, se z é um número real, então o módulo de z, segundo a definição dada no item 17, coincide com o módulo de z como elemento de $\mathbb{R}$, pois:

$z \in \mathbb{R} \Rightarrow z = x + 0 \cdot i \Rightarrow |z| = \sqrt{x^2 + 0^2} = \sqrt{x^2} = |x|$

Assim, por exemplo, temos:

$z = 2 \Rightarrow |z| = 2; \quad z = -3 \Rightarrow |z| = 3; \quad z = 0 \Rightarrow |z| = 0$

20. Módulo do produto, do quociente e da soma

Teorema

Se z_1 e z_2 são dois números complexos quaisquer, então:

(1) $|z_1 \cdot z_2| = |z_1| \cdot |z_2|$

(2) $\left|\dfrac{z_1}{z_2}\right| = \dfrac{|z_1|}{|z_2|} \quad (z_2 \neq 0)$

(3) $|z_1 + z_2| \leqslant |z_1| + |z_2|$

Demonstração

Conforme itens 16 e 15, parte II, $z\bar{z} = |z|^2$ e $\overline{z_1 \cdot z_2} = \bar{z}_1 \cdot \bar{z}_2$, respectivamente. Utilizando as propriedades comutativa e associativa da multiplicação, vem:

(1) $|z_1 \cdot z_2|^2 = (z_1z_2)(\overline{z_1z_2}) = (z_1z_2)(\bar{z}_1 \cdot \bar{z}_2) = (z_1\bar{z}_1)(z_2\bar{v}_2) =$

$= |z_1|^2 \cdot |z_2|^2 \Rightarrow |z_1 \cdot z_2| = |z_1| \cdot |z_2|$

(2) Notemos inicialmente que:

$$\left|\frac{1}{z_2}\right| = \left|\frac{1}{x + yi}\right| = \left|\frac{x - yi}{(x + yi)(x - yi)}\right| = \left|\frac{x - yi}{x^2 + y^2}\right| = \frac{\sqrt{x^2 + y^2}}{x^2 + y^2} =$$

$$= \frac{1}{\sqrt{x^2 + y^2}} = \frac{1}{|z_2|}$$

Temos, então:

$$\left|\frac{z_1}{z_2}\right| = \left|z_1 \cdot \frac{1}{z_2}\right| = |z_1| \cdot \left|\frac{1}{z_2}\right| = |z_1| \cdot \frac{1}{|z_2|} = \frac{|z_1|}{|z_2|}$$

(3) No problema resolvido 62 será dada uma sugestão para provar esta propriedade.

21. Aplicação

Vamos verificar o último teorema para $z_1 = 3 + 4i$ e $z_2 = 12 - 5i$.

Temos:

$|z_1| = \sqrt{3^2 + 4^2} = \sqrt{25} = 5$

$|z_2| = \sqrt{12^2 + (-5)^2} = \sqrt{169} = 13$

$z_1 \cdot z_2 = (3 + 4i)(12 - 5i) = 56 + 33i$

$|z_1 \cdot z_2| = \sqrt{56^2 + 33^2} = \sqrt{3136 + 1089} = \sqrt{4225} = 65 = 5 \cdot 13 = |z_1| \cdot |z_2|$

$$\frac{z_1}{z_2} = \frac{3 + 4i}{12 - 5i} = \frac{(3 + 4i)(12 + 5i)}{(12 - 5i)(12 + 5i)} = \frac{16 + 63i}{144 + 25} = \frac{16 + 63i}{169}$$

$$\left|\frac{z_1}{z_2}\right| = \sqrt{\frac{16^2 + 63^2}{169^2}} = \sqrt{\frac{4225}{169^2}} = \frac{65}{169} = \frac{5}{13} = \frac{|z_1|}{|z_2|}$$

$z_1 + z_2 = (3 + 4i) + (12 - 5i) = 15 - i$

$|z_1 + z_2| = \sqrt{15^2 + (-1)^2} = \sqrt{226} \leqslant |z_1| + |z_2| = 18$

22. Argumento

Chama-se **argumento** de um número complexo $z = x + yi$, não nulo, ao ângulo θ tal que

$$\cos\theta = \frac{x}{\rho} \text{ e } \operatorname{sen}\theta = \frac{y}{\rho}, \text{ que que } \rho = |z|.$$

Notemos que:

1º) a condição $z \neq 0$ garante $\rho \neq 0$

2º) existe ao menos um ângulo θ satisfazendo a definição, pois:

$$\cos^2\theta + \operatorname{sen}^2\theta = \left(\frac{x}{\rho}\right)^2 + \left(\frac{y}{\rho}\right)^2 = \frac{x^2 + y^2}{\rho^2} = \frac{x^2 + y^2}{x^2 + y^2} = 1$$

3º) fixado o complexo $z \neq 0$, estão fixados $\cos\theta$ e $\operatorname{sen}\theta$, mas o ângulo θ pode assumir infinitos valores, congruentes dois a dois (congruência módulo 2π). Assim, o complexo $z \neq 0$ tem argumento

$$\theta = \theta_0 + 2k\pi,\ k \in \mathbb{Z},$$

em que θ_0, chamado **argumento principal** de z, é tal que $\cos\theta_0 = \frac{x}{\rho}$, $\operatorname{sen}\theta_0 = \frac{y}{\rho}$ e $0 \leqslant \theta_0 < 2\pi$. Frequentemente trabalhamos com θ_0 chamando-o simplesmente argumento de z.

Exemplos:

1º) $z = \sqrt{3} + i \Rightarrow \begin{cases} \cos\theta = \dfrac{x}{\rho} = \dfrac{\sqrt{3}}{2} \\ \operatorname{sen}\theta = \dfrac{y}{\rho} = \dfrac{1}{2} \end{cases} \Rightarrow \theta = \underbrace{\frac{\pi}{6}}_{\theta_0} + 2k\pi$

2º) $z = -2i \Rightarrow \begin{cases} \cos\theta = \dfrac{x}{\rho} = 0 \\ \operatorname{sen}\theta = \dfrac{y}{\rho} = -1 \end{cases} \Rightarrow \theta = \underbrace{\frac{3\pi}{2}}_{\theta_0} + 2k\pi$

3º) $z = -5 \quad \Rightarrow \begin{cases} \cos\theta = \dfrac{x}{\rho} = -1 \\ \\ \text{sen}\,\theta = \dfrac{y}{\rho} = 0 \end{cases} \Rightarrow \theta = \underbrace{\pi}_{\theta_0} + 2k\pi$

4º) $z = -1 - i \Rightarrow \begin{cases} \cos\theta = \dfrac{x}{\rho} = -\dfrac{\sqrt{2}}{2} \\ \\ \text{sen}\,\theta = \dfrac{y}{\rho} = -\dfrac{\sqrt{2}}{2} \end{cases} \Rightarrow \theta = \underbrace{\dfrac{5\pi}{4}}_{\theta_0} + 2k\pi$

23. Plano de Argand-Gauss

As noções de módulo e argumento tornam-se mais concretas quando representamos os números complexos $z = x + yi = (x, y)$ pelos pontos do plano cartesiano xOy com a convenção de marcarmos sobre os eixos Ox e Oy, respectivamente, a parte real e a parte imaginária de *z*.

Assim, a cada número complexo $z = (x, y)$ corresponde um único ponto P do plano xOy.

Nomenclatura:

xOy = plano de Argand-Gauss

Ox = eixo real

Oy = eixo imaginário

P = afixo de *z*

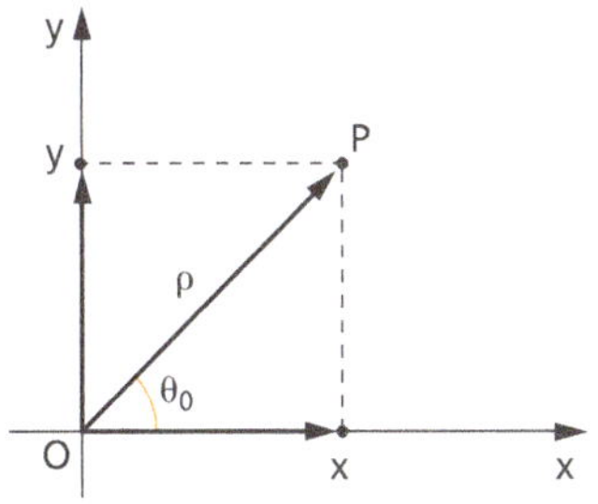

Notemos que a distância entre P e O é o módulo de z:

$$OP = \sqrt{x^2 + y^2} = \rho$$

e o ângulo formado por $\overrightarrow{OP}$ com o eixo real é θ_0 tal que $\cos\theta_0 = \dfrac{x}{\rho}$ e $\text{sen}\,\theta_0 = \dfrac{y}{\rho}$; portanto θ_0 é o argumento principal de *z*.

24. Dado um número complexo $z = x + yi$, não nulo, temos:

$$z = x + yi = \rho \cdot \left(\frac{x}{\rho} + i \cdot \frac{y}{\rho}\right)$$

e portanto:

$$z = \rho \cdot (\cos \theta + i \cdot \text{sen } \theta)$$

chamada **forma trigonométrica** ou **polar** de *z*.

Exemplos:

1º) $z = \sqrt{3} + i \Rightarrow \begin{cases} \rho = 2 \\ \theta = \dfrac{\pi}{6} \end{cases} \Rightarrow z = 2 \cdot \left(\cos \dfrac{\pi}{6} + i \cdot \text{sen } \dfrac{\pi}{6}\right)$

2º) $z = -2i \Rightarrow \begin{cases} \rho = 2 \\ \theta = \dfrac{3\pi}{2} \end{cases} \Rightarrow z = 2 \cdot \left(\cos \dfrac{3\pi}{2} + i \cdot \text{sen } \dfrac{3\pi}{2}\right)$

3º) $z = -5 \Rightarrow \begin{cases} \rho = 5 \\ \theta = \pi \end{cases} \Rightarrow z = 5 \cdot (\cos \pi + i \cdot \text{sen } \pi)$

4º) $z = -1 - i \Rightarrow \begin{cases} \rho = \sqrt{2} \\ \theta = \dfrac{5\pi}{4} \end{cases} \Rightarrow z = \sqrt{2} \cdot \left(\cos \dfrac{5\pi}{4} + i \cdot \text{sen } \dfrac{5\pi}{4}\right)$

A forma trigonométrica é mais prática que a forma algébrica para as operações de potenciação e radiciação em $\mathbb{C}$, conforme veremos a seguir.

EXERCÍCIOS

45. Determine o módulo e o argumento principal, coloque na forma trigonométrica e dê a representação gráfica dos números:

a) 4 c) $3i$ e) -5 g) $-5 - 5i$

b) $1 + i\sqrt{3}$ d) $-\sqrt{2} + i \cdot \sqrt{2}$ f) $-2i$ h) $2 - 2i$

Solução

a) $\left.\begin{matrix} x = 4 \\ y = 0 \end{matrix}\right\} \Rightarrow \rho = |4 + 0i| = \sqrt{4^2 + 0^2} = 4$

$\left.\begin{matrix} \cos\theta = \dfrac{x}{\rho} = \dfrac{4}{4} = 1 \\ \text{sen}\,\theta = \dfrac{y}{\rho} = \dfrac{0}{4} = 0 \end{matrix}\right\} \Rightarrow \theta = 0 \text{ (ou } 0°)$

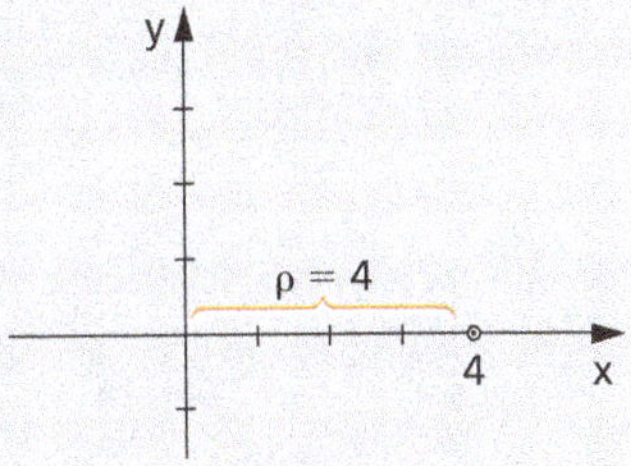

forma trigonométrica: $4 = 4 \cdot (\cos 0 + i \cdot \text{sen } 0)$

b) $\left.\begin{matrix} x = 1 \\ y = \sqrt{3} \end{matrix}\right\} \Rightarrow \rho = |1 + i\sqrt{3}| = \sqrt{1^2 + (\sqrt{3})^2} = 2$

$\left.\begin{matrix} \cos\theta = \dfrac{x}{\rho} = \dfrac{1}{2} \\ \text{sen}\,\theta = \dfrac{y}{\rho} = \dfrac{\sqrt{3}}{2} \end{matrix}\right\} \Rightarrow \theta = \dfrac{\pi}{3} \text{ (ou } 60°)$

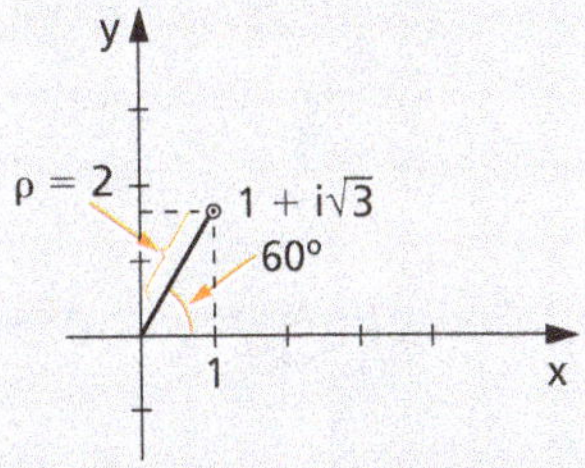

forma trigonométrica: $1 + i\sqrt{3} = 2\left(\cos\dfrac{\pi}{3} + i \cdot \text{sen}\,\dfrac{\pi}{3}\right)$

c) $\left.\begin{matrix} x = 0 \\ y = 3 \end{matrix}\right\} \Rightarrow \rho = |0 + 3i| = \sqrt{0^2 + 3^2} = 3$

$\left.\begin{matrix} \cos\theta = \dfrac{x}{\rho} = \dfrac{0}{3} = 0 \\ \operatorname{sen}\theta = \dfrac{y}{\rho} = \dfrac{3}{3} = 1 \end{matrix}\right\} \Rightarrow \theta = \dfrac{\pi}{2} \text{ (ou } 90°\text{)}$

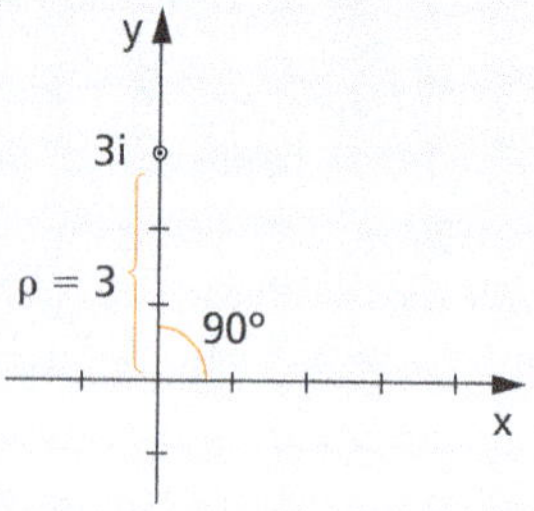

forma trigonométrica:

$3i = 3 \cdot \left(\cos\dfrac{\pi}{2} + i \cdot \operatorname{sen}\dfrac{\pi}{2}\right)$

d) $\left.\begin{matrix} x = -\sqrt{2} \\ y = \sqrt{2} \end{matrix}\right\} \Rightarrow \rho = |-\sqrt{2} + i\sqrt{2}| = \sqrt{(-\sqrt{2})^2 + (\sqrt{2})^2} = 2$

$\left.\begin{matrix} \cos\theta = \dfrac{x}{\rho} = -\dfrac{\sqrt{2}}{2} \\ \operatorname{sen}\theta = \dfrac{y}{\rho} = \dfrac{\sqrt{2}}{2} \end{matrix}\right\} \Rightarrow \theta = \dfrac{3\pi}{4} \text{ (ou } 135°\text{)}$

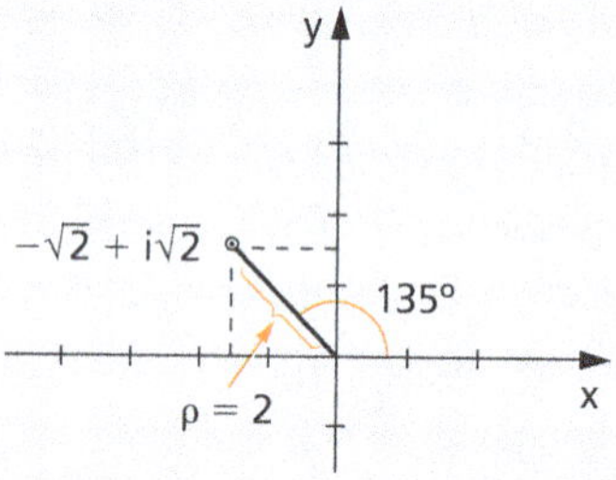

forma trigonométrica:

$-\sqrt{2} + i \cdot \sqrt{2} = 2\left(\cos\dfrac{3\pi}{4} + i \cdot \operatorname{sen}\dfrac{3\pi}{4}\right)$

e) $\left.\begin{matrix} x = -5 \\ y = 0 \end{matrix}\right\} \Rightarrow \rho = |-5| = \sqrt{(-5)^2 + 0^2} = 5$

$\left.\begin{matrix} \cos\theta = \dfrac{x}{\rho} = \dfrac{-5}{5} = -1 \\ \operatorname{sen}\theta = \dfrac{y}{\rho} = \dfrac{0}{5} = 0 \end{matrix}\right\} \Rightarrow \theta = \pi \text{ (ou } 180°\text{)}$

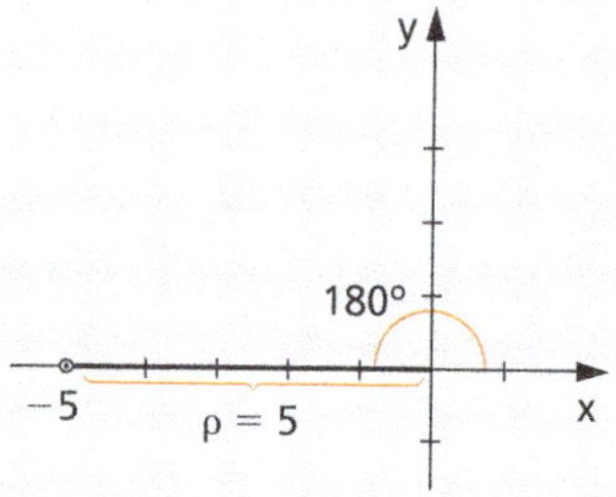

forma trigonométrica:

$-5 = 5 \cdot (\cos\pi + i \cdot \operatorname{sen}\pi)$

f) $\left.\begin{array}{l} x = 0 \\ y = -2 \end{array}\right\} \Rightarrow \rho = |-2i| = \sqrt{0^2 + (-2)^2} = 2$

$\left.\begin{array}{l} \cos\theta = \dfrac{x}{\rho} = \dfrac{0}{2} = 0 \\ \operatorname{sen}\theta = \dfrac{y}{\rho} = \dfrac{-2}{2} = -1 \end{array}\right\} \Rightarrow \theta = \dfrac{3\pi}{2}$ (ou 270°)

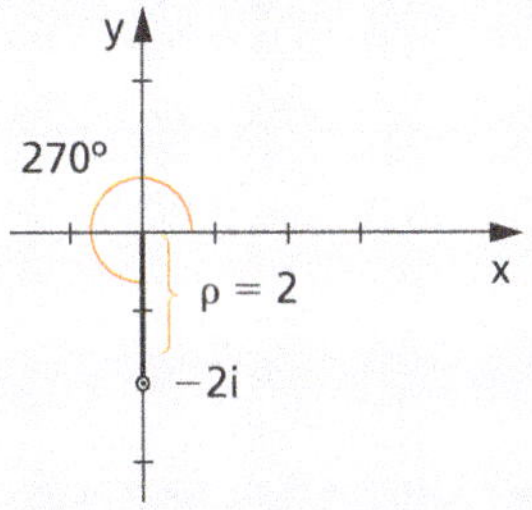

forma trigonométrica:

$-2i = 2\left(\cos\dfrac{3\pi}{2} + i \cdot \operatorname{sen}\dfrac{3\pi}{2}\right)$

g) $\left.\begin{array}{l} x = -5 \\ y = -5 \end{array}\right\} \Rightarrow \rho = |-5 - 5i| = \sqrt{(-5)^2 + (-5)^2} = 5\sqrt{2}$

$\left.\begin{array}{l} \cos\theta = \dfrac{x}{\rho} = \dfrac{-5}{5\sqrt{2}} = -\dfrac{\sqrt{2}}{2} \\ \operatorname{sen}\theta = \dfrac{y}{\rho} = \dfrac{-5}{5\sqrt{2}} = -\dfrac{\sqrt{2}}{2} \end{array}\right\} \Rightarrow$

$\Rightarrow \theta = \dfrac{5\pi}{4}$ (ou 225°)

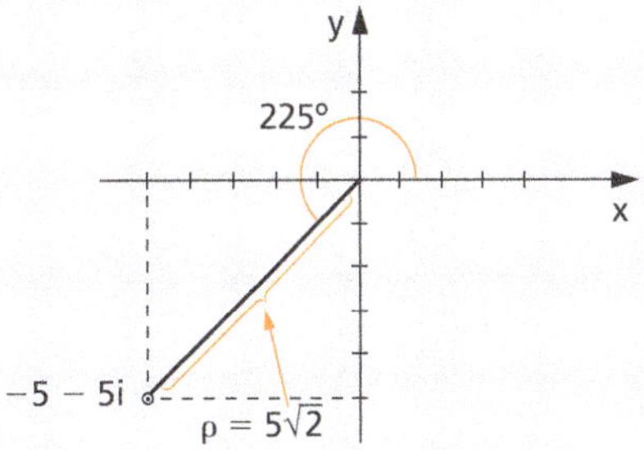

forma trigonométrica:

$-5 - 5i = 5\sqrt{2}\left(\cos\dfrac{5\pi}{4} + i \cdot \operatorname{sen}\dfrac{5\pi}{4}\right)$

h) $\left.\begin{array}{l} x = 2 \\ y = -2 \end{array}\right\} \Rightarrow \rho = |2 - 2i| = \sqrt{2^2 + (-2)^2} = 2\sqrt{2}$

$\left.\begin{array}{l} \cos\theta = \dfrac{x}{\rho} = \dfrac{2}{2\sqrt{2}} = -\dfrac{\sqrt{2}}{2} \\ \operatorname{sen}\theta = \dfrac{y}{\rho} = \dfrac{-2}{2\sqrt{2}} = -\dfrac{\sqrt{2}}{2} \end{array}\right\} \Rightarrow$

$\Rightarrow \theta = \dfrac{7\pi}{4}$ (ou 315°)

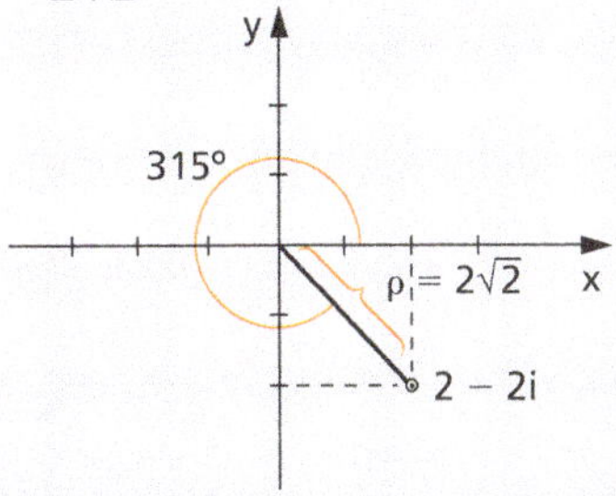

forma trigonométrica: $2 - 2i = 2\sqrt{2}\left(\cos\dfrac{7\pi}{4} + i \cdot \operatorname{sen}\dfrac{7\pi}{4}\right)$

46. Calcule o módulo dos seguintes números:

a) $3 - 4i$
b) $\sqrt{2} + i\sqrt{2}$
c) $12 + 5i$
d) $\cos\theta + i \cdot \operatorname{sen}\theta$
e) $\operatorname{tg}\theta + i$
f) $24 + 7i$

47. Calcule o módulo de $\dfrac{a + bi}{a - bi}$, com *a* e *b* reais.

48. Calcule o módulo do número complexo

$\dfrac{1}{1 + i \cdot \operatorname{tg} x}\left(x \neq k\pi + \dfrac{\pi}{2}, k \text{ inteiro}\right)$.

49. Calcule na forma trigonométrica os números:

a) $3 + 3i$
b) $5 - i \cdot 5\sqrt{3}$
c) $-8 - 8i$
d) 11
e) $2i$
f) i^3
g) $-\sqrt{3} + i$
h) $i(1 + i)$
i) $2i(1 - i)$

50. Coloque na forma algébrica os seguintes números:

a) $3 \cdot (\cos\pi + i \cdot \operatorname{sen}\pi)$
b) $2 \cdot \left(\cos\dfrac{\pi}{4} + i \cdot \operatorname{sen}\dfrac{\pi}{4}\right)$
c) $4 \cdot \left(\cos\dfrac{11\pi}{6} + i \cdot \operatorname{sen}\dfrac{11\pi}{6}\right)$
d) $5 \cdot \left(\cos\dfrac{3\pi}{2} + i \cdot \operatorname{sen}\dfrac{3\pi}{2}\right)$

Solução

a) $3(\cos\pi + i \cdot \operatorname{sen}\pi) = 3(-1 + i \cdot 0) = -3$

b) $2\left(\cos\dfrac{\pi}{4} + i \cdot \operatorname{sen}\dfrac{\pi}{4}\right) = 2\left(\dfrac{\sqrt{2}}{2} + i\dfrac{\sqrt{2}}{2}\right) = \sqrt{2} + i\sqrt{2}$

51. Calcule o módulo dos números:

a) $(1 - i)(2 - 2i)$
b) $(1 + \sqrt{3} \cdot i)^6$
c) $\dfrac{3 + 3i}{1 + 2i}$

Solução

Vamos aplicar as propriedades do módulo:

$|z_1 \cdot z_2| = |z_1| \cdot |z_2|, \quad |z^n| = |z|^n, \quad \left|\dfrac{z_1}{z_2}\right| = \dfrac{|z_1|}{|z_2|}$

a) $z_1 + 1 - i \Rightarrow |z_1| = \sqrt{2}$

$z_2 = 2 + 2i \Rightarrow |z_2| = \sqrt{8} = 2\sqrt{2}$

$|z_1 z_2| = |z_1| \cdot |z_2| = (\sqrt{2})(2\sqrt{2}) = 4$

b) $z = 1 + i\sqrt{3} \Rightarrow |z| = \sqrt{4} = 2$

$|z^6| = |z|^6 = 2^6 = 64$

c) $z_1 = 3 + 3i \Rightarrow |z_1| = \sqrt{9 + 9} = 3\sqrt{2}$

$z_2 = 1 + 2i \Rightarrow |z_2| = \sqrt{5}$

$$\left|\frac{z_1}{z_2}\right| = \frac{|z_1|}{|z_2|} = \frac{3\sqrt{2}}{\sqrt{5}} = \frac{3\sqrt{10}}{5}$$

52. Calcule o módulo dos números:

a) $(1 + i)3$

b) $(1 - i)^4$

c) $(5 + 12i) \cdot i$

d) $(1 + i)(2 + 2i)(4 + 4i)$

e) $\dfrac{1 + i}{2 - 2i}$

f) $\dfrac{5i}{3 + 4i}$

53. Escreva na forma trigonométrica os números:

a) $\left(\dfrac{1}{2} + i \cdot \dfrac{\sqrt{3}}{2}\right)^2$

b) $\dfrac{1 + i}{i}$

c) $5(\cos 30° - i \cdot \text{sen } 30°)$

Solução

a) $$\left(\frac{1}{2} + i \cdot \frac{\sqrt{3}}{2}\right)^2 = \frac{1}{4} + 2\left(\frac{1}{2}\right)\left(\frac{\sqrt{3}}{2}\right)i + \frac{3}{4}i^2 = -\frac{1}{2} + i \cdot \frac{\sqrt{3}}{2}$$

$$\rho = \sqrt{\frac{1}{4} + \frac{3}{4}} = 1$$

$$\left.\begin{array}{l} \cos\theta = \dfrac{-\frac{1}{2}}{1} = -\dfrac{1}{2} \\[2ex] \text{sen }\theta = \dfrac{\frac{\sqrt{3}}{2}}{1} = \dfrac{\sqrt{3}}{2} \end{array}\right\} \Rightarrow \theta = \frac{2\pi}{3} + 2k\pi$$

Usando só o argumento principal, temos:

$z = 1 \cdot \left(\cos \frac{2\pi}{3} + i \cdot \text{sen } \frac{2\pi}{3}\right)$

b) $\frac{1+i}{i} = \frac{(1+i)i}{i^2} = \frac{i+i^2}{i^2} = \frac{i-1}{-1} = 1 - i$

$\rho = \sqrt{1+1} = \sqrt{2}$

$\left.\begin{array}{l} \cos \theta = \frac{1}{\sqrt{2}} = \frac{\sqrt{2}}{2} \\ \text{sen } \theta = \frac{-1}{\sqrt{2}} = -\frac{\sqrt{2}}{2} \end{array}\right\} \Rightarrow \theta = \frac{7\pi}{4} + 2k\pi$

então $z = \sqrt{2} \cdot \left(\cos \frac{7\pi}{4} + i \cdot \text{sen } \frac{7\pi}{4}\right)$

c) $5 \cdot (\cos 30° - i \cdot \text{sen } 30°) = 5 \cdot \left(\frac{\sqrt{3}}{2} - i \cdot \frac{1}{2}\right) = 5\left(\frac{\sqrt{3}}{2} + i\left(-\frac{1}{2}\right)\right) =$

$= 5 \cdot (\cos 330° + i \cdot \text{sen } 330°)$

54. Escreva o número complexo $\frac{1}{1-i} - \frac{1}{i}$ na forma $a + bi$ e na forma trigonométrica.

55. Escreva na forma trigonométrica o inverso multiplicativo de $1 + i\sqrt{3}$.

56. Escreva na forma trigonométrica os números:

a) $\frac{5+5i}{2-2i}$ b) $\frac{1}{i} + (2 - i)$ c) $\frac{(1+i\sqrt{3})^3}{i^5}$

57. Se z e w são dois números complexos quaisquer tais que $|z| = |w| = 1$ e $1 + zw \neq 0$, determine se $\frac{z+w}{1+zw}$ é real, imaginário ou imaginário puro.

58. Dados os números complexos

$z_1 = \rho(\cos \phi + i \cdot \text{sen } \phi)$ e

$z_2 = \rho(\text{sen } \phi + i \cdot \cos \phi)$,

determine se $z_1 - iz_2$ é real, imaginário ou imaginário puro.

59. Determine dois números complexos z_1 e z_2 tais que $|z_1| = 1$, $|z_2| = 1$ e $z_1 + z_2 = 1$.

60. Como é representado, na forma trigonométrica, o número complexo:

$z = \dfrac{(1+i)^2}{1-i}$?

61. Represente no plano de Argand-Gauss os seguintes complexos:

a) $3 + 5i$ b) $-3 + 2i$ c) $-2 - 3i$ d) $1 - 4i$

e indique graficamente o módulo ρ e o argumento principal θ_0 de cada um deles.

62. Dados os números complexos

$$\begin{cases} z_1 = \rho_1 \cdot (\cos\theta_1 + i \cdot \operatorname{sen}\theta_1) \\ z_2 = \rho_2 \cdot (\cos\theta_2 + i \cdot \operatorname{sen}\theta_2) \end{cases}$$

determine $|z_1 + z_2|$ e mostre que $|z_1 + z_2| \leqslant |z_1| + |z_2|$.

Solução

$z_1 + z_2 = (\rho_1 \cos\theta_1 + \rho_2 \cdot \cos\theta_2) + i \cdot (\rho_1 \operatorname{sen}\theta_1 + \rho_2 \operatorname{sen}\theta_2)$

$|z_1 + z_2| = \sqrt{(\rho_1 \cos\theta_1 + \rho_2 \cdot \cos\theta_2)^2 + (\rho_1 \operatorname{sen}\theta_1 + \rho_2 \operatorname{sen}\theta_2)} =$

$= \sqrt{\rho_1^2(\cos^2\theta_1 + \operatorname{sen}^2\theta_1) + \rho_2^2(\cos^2\theta_2 + \operatorname{sen}^2\theta_2) + 2\rho_1\rho_2(\cos\theta_1\cos\theta_2 + \operatorname{sen}\theta_1\operatorname{sen}\theta_2)} =$

$= \sqrt{\rho_1^2 + \rho_2^2 + 2\rho_1\rho_2 \cdot \cos(\theta_1 - \theta_2)}$

Como $\cos(\theta_1 - \theta_2)$ é no máximo 1, temos:

$|z_1 + z_2| \leqslant \sqrt{\rho_1^2 + \rho_2^2 + 2\rho_1\rho_2} = \sqrt{(\rho_1 + \rho_2)^2} = \rho_1 + \rho_2 = |z_1| + |z_2|$

63. Interprete graficamente a soma de dois números complexos.

Solução

Sejam:

$z_1 = a + bi$

$z_2 = c + di$

dois complexos cujos afixos são P_1 e P_2, respectivamente.

O complexo

$z = z_1 + z_2 = (a + c) + (b + d)i$

tem afixo P tal que:

$\overrightarrow{OP} = \overrightarrow{OP_1} + \overrightarrow{OP_2}$

em que $\overrightarrow{OP}$, $\overrightarrow{OP_1}$, $\overrightarrow{OP_2}$ são vetores.

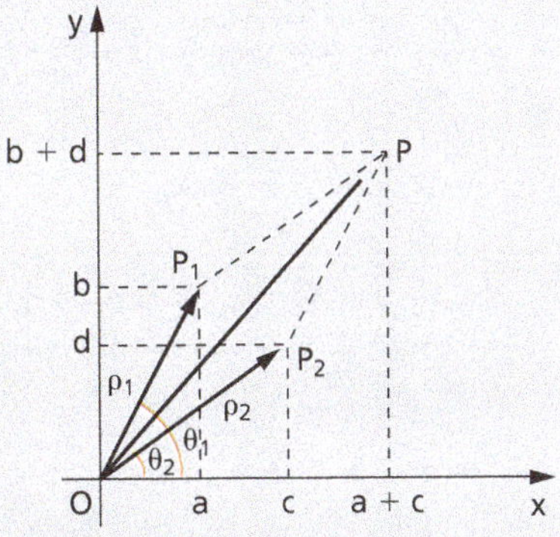

Notemos que o vetor $\overrightarrow{OP}$ pode ser obtido pela regra do paralelogramo e seu módulo é:

$\rho = \sqrt{\rho_1^2 + \rho_2^2 + 2\rho_1\rho_2 \cos(\theta_1 - \theta_2)}$

64. Represente geometricamente no plano de Argand-Gauss os seguintes subconjuntos de $\mathbb{C}$:

$A = \{z \in \mathbb{C} \mid |z| = 2\}$

$B = \{z \in \mathbb{C} \mid |z| \leqslant 3\}$

$D = \{z \in \mathbb{C} \mid |z - i| = 1\}$

Solução

Façamos $z = x + yi$ com $x, y \in \mathbb{R}$.
Então:
$A = \{(x, y) \in \mathbb{R}^2 \mid x^2 + y^2 = 4\}$
portanto A é uma circunferência de centro na origem (0, 0) e raio 2.

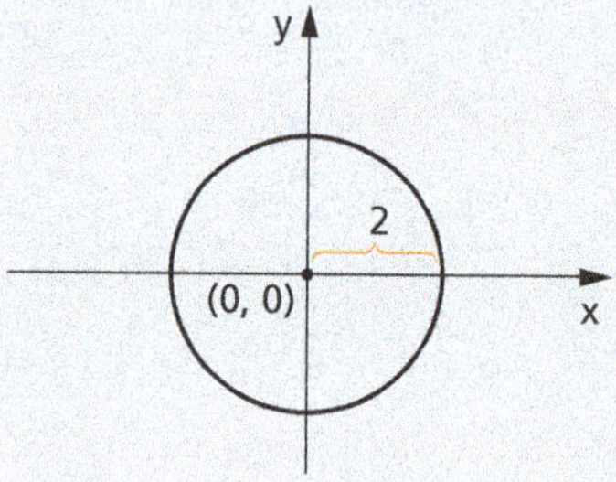

$B = \{(x, y) \in \mathbb{R}^2 \mid x^2 + y^2 \leqslant 9\}$
portanto B é um círculo de centro na origem e raio 3.

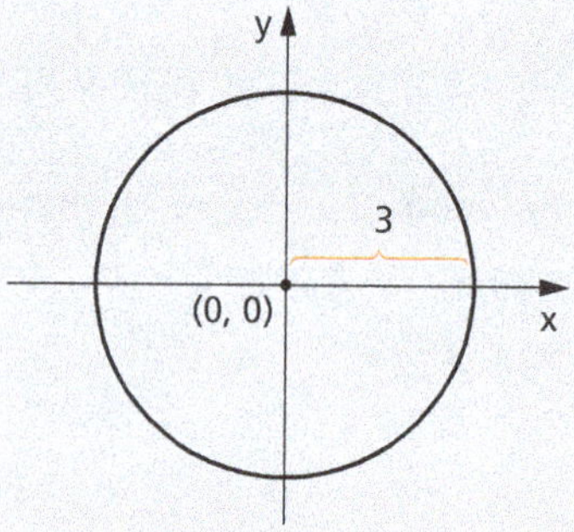

$D = \{(x, y) \in \mathbb{R}^2 \mid x^2 + (y - 1)^2 = 1\}$
portanto D é uma circunferência de centro (0, 1) e raio 1.

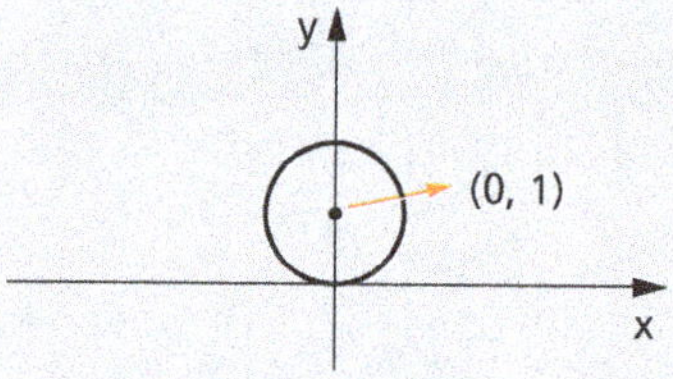

65. Se $b = 2(\cos 30° + i \cdot \text{sen } 30°)$ e $z = \rho(\cos\theta + i \cdot \text{sen }\theta)$, os afixos correspondentes a *b*, $b + z$, $b + z + iz$, $b + iz$ são os vértices de que polígono?

66. Qual é a representação gráfica dos números complexos $z = x + yi$ tais que $\frac{z}{\bar{z}} = -i$?

67. Se o quociente de dois números complexos, não nulos, for um número real, qual é o tipo de reta que os representa no plano complexo?

68. Represente geometricamente no plano de Argand-Gauss os seguintes subconjuntos de $\mathbb{C}$:

a) $A = \{z \in \mathbb{C} \mid \text{Re}(z) = 0\}$

b) $B = \{z \in \mathbb{C} \mid \text{Im}(z) = 0\}$

c) $D = \{z \in \mathbb{C} \mid \text{Re}(z) \geqslant 1 \text{ e } \text{Im}(z) \geqslant 2\}$

d) $E = \{z \in \mathbb{C} \mid |z| = 1\}$

e) $F = \{z \in \mathbb{C} \mid |z| \leqslant 2\}$

69. Represente geometricamente o conjunto dos números complexos *z* tais que $|z - (1 + i)| \leqslant 1$.

70. Seja $t = 2 + 3i$ um número complexo.
Se $A = \{z \in \mathbb{C} \mid |z - t| \leqslant 1\}$ e
$B = \{z \in \mathbb{C} \mid z = a + bi \text{ e } b \leqslant 3\}$,
represente, no plano de Argand-Gauss, $A \cap B$.

71. Fixado θ, qual é a representação gráfica dos complexos $z = \rho \cdot (\cos\theta + i \cdot \text{sen }\theta)$ quando ρ percorre $\mathbb{R}$?

72. a) Calcule a parte real *u* e o coeficiente *v* da parte imaginária do número complexo $w = 1 - \frac{1}{z}$, em que $z = x + iy$.

b) Se P é o afixo de *z* e Q é o afixo de *w*, qual o conjunto dos pontos Q quando P descreve a reta $y = x$?

73. Determine o número complexo *z* de menor argumento tal que $|z - 25i| \leqslant 15$. Faça um gráfico no plano de Argand-Gauss.

74. Se $z = \rho \cdot (\cos\theta + i \cdot \text{sen }\theta)$, prove que $\frac{z}{z^2 + \rho^2}$ é real e que $\frac{\rho - i \cdot z}{\rho + i \cdot z}$ é imaginário puro.

75. Calcule o valor da expressão

$$\frac{(a + bi)^2}{c + di} - \frac{1}{a + ci} - \frac{1 + i}{13i}$$

sabendo que:

a) o módulo de $a + bi$ é 5, um de seus argumentos está compreendido entre 0 e $\frac{\pi}{2}$ e $b - a = 1$ e

b) o quadrado de $c + di$ é $-5 - 12i$ e $c < 0$.

IV. Potenciação

25. Módulo e argumento de produto

Teorema

O módulo do produto de dois números complexos é igual ao produto dos módulos dos fatores e seu argumento é congruente à soma dos argumentos dos fatores.

Demonstração:

Suponhamos dados os números:

$$z_1 = \rho_1 \cdot (\cos \theta_1 + i \cdot \text{sen } \theta_1)$$
$$z_2 = \rho_2 \cdot (\cos \theta_2 + i \cdot \text{sen } \theta_2)$$

e calculemos o módulo e o argumento de:

$$z = z_1 \cdot z_2 = \rho \cdot (\cos \theta + i \cdot \text{sen } \theta)$$

Temos:

$$z = z_1 \cdot z_2 = \rho_1 \cdot \rho_2 \cdot (\cos \theta_1 + i \cdot \text{sen } \theta_1)(\cos \theta_2 + i \cdot \text{sen } \theta_2) =$$
$$= \rho_1 \cdot \rho_2 \cdot [(\cos \theta_1 \cdot \cos \theta_2 - \text{sen } \theta_1 \cdot \text{sen } \theta_2) + i \cdot (\text{sen } \theta_1 \cdot \cos \theta_2 + \text{sen } \theta_2 \cdot \cos \theta_1)]$$

Portanto:

$$\rho \cdot (\cos \theta + i \cdot \text{sen } \theta) = (\rho_1 \cdot \rho_2)[\cos (\theta_1 + \theta_2) + i \cdot \text{sen } (\theta_1 + \theta_2)]$$

Então:

$$\rho = \rho_1 \cdot \rho_2$$
$$\theta = (\theta_1 + \theta_2) + 2k\pi, \; k \in \mathbb{Z}$$

Exemplos:

1º) $\begin{cases} z_1 = 2 \cdot \left(\cos \dfrac{\pi}{6} + i \cdot \text{sen} \dfrac{\pi}{6}\right) \\ z_2 = 3 \cdot \left(\cos \dfrac{\pi}{3} + i \cdot \text{sen} \dfrac{\pi}{3}\right) \end{cases} \Rightarrow$

$$\Rightarrow z_1 z_2 = 2 \cdot 3 \cdot \left[\cos\left(\frac{\pi}{6} + \frac{\pi}{3}\right) + i \cdot \text{sen}\left(\frac{\pi}{6} + \frac{\pi}{3}\right)\right] =$$

$$= 6 \cdot \left(\cos \frac{\pi}{2} + i \cdot \text{sen} \frac{\pi}{2}\right)$$

De fato, temos:

$$z_1 z_2 = \left[2\left(\frac{\sqrt{3}}{2} + i \cdot \frac{1}{2}\right)\right]\left[3\left(\frac{1}{2} + i \cdot \frac{\sqrt{3}}{2}\right)\right] = (\sqrt{3} + i)\left(\frac{3}{2} + i \cdot \frac{3\sqrt{3}}{2}\right) =$$

$$= \left(\frac{3\sqrt{3}}{2} - \frac{3\sqrt{3}}{2}\right) + i\left(\frac{9}{2} + \frac{3}{2}\right) = 6i = 6\left(\cos \frac{\pi}{2} + i \cdot \text{sen} \frac{\pi}{2}\right)$$

2º) $\begin{cases} z_1 = 4 \cdot \left(\cos \dfrac{5\pi}{6} + i \cdot \text{sen} \dfrac{5\pi}{6}\right) \\ z_2 = 6 \cdot \left(\cos \dfrac{11\pi}{6} + i \cdot \text{sen} \dfrac{11\pi}{6}\right) \end{cases} \Rightarrow z_1 z_2 = 24 \cdot \left(\cos \dfrac{2\pi}{3} + i \cdot \text{sen} \dfrac{2\pi}{3}\right)$

De fato, temos:

$$z_1 z_2 = \left[4\left(-\frac{\sqrt{3}}{2} + i \cdot \frac{1}{2}\right)\right]\left[6\left(\frac{\sqrt{3}}{2} - i \cdot \frac{1}{2}\right)\right] = \left(-2\sqrt{3} + 2i\right)\left(3\sqrt{3} - 3i\right) =$$

$$= (-18 + 6) + i\left(6\sqrt{3} + 6\sqrt{3}\right) = -12 + i \cdot 12\sqrt{3} =$$

$$= 24\left(-\frac{1}{2} + i\frac{\sqrt{3}}{2}\right) = 24\left(\cos \frac{2\pi}{3} + i \cdot \text{sen} \frac{2\pi}{3}\right)$$

Observemos que $\dfrac{2\pi}{3} = \dfrac{5\pi}{6} + \dfrac{11\pi}{6} - 2\pi$.

26. A fórmula que acaba de ser reduzida estende-se ao produto de *n* fatores ($n > 2$), aplicado a propriedade associativa da multiplicação:

$$z = z_1 \cdot z_2 \cdot z_3 \cdot \ldots \cdot z_n = \rho \cdot (\cos \theta + i \cdot \text{sen } \theta)$$

Então:

$$z = (\rho_1\rho_2\rho_3 \ldots \rho_n)\left[\cos(\theta_1 + \theta_2 + \ldots + \theta_n) + i \cdot \text{sen}(\theta_1 + \theta_2 + \ldots + \theta_n)\right]$$

Portanto:

$$\rho \cdot (\cos \theta + i \cdot \text{sen } \theta) = (\rho_1\rho_2 \ldots \rho_n) \cdot \left[\cos(\theta_1 + \theta_2 + \ldots + \theta_n) + \right.$$
$$\left. + i \cdot \text{sen}(\theta_1 + \theta_2 + \ldots + \theta_n)\right]$$

Finalmente:

$$\rho = \rho_1\rho_2\rho_3 \ldots \rho_n$$
$$\theta = (\theta_1 + \theta_2 + \theta_3 + \ldots + \theta_n) + 2k\pi,\ k \in \mathbb{Z}$$

isto é, o módulo do produto de *n* números complexos é igual ao produto dos módulos dos fatores e seu argumento é congruente à soma dos argumentos dos fatores.

27. A forma algébrica facilita as operações de adição, subtração, multiplicação e divisão de números complexos, porém não é muito prática no cálculo de potências. Se necessitarmos calcular $(x + yi)^n$, com $n \in \mathbb{Z}$, teremos de usar a fórmula do binômio de Newton, que é bastante trabalhosa.

Veremos como simplificar a operação de potenciação com complexos no próximo item.

28. Primeira fórmula de Moivre

Teorema

Dado o número complexo $z = \rho \cdot (\cos \theta + i \cdot \text{sen } \theta)$, não nulo, e o número inteiro *n*, temos:

$$z^n = \rho^n \cdot (\cos n\theta + i \cdot \text{sen } n\theta)$$

Demonstração:

1ª parte

Provemos que a propriedade é válida para $n \in \mathbb{N}$, usando o princípio da indução finita.

a) Se n = 0, então $\begin{cases} z^0 = 1 \\ \rho^0 \cdot (\cos 0 + i \cdot \text{sen } 0) = 1 \end{cases}$

b) Admitamos a validade da fórmula para n = k − 1:

$z^{k-1} = \rho^{k-1} \cdot [\cos (k-1)\theta + i \cdot \text{sen } (k-1)\theta]$

e provemos a validade para n = k:

$$z^k = z^{k-1} \cdot z = \rho^{k-1} \cdot [\cos (k-1)\theta + i \cdot \text{sen } (k-1)\theta] \cdot \rho \cdot (\cos \theta + i \cdot \text{sen } \theta) =$$
$$= (\rho^{k-1} \cdot \rho) \cdot [\cos ((k-1)\theta + \theta) + i \cdot \text{sen } ((k-1)\theta + \theta)] = \rho^k (\cos k\theta + i \cdot \text{sen } k\theta)$$

2ª parte

Vamos estender a propriedade para $n \in \mathbb{Z}_-$.

Se n < 0, então n = −m com $m \in \mathbb{N}$; portanto a *m* se aplica a fórmula:

$$z^k = z^{-m} = \frac{1}{z^m} = \frac{1}{\rho^m \cdot (\cos m\theta + i \cdot \text{sen } m\theta)} =$$

$$= \frac{1}{\rho^m} \cdot \frac{\cos m\theta - i \cdot \text{sen } m\theta}{(\cos m\theta + i \cdot \text{sen } m\theta)(\cos m\theta - i \cdot \text{sen } m\theta)} =$$

$$= \frac{1}{\rho^m} \cdot \frac{\cos m\theta - i \cdot \text{sen } m\theta}{\cos^2 m\theta + \text{sen}^2\, m\theta} = \rho^{-m} \cdot [\cos (-m\theta) + i \cdot \text{sen } (-m\theta)] =$$

$$= \rho^n \cdot (\cos n\theta + i \cdot \text{sen } n\theta)$$

Exemplos:

1º) Calcular z_1^3 sendo $z_1 = 2 \cdot \left(\cos \frac{\pi}{4} + i \cdot \text{sen } \frac{\pi}{4}\right)$.

$$z_1^3 = 2^3 \cdot \left(\cos \frac{3\pi}{4} + i \cdot \text{sen } \frac{3\pi}{4}\right)$$

2º) Calcular z_1^5 sendo $z_1 = 2 + i \cdot 2\sqrt{3}$.

Temos:

$$|z_1| = \sqrt{2^2 + (2\sqrt{3})^2} = \sqrt{4 + 12} = \sqrt{16} = 4$$

$$z_1 = 2 + i \cdot 2\sqrt{3} = 4\left(\frac{1}{2} + i \cdot \frac{\sqrt{3}}{2}\right) = 4 \cdot \left(\cos \frac{\pi}{3} + i \cdot \text{sen } \frac{\pi}{3}\right)$$

$$z_1^5 = 4^5 \cdot \left(\cos \frac{5\pi}{3} + i \cdot \text{sen } \frac{5\pi}{3}\right) = 4^5 \cdot \left(\frac{1}{2} - i \cdot \frac{\sqrt{3}}{2}\right) =$$

$$= 512 - i \cdot 512\sqrt{3}$$

EXERCÍCIOS

76. Dado o número complexo $z = 1 + i$, determine o módulo e o argumento do complexo z^4.

77. Calcule:

a) $\left(-\frac{1}{2} + i \cdot \frac{\sqrt{3}}{2}\right)^{100}$ b) $(3 - 3i)^{-12}$ c) $\left(-\sqrt{3} - i\right)^{20}$

Solução

a) $z = -\frac{1}{2} + i \cdot \frac{\sqrt{3}}{2}$

$\rho = |z| = \sqrt{\left(-\frac{1}{2}\right)^2 + \left(\frac{\sqrt{3}}{2}\right)^2} = 1, \ \cos\theta = -\frac{1}{2}, \ \text{sen}\ \theta = \frac{\sqrt{3}}{2}$

forma trigonométrica: $z = 1 \cdot \left(\cos\frac{2\pi}{3} + i \cdot \text{sen}\ \frac{2\pi}{3}\right)$

$z^{100} = 1^{100}\left(\cos\frac{200\pi}{3} + i \cdot \text{sen}\ \frac{200\pi}{3}\right) = 1 \cdot \left(\cos\frac{2\pi}{3} + i \cdot \text{sen}\ \frac{2\pi}{3}\right) =$

$= -\frac{1}{2} + i \cdot \frac{\sqrt{3}}{2}$

b) $z = 3 - 3i$

$\rho = |z| = \sqrt{3^2 + (-3)^2} = 3\sqrt{2}, \ \cos\theta = \frac{2}{3\sqrt{2}} = \frac{\sqrt{2}}{2},$

$\text{sen}\ \theta = \frac{-3}{3\sqrt{2}} = -\frac{\sqrt{2}}{2}$

forma trigonométrica: $z = 3\sqrt{2}\left(\cos\frac{7\pi}{4} + i \cdot \text{sen}\ \frac{7\pi}{4}\right)$

$z^{-12} = \left(3\sqrt{2}\right)^{-12}\left[\cos(-21\pi) + i \cdot \text{sen}\,(-21\pi)\right] =$

$= 3^{-12}\, 2^{-6} = (\cos\pi + i \cdot \text{sen}\ \pi) = -\frac{1}{3^{12} \cdot 2^6}$

c) $z = -\sqrt{3} - i$

$\rho = |z| = \sqrt{(-\sqrt{3})^2 + (-i)^2} = 2$, $\cos\theta = -\dfrac{\sqrt{3}}{2}$, $\text{sen}\,\theta = -\dfrac{1}{2}$

forma trigonométrica: $z = 2\left(\cos\dfrac{7\pi}{6} + i \cdot \text{sen}\,\dfrac{7\pi}{6}\right)$

$$z^{20} = 2^{20}\left(\cos\frac{140\pi}{6} + i \cdot \text{sen}\,\frac{140\pi}{6}\right) = 2^{20}\left(\cos\frac{4\pi}{3} + i \cdot \text{sen}\,\frac{4\pi}{3}\right) =$$

$$= 2^{20}\left(-\frac{1}{2} - i \cdot \frac{\sqrt{3}}{2}\right) = 2^{19}\,(-1 - i \cdot \sqrt{3})$$

78. Calcule:

a) $\left(\dfrac{\sqrt{3}}{2} - \dfrac{i}{2}\right)^{100}$

b) $(-1 + i)^6$

c) $(\sqrt{2} + i\sqrt{2})^8$

d) $\left(\dfrac{1}{\sqrt{2}} - \dfrac{i}{\sqrt{2}}\right)^7 - \left(-\dfrac{1}{\sqrt{2}} + \dfrac{i}{\sqrt{2}}\right)^{10}$

e) $\dfrac{i}{\left(-\dfrac{1}{2} - i \cdot \dfrac{\sqrt{3}}{2}\right)^6}$

79. Utilizando as fórmulas de Newton e Moivre, expresse sen 2θ e cos 2θ em função de sen θ e cos θ.

Solução

Da primeira fórmula de Moivre:

$z^n = [\rho \cdot (\cos\theta + i \cdot \text{sen}\,\theta)]^n = \rho^n \cdot (\cos n\theta + i \cdot \text{sen}\,n\theta)$ decorre que:

$(\cos\theta + i \cdot \text{sen}\,\theta)^n = (\cos n\theta + i \cdot \text{sen}\,n\theta)$, $n \in \mathbb{Z}$

Fazendo $n = 2$, temos:

$(\cos\theta + i \cdot \text{sen}\,\theta)^2 = \cos 2\theta + i \cdot \text{sen}\,2\theta$

então, desenvolvendo o primeiro membro pela fórmula de Newton, temos:

$\cos^2\theta + 2i \cdot \cos\theta \cdot \text{sen}\,\theta + i^2\,\text{sen}^2\,\theta = \cos 2\theta + i \cdot \text{sen}\,2\theta$

$(\cos^2\theta - \text{sen}^2\,\theta) + i \cdot (2\,\text{sen}\,\theta\cos\theta) = \cos 2\theta + i \cdot \text{sen}\,2\theta$

portanto concluímos que:

$\cos 2\theta = \cos^2\theta - \text{sen}^2\,\theta$ e $\text{sen}\,2\theta = 2\,\text{sen}\,\theta\cos\theta$

para todo θ real.

80. Utilizando as fórmulas de Newton e Moivre, expresse sen 3θ e cos 3θ em função de sen θ e cos θ.

81. Determine o menor número n natural para o qual $(i - \sqrt{3})^n$ é imaginário puro.

Solução

$z = i - \sqrt{3}$ apresenta módulo 2 e argumento principal $\frac{5\pi}{6}$, então:

$$z^n = 2^n \cdot \left(\cos \frac{5n\pi}{6} + i \cdot \operatorname{sen} \frac{5n\pi}{6}\right)$$

Para que z^n seja imaginário puro é necessário que seu argumento seja da forma $\frac{\pi}{2} + k\pi$, $k \in \mathbb{Z}$, pois $\cos \frac{5n\pi}{6} = 0$. Assim, temos:

$$\frac{5n\pi}{6} = \frac{\pi}{2} + k\pi \Rightarrow \frac{5n}{6} = \frac{1}{2} + k \Rightarrow k = \frac{5n - 3}{6}$$

Como k é inteiro, $5n - 3$ deve ser múltiplo de 6 e o mínimo n, natural, para isso ocorrer é $n = 3$ (pois $5(3) - 3 = 12$).

Verificando:

$$(i - \sqrt{3})^3 = 2^3\left(\cos \frac{15\pi}{6} + i \cdot \operatorname{sen} \frac{15\pi}{6}\right) = 8\left(\cos \frac{5\pi}{2} + i \cdot \operatorname{sen} \frac{5\pi}{2}\right) =$$

$$= 8\,(0 + i) = 8i$$

82. Determine o menor valor de n, $n \in \mathbb{N}$, para o qual $(\sqrt{3} + i)^n$ é:

a) real e positivo; b) real e negativo; c) imaginário puro.

83. a) Determine o número complexo z tal que $iz + 2\bar{z} + 1 - i = 0$, em que i é a unidade imaginária e $\bar{z}$ o conjugado de z.

b) Qual o módulo e o argumento desse complexo?

c) Determine a potência de expoente 1004 desse complexo.

V. Radiciação

29. Raiz enésima

Dado um número complexo z, chama-se **raiz enésima** de z, e denota-se $\sqrt[n]{z}$, a um número complexo z_k tal que $z_k^n = z$.

$$\sqrt[n]{z} = z_k \Leftrightarrow z_k^n = z$$

Assim, por exemplo, temos:

$$1^{\text{o}})\begin{cases} 1 & \text{é um valor de } \sqrt[3]{1} \text{ pois } 1^3 = 1 \\ -\dfrac{1}{2} + i \cdot \dfrac{\sqrt{3}}{2} & \text{é um valor de } \sqrt[3]{1} \text{ pois } \left(-\dfrac{1}{2} + i \cdot \dfrac{\sqrt{3}}{2}\right)^3 = 1 \\ -\dfrac{1}{2} - i \cdot \dfrac{\sqrt{3}}{2} & \text{é um valor de } \sqrt[3]{1} \text{ pois } \left(-\dfrac{1}{2} - i \cdot \dfrac{\sqrt{3}}{2}\right)^3 = 1 \end{cases}$$

$$2^{\text{o}})\begin{cases} \dfrac{\sqrt{2}}{2} + i \cdot \dfrac{\sqrt{2}}{2} & \text{é um valor de } \sqrt{i} \text{ pois } \left(\dfrac{\sqrt{2}}{2} + i \cdot \dfrac{\sqrt{2}}{2}\right)^2 = 1 \\ -\dfrac{\sqrt{2}}{2} - i \cdot \dfrac{\sqrt{2}}{2} & \text{é um valor de } \sqrt{i} \text{ pois } \left(-\dfrac{\sqrt{2}}{2} - i \cdot \dfrac{\sqrt{2}}{2}\right)^2 = 1 \end{cases}$$

A dúvida que imediatamente surge é: "quantas são as raízes enésimas de *z* e como determiná-las?". A resposta a esta pergunta vem a seguir.

30. Segunda fórmula de Moivre

Teorema

Dado o número complexo $z = \rho \cdot (\cos\theta + i \cdot \text{sen}\,\theta)$ e o número natural $n(n \geqslant 2)$, então existem *n* raízes enésimas de *z* que são da forma:

$$z_k = \sqrt[n]{\rho} \cdot \left[\cos\left(\frac{\theta}{n} + k \cdot \frac{2\pi}{n}\right) + i \cdot \text{sen}\left(\frac{\theta}{n} + k \cdot \frac{2\pi}{n}\right)\right]$$

em que $\sqrt[n]{\rho} \in \mathbb{R}_+$ e $k \in \mathbb{Z}$.

Demonstração:

Determinemos todos os complexos z_k tais que $\sqrt[n]{z} = z_k$.

Se $z_k = r \cdot (\cos\omega + i \cdot \text{sen}\,\omega)$, nossas incógnitas são *r* e ω. Apliquemos a definição de $\sqrt[n]{z}$:

$\sqrt[n]{z} = z_k \Leftrightarrow z_k^n = z$

Então:

$r^n \cdot (\cos n\omega + i \cdot \text{sen}\,n\omega) = \rho \cdot (\cos\theta + i \cdot \text{sen}\,\theta)$

portanto é necessário:

(1) $r^n = \rho \Rightarrow$ $\boxed{3 = \sqrt[n]{\rho}}$ $(r \in \mathbb{R}_+)$

$$\left.\begin{array}{l}(2)\ \cos n\omega = \cos\theta \\ (3)\ \text{sen}\, n\omega = \text{sen}\,\theta\end{array}\right\} \Rightarrow n\omega = \theta + 2k\pi \Rightarrow \boxed{\omega = \frac{\theta}{n} + k \cdot \frac{2\pi}{n}}$$

Supondo $0 \leqslant \theta < 2\pi$, vamos determinar os valores de *k* para os quais resultam valores de ω compreendidos entre 0 e 2π:

$$k = 0 \Rightarrow \omega = \frac{\theta}{n}$$

$$k = 1 \Rightarrow \omega = \frac{\theta}{n} + \frac{2\pi}{n}$$

$$k = 2 \Rightarrow \omega = \frac{\theta}{n} + 2 \cdot \frac{2\pi}{n}$$

$$\vdots \qquad\qquad \vdots$$

$$k = n - 1 \Rightarrow \omega = \frac{\theta}{n} + (n - 1) \cdot \frac{2\pi}{n}$$

Estes *n* valores de ω não são congruentes por estarem todos no intervalo $[0, 2\pi[$; portanto, dão origem a *n* valores distintos para z_k.

Consideremos agora o valor de ω obtido para $k = n$:

$$k = n \Rightarrow \omega = \frac{\theta}{n} + n \cdot \frac{2\pi}{n} = \frac{\theta}{n} + 2\pi$$

Este valor de ω é dispensável por ser congruente ao valor obtido com $k = 0$.

Fato análogo ocorre para $k = n + 1, n + 2, n + 3, \ldots$ e $k = -1, -2, -3, \ldots$

Então para obtermos os valores de z_k é suficiente fazer $k = 0, 1, 2, \ldots, n - 1$.

Conclusão: todo número complexo z não nulo admite n raízes enésimas distintas, as quais têm todas o mesmo módulo $\left(\sqrt[n]{|z|}\right)$ e argumentos principais formando uma progressão aritmética de primeiro termo $\frac{\theta}{n}$ e razão $\frac{2\pi}{n}$.

31. Aplicações

1ª) Calcular as raízes quadradas de −1.

Temos $z = -1$, então $\rho = 1$ e $\theta = \pi$.

De acordo com a fórmula deduzida, temos:

$$z_k = \sqrt{1} \cdot \left[\cos\left(\frac{\pi}{2} + k\pi\right) + i \cdot \text{sen}\left(\frac{\pi}{2} + k\pi\right)\right], k \in \{0, 1\}$$

$$k = 0 \Rightarrow z_0 = 1 \cdot \left[\cos\frac{\pi}{2} + i \cdot \text{sen}\frac{\pi}{2}\right] = i$$

$$k = 1 \Rightarrow z_1 = 1 \cdot \left[\cos\left(\frac{\pi}{2} + \pi\right) + i \cdot \text{sen}\left(\frac{\pi}{2} + \pi\right)\right] = -i$$

2ª) Calcular as raízes cúbicas de 8.

Temos $z = 8$, $\rho = 8$ e $\theta = 0$.

Pela fórmula deduzida, vem:

$$z_k = \sqrt[3]{8} \cdot \left(\cos k \cdot \frac{2\pi}{3} + i\,\text{sen}\, k \cdot \frac{2\pi}{3}\right), k = 0, 1, 2$$

$$k = 0 \Rightarrow z_1 = 2 \cdot (\cos 0 + i \cdot \text{sen}\, 0) = 2$$

$$k = 1 \Rightarrow z_2 = 2 \cdot \left(\cos\frac{2\pi}{3} + i \cdot \text{sen}\frac{2\pi}{3}\right) = -1 + i \cdot \sqrt{3}$$

$$k = 2 \Rightarrow \sqrt[3]{8} = 2 \cdot \left(\cos\frac{4\pi}{3} + i \cdot \text{sen}\frac{4\pi}{3}\right) = -1 - i \cdot \sqrt{3}$$

3ª) Calcular as raízes quartas de $-8 + i \cdot 8\sqrt{3}$.

Temos $z = -8 + i \cdot 8\sqrt{3}$, então $\rho = 16$ e $\theta = \frac{2\pi}{3}$.

Aplicando a fórmula, vem:

$$z_k = \sqrt[4]{16} \cdot \left[\cos\left(\frac{\frac{2\pi}{3}}{4} + k \cdot \frac{2\pi}{4}\right) + i \cdot \text{sen}\left(\frac{\frac{2\pi}{3}}{4} + k \cdot \frac{2\pi}{4}\right)\right] =$$

$$= 2 \cdot \left[\cos\left(\frac{\pi}{6} + k \cdot \frac{\pi}{2}\right) + i \cdot \text{sen}\left(\frac{\pi}{6} + k \cdot \frac{\pi}{2}\right)\right], k = 0, 1, 2, 3.$$

$$k = 0 \Rightarrow z_0 = 2 \cdot \left(\cos\frac{\pi}{6} + i \cdot \text{sen}\frac{\pi}{6}\right) = \sqrt{3} + i$$

$$k = 1 \Rightarrow z_1 = 2 \cdot \left(\cos \frac{2\pi}{3} + i \cdot \text{sen}\, \frac{2\pi}{3}\right) = -1 + i \cdot \sqrt{3}$$

$$k = 2 \Rightarrow z_2 = 2 \cdot \left(\cos \frac{7\pi}{6} + i \cdot \text{sen}\, \frac{7\pi}{6}\right) = -\sqrt{3} - i$$

$$k = 3 \Rightarrow z_3 = 2 \cdot \left(\cos \frac{5\pi}{3} + i \cdot \text{sen}\, \frac{5\pi}{3}\right) = 1 - i \cdot \sqrt{3}$$

32. Interpretação geométrica

Vimos que $\sqrt[n]{z}$ **pode assumir** *n* valores distintos porém todos com o mesmo módulo. Assim, os afixos das *n* raízes enésimas de *z* são pontos da mesma circunferência, com centro na origem do plano de Argand-Gauss e raio $\sqrt[n]{|z|}$.

Vimos também que os argumentos principais de $\sqrt[n]{z}$ formam uma progressão aritmética que começa com $\frac{\theta}{n}$ e tem razão $\frac{2\pi}{n}$. Assim, os afixos das *n* raízes enésimas de *z* dividem a circunferência de centro (0, 0) e raio $r = \sqrt[n]{|z|}$ em *n* partes congruentes, isto é:

se $n = 2$ são pontos diametralmente opostos

ou

se $n \geqslant 3$ são vértices de um polígono regular inscrito na circunferência citada.

Reexaminando as aplicações vistas no item 31, temos:

1º) raízes quadradas de -1

$$z_k = 1 \cdot \left[\cos\left(\frac{\pi}{2} + k\pi\right) + i \cdot \text{sen}\left(\frac{\pi}{2} + k\pi\right)\right]$$

Os afixos de $\sqrt{-1}$ dividem a circunferência de centro (0, 0) e raio 1 em duas partes congruentes.

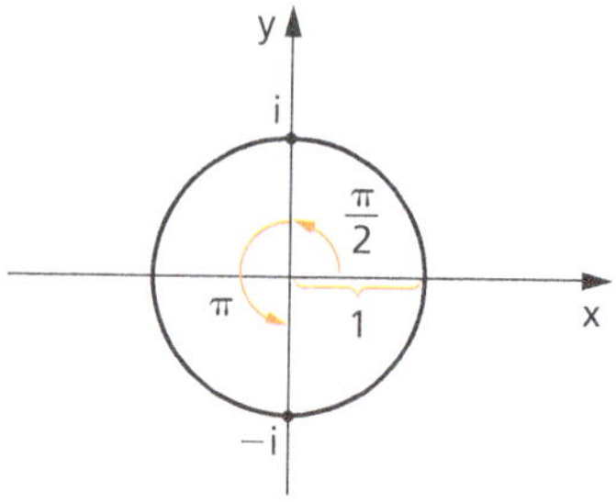

2º) raízes cúbicas de 8

$$z_k = 2 \cdot \left[\cos k \cdot \frac{2\pi}{3} + i \cdot \text{sen } k \cdot \frac{2\pi}{3}\right]$$

Os afixos de $\sqrt[3]{8}$ dividem a circunferência de centro (0, 0) e raio 2 em três partes congruentes.

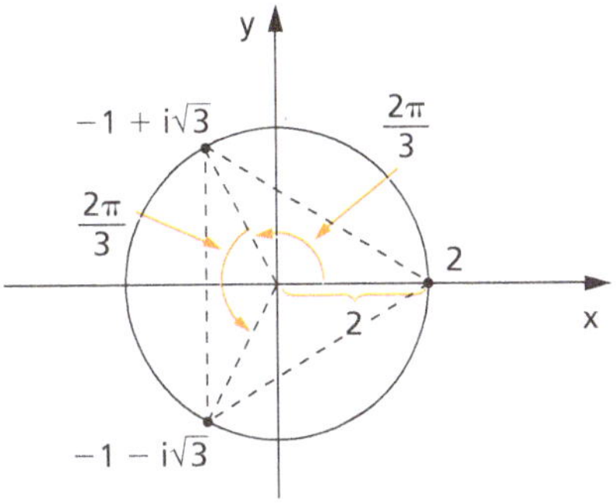

3º) raízes quartas de $-8 + i \cdot 8\sqrt{3}$

$$z_k = 2 \cdot \left[\cos\left(\frac{\pi}{6} + k\frac{\pi}{2}\right) + i \cdot \text{sen}\left(\frac{\pi}{6} + k\frac{\pi}{2}\right)\right]$$

Os afixos de $\sqrt[4]{-8 + i \cdot 8\sqrt{3}}$ são vértices do quadrado inscrito na circunferência de centro (0, 0) e raio 2, sendo $(\sqrt{3}, 1)$ um dos vértices.

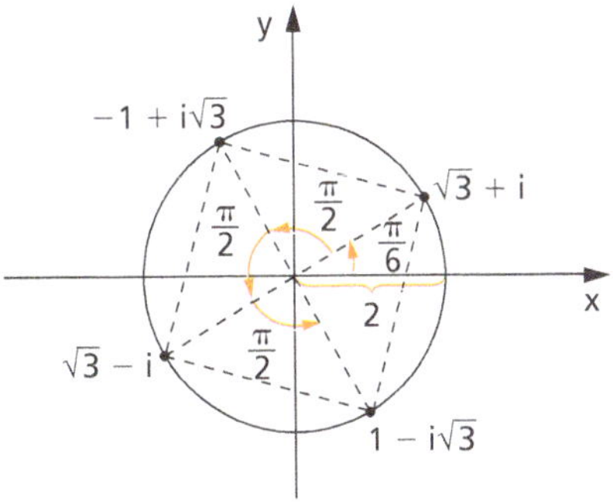

EXERCÍCIOS

84. Calcule:

a) $\sqrt{-7 + 24i}$

b) $\sqrt{5 + 12i}$

c) $\sqrt[3]{-11 - 2i}$

d) $\sqrt[4]{28 - 96i}$

Sugestão: Use a definição de $\sqrt[n]{z}$.

85. Calcule:

a) $\sqrt[4]{1}$

b) $\sqrt[3]{1 + i}$

c) $\sqrt{-16i}$

d) $\sqrt[6]{-729}$

e) $\sqrt{\dfrac{-1 + i\sqrt{3}}{2}}$

f) $\sqrt[3]{-64}$

g) $\sqrt{\sqrt[3]{1}}$

h) $\dfrac{1}{\sqrt{-4i}}$

86. Calcule, pela definição de raiz enésima, $\sqrt{-16 + 30i}$.

Solução

Por definição, temos: $\sqrt{z} = z_1 \Leftrightarrow z = z_1^2$.

Então:

$\sqrt{-16 + 30i} = x + yi \Leftrightarrow -16 + 30i = (x + yi)^2$.

Esta última igualdade, se desenvolvermos $(x + yi)^2$ pela fórmula do binômio de Newton, fica:

$-16 + 30i = x^2 + 2xyi + y^2i^2$

$-16 + 30i = (x^2 + y^2) + 2xyi$

portanto: $\begin{cases} x^2 - y^2 = -16 & (1) \\ 2xy = 30 & (2) \end{cases}$

De (2) vem $y = \dfrac{15}{x}$, então:

(1) $x^2 - \left(\dfrac{15}{x}\right)^2 = -16 \Rightarrow x^4 + 16x^2 - 225 = 0$

donde vem $\begin{cases} x = 3 \quad \text{portanto} \quad y = \dfrac{15}{3} = 5 \\ \text{ou} \\ x = -3 \quad \text{portanto} \quad y = \dfrac{15}{-3} = -5 \end{cases}$

Resposta: $\sqrt{-16 + 30i}$ é igual a $3 + 5i$ ou $-3 - 5i$.

87. Determine as raízes quadradas do número complexo $z = 5 - 12i$.

88. Um quadrado, inscrito numa circunferência de centro na origem, tem como um de seus vértices o afixo de $z_1 = 3i$. Que números complexos são representados pelos outros três vértices?

Solução 1

Os vértices do quadrado representam as raízes quartas de um certo $z \in \mathbb{C}$.

Como uma das raízes é 3i, temos:

$\sqrt[4]{z} = 3i \Rightarrow z = (3i)^4 = 81$

Vamos obter as outras raízes: $z = 81 = 81 \cdot (\cos 0 + i \cdot \text{sen } 0)$.

Então

$$z_k = 3 \cdot \left[\cos \frac{0 + 2k\pi}{4} + i \cdot \text{sen } \frac{0 + 2k\pi}{4}\right] =$$

$$= 3\left(\cos \frac{k\pi}{2} + i \cdot \text{sen } \frac{k\pi}{2}\right) \text{ com } k \in \{0, 1, 2, 3\}$$

$k = 0 \Rightarrow z_0 = 3$ $\quad$ $K = 2 \Rightarrow z_2 = -3$

$k = 1 \Rightarrow z_1 = 3i$ $\quad$ $K = 3 \Rightarrow z_3 = -3i$

portanto os números procurados são 3, −3 e −3i.

Solução 2

A circunferência em questão tem centro na origem e passa por P(0, 3), portanto seu raio é 3. Em consequência, ela intercepta os eixos nos pontos (3, 0), (0, 3), (−3, 0) e (0, −3), que são os vértices do quadrado.

Conclusão: os números procurados são (3, 0) = 3, (−3, 0) = −3 e (0, −3) = −3i.

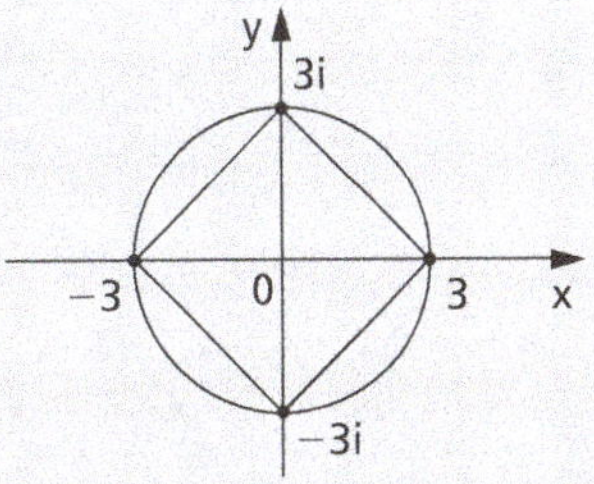

89. Sendo $\frac{\sqrt{2}}{2} + i \cdot \frac{\sqrt{2}}{2}$ uma das raízes quartas de um número *z*, determine as raízes quadradas de *z*.

90. Uma das raízes de ordem 6 de um número complexo é −2. Determine as outras raízes de ordem 6 desse número.

91. Determine graficamente as raízes quartas de 256.

92. Um hexágono regular, inscrito numa circunferência de centro na origem, tem como um de seus vértices o afixo de $z = 2i$. Que números complexos são representados pelos outros cinco vértices do hexágono?

93. Represente graficamente os números $i = \sqrt[3]{-8i}$.

94. Represente graficamente as raízes de $(z - 1 + i)^4 = 1$.

95. Demonstre que a soma das raízes de índice 2n de um número complexo qualquer é zero.

96. Qual o número de pontos obtidos na representação gráfica, no plano de Argand-Gauss, dos números complexos z tais que $z^2 = \bar{z}i$?

97. Qual é o conjunto dos pontos $z = x + iy$ do plano complexo que satisfazem:
$|z - 1|^2 = 2x$ e $y \geqslant 2$?

98. Qual o número complexo z que verifica a equação:
$iz + 2\bar{z} + 1 - i = 0$?

99. Se $z = r(\cos\theta + i \operatorname{sen}\theta)$, qual é o número de soluções da equação $z^2 + |z| = 0$?

100. Seja z_k um número complexo, solução da equação
$(z + 1)^5 + z^5 = 0$
$k = 0, 1, 2, 3, 4.$
Qual das proposições abaixo é verdadeira?
a) Todos os z_k, $k = 0, 1, ..., 4$ estão sobre uma circunferência.
b) Todos os z_k estão sobre uma reta paralela ao eixo imaginário.

VI. Equações binômias e trinômias

33. Chama-se **equação binômia** toda equação redutível à forma

$$ax^n + b = 0$$

em que $a, b \in \mathbb{C}$, $a \neq 0$ e $n \in \mathbb{N}$.

Para resolver uma equação binômia basta isolar x^n e aplicar a definição de radiciação em $\mathbb{C}$:

$$ax^n + b = 0 \Leftrightarrow x^n = -\frac{b}{a} \Leftrightarrow x = \sqrt[n]{-\frac{b}{a}}$$

Observemos que a equação binômia admite *n* raízes que são os valores de $\sqrt[n]{-\frac{b}{a}}$.

Exemplo:

Resolver $3x^6 + 192 = 0$.

$$3x^6 + 192 = 0 \Rightarrow x^6 = -\frac{192}{3} \Rightarrow x = \sqrt[6]{-64}$$

Fazendo $z = -64$, vem $\rho = |z| = 64$ e $\theta = \pi$, então:

$$z_k = \sqrt[6]{64} \cdot \left[\cos\left(\frac{\pi + 2k\pi}{6}\right) + i \cdot \text{sen}\left(\frac{\pi}{6} + \frac{2k\pi}{6}\right)\right] =$$

$$= 2 \cdot \left[\cos\left(\frac{\pi}{6} + k \cdot \frac{\pi}{3}\right) + i \cdot \text{sen}\left(\frac{\pi}{6} + k \cdot \frac{\pi}{3}\right)\right],\ k = 0, 1, ..., 5$$

$$k = 0 \Rightarrow z_0 = 2 \cdot \left(\cos\frac{\pi}{6} + i \cdot \text{sen}\frac{\pi}{6}\right) = \sqrt{3} + i$$

$$k = 1 \Rightarrow z_1 = 2 \cdot \left(\cos\frac{\pi}{2} + i \cdot \text{sen}\frac{\pi}{2}\right) = 2i$$

$$k = 2 \Rightarrow z_2 = 2 \cdot \left(\cos\frac{5\pi}{6} + i \cdot \text{sen}\frac{5\pi}{6}\right) = -\sqrt{3} + i$$

$$k = 3 \Rightarrow z_3 = 2 \cdot \left(\cos\frac{7\pi}{6} + i \cdot \text{sen}\frac{7\pi}{6}\right) = -\sqrt{3} - i$$

$$k = 4 \Rightarrow z_4 = 2 \cdot \left(\cos\frac{3\pi}{2} + i \cdot \text{sen}\frac{3\pi}{2}\right) = -2i$$

$$k = 5 \Rightarrow z_5 = 2 \cdot \left(\cos\frac{11\pi}{6} + i \cdot \text{sen}\frac{11\pi}{6}\right) = \sqrt{3} - i$$

Portanto o conjunto solução de $3x^6 + 192 = 0$ é

$$S = \{\sqrt{3} + i, 2i, -\sqrt{3} + i, -\sqrt{3} - i, -2i, \sqrt{3} - i\}$$

representado pelos vértices do hexágono regular da figura.

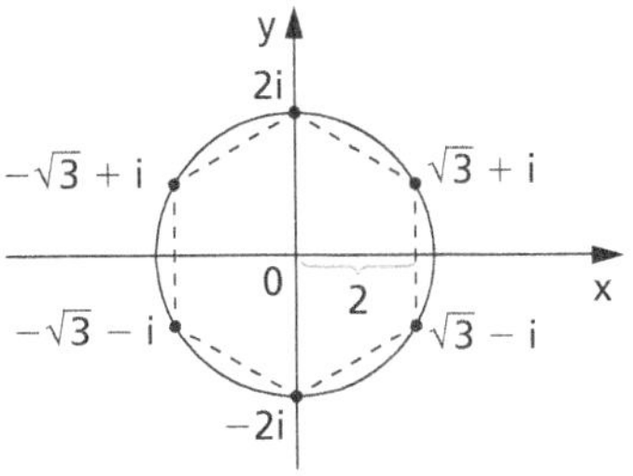

EXERCÍCIOS

101. Resolva a equação binômia $x^3 + i = 0$.

Solução

$x^3 + i = 0 \Leftrightarrow x^3 = -i \Leftrightarrow x = \sqrt[3]{-1}$

$-i = 1\,(0 + i\,(-1)) = 1 \cdot \left(\cos \frac{3\pi}{2} + i \cdot \text{sen}\,\frac{3\pi}{2}\right)$

$z_k = \sqrt[3]{1} \cdot \left[\cos\left(\frac{\pi}{2} + k \cdot \frac{2\pi}{3}\right) + i \cdot \text{sen}\left(\frac{\pi}{2} + k \cdot \frac{2\pi}{3}\right)\right],\ k \in \{0, 1, 2\}$

Então:

$k = 0 \Rightarrow z_0 = 1 \cdot \left(\cos \frac{\pi}{2} + i \cdot \text{sen}\,\frac{\pi}{2}\right) = i$

$k = 1 \Rightarrow z_1 = 1 \cdot \left(\cos \frac{7\pi}{6} + i \cdot \text{sen}\,\frac{7\pi}{6}\right) = -\frac{\sqrt{3}}{2} - i \cdot \frac{1}{2}$

$k = 2 \Rightarrow z_2 = 1 \cdot \left(\cos \frac{11\pi}{6} + i \cdot \text{sen}\,\frac{11\pi}{6}\right) = \frac{\sqrt{3}}{2} - i \cdot \frac{1}{2}$

portanto o conjunto solução da equação dada é:

$S = \left\{i, -\frac{\sqrt{3}}{2} - i \cdot \frac{1}{2}, \frac{\sqrt{3}}{2} - i \cdot \frac{1}{2}\right\}$

102. Resolva as seguintes equações binômias:

a) $x^2 - i = 0$
b) $x^6 + 8 = 0$
c) $x^4 - 1 + i = 0$
d) $x^3 + 1 = 0$
e) $x^4 + i = 0$
f) $x^3 - 27 = 0$

34. Chama-se **equação trinômia** toda equação redutível à forma

$$ax^{2n} + bx^n + c = 0$$

em que $a, b, c \in \mathbb{C}$, $a \neq 0$, $b \neq 0$ e $n \in \mathbb{N}$.

Para resolver uma equação trinômia faz-se $x^n = y$, obtém-se y_1 e y_2 raízes da equação $ay^2 + by + c = 0$ e, finalmente, recai-se nas equações binômias $x^n = y_1$ e $x^n = y^2$, determinando-se as 2n raízes.

Exemplo:

Resolver $x^6 + 7x^3 - 8 = 0$.

Fazendo $x^3 = y$, resulta $y^2 + 7y - 8 = 0$; portanto:

$$y = \frac{-7 \pm \sqrt{7^2 - 4 \cdot 1 \cdot (-8)}}{2} = \frac{-7 \pm 9}{2} \begin{cases} y_1 = 1 \\ y_2 = -8 \end{cases}$$

Vamos resolver a equação binômia $x^3 = y_1 = 1$, da qual decorre $x = \sqrt[3]{1}$.

Como $z = 1$ tem módulo 1 e argumento 0, vem:

$$x = z_k = 1 \cdot \left(\cos \frac{2k\pi}{3} + i \cdot \text{sen} \frac{2k\pi}{3}\right), \ k = 0, 1, 2$$

$$k = 0 \Rightarrow z_0 = \cos 0 + i \cdot \text{sen } 0 = 1$$

$$k = 1 \Rightarrow z_1 = \cos \frac{2\pi}{3} + i \cdot \text{sen} \frac{2\pi}{3} = -\frac{1}{2} - i \cdot \frac{\sqrt{3}}{2}$$

$$k = 2 \Rightarrow z_2 = \cos \frac{4\pi}{3} + i \cdot \text{sen} \frac{4\pi}{3} = -\frac{1}{2} - i \cdot \frac{\sqrt{3}}{2}$$

Vamos resolver a equação binômia $x^3 = y_2 = -8$, da qual decorre $x = \sqrt[3]{-8}$.

Como $z = -8$ tem módulo 8 e argumento π, vem:

$$x = z_k = 2 \cdot \left[\cos\left(\frac{\pi}{3} + \frac{2k\pi}{3}\right) + i \cdot \text{sen}\left(\frac{\pi}{3} + \frac{2k\pi}{3}\right)\right], \ k = 0, 1, 2$$

$$k = 0 \Rightarrow z_0 = 2 \cdot \left(\cos \frac{\pi}{3} + i \cdot \text{sen} \frac{\pi}{3}\right) = 1 + i\sqrt{3}$$

$$k = 1 \Rightarrow z_1 = 2 \cdot (\cos \pi + i \cdot \text{sen } \pi) = -2$$

$$k = 2 \Rightarrow z_2 = 2 \cdot \left(\cos \frac{5\pi}{3} + i \cdot \text{sen} \frac{5\pi}{3}\right) = 1 - i\sqrt{3}$$

E o conjunto solução da equação trinômia é:

$$S = \left\{1, -\frac{1}{2} + i \cdot \frac{\sqrt{3}}{2}, -\frac{1}{2} - i \cdot \frac{\sqrt{3}}{2}, 1 + i \cdot \sqrt{3}, -2, 1 - i\sqrt{3}\right\}$$

EXERCÍCIO

103. Resolva as seguintes equações trinômias:

a) $x^8 - 17x^4 + 16 = 0$

b) $x^6 + 9x^3 + 8 = 0$

c) $x^4 - 2x^2 + 2 = 0$

d) $x^4 - 5x^2 + 4 = 0$

e) $27x^6 + 35x^3 + 8 = 0$

f) $ix^2 - 2x + \sqrt{3} = 0$

LEITURA

Números complexos: de Cardano a Hamilton

Hygino H. Domingues

O primeiro matemático a operar com números complexos (ao invés de rejeitá-los simplesmente, como acontecia até então) foi G. Cardano (1501-1576). Resolvendo o problema de dividir o número 10 em duas partes cujo produto é 40, provou (multiplicando) que os números $5 + \sqrt{-15}$ e $5 - \sqrt{-15}$ (simbologia moderna), raízes de $x^2 + 40 = 10x$ (idem), são as "partes".

Mas, ao aplicar a fórmula hoje conhecida por seu nome (ver p. 99) à equação $x^3 = 15x + 4$ (simbologia moderna), obteve $x = \sqrt[3]{2 + \sqrt{-121}} + \sqrt[3]{2 - \sqrt{-121}}$ (idem) e não soube como transformar esta expressão no número 4, que sabia ser uma das raízes procuradas. Quem tirou a matemática desse impasse foi o bolonhês R. Bombelli (c. 1530-1579), notável diletante da matemática. Fazendo $\sqrt[3]{2 + \sqrt{-121}} = a + b\sqrt{-1}$ e $\sqrt[3]{2 - \sqrt{-121}} = a - b\sqrt{-1}$ (notação atual), obteve $a = 2$, $b = 1$ e daí $x = 4$. Mas Bombelli foi além. Em sua *Álgebra* (1572) aparece pela primeira vez uma teoria dos números complexos razoavelmente bem estruturada, inclusive com uma notação específica: o número 3i, por exemplo, era representado por R[0 m. 9] (R de "raiz", *m* de "menos"), ou seja, $R[0\ m.\ 9] = \sqrt{0 - 9}$.

Contudo, os números complexos seguiram mantendo uma certa aura de mistério até a virada do século XVIII para o XIX. Foi quando Caspar Wessel (1745-1818), K. F. Gauss (1777-1855) e Jean-Robert Argand (1768-1822) descobriram, independentemente, que esses números admitem uma representação geométrica. Mas enquanto Gauss imaginava essa representação por meio dos pontos de um plano, Wessel e Argand usavam segmentos de reta orientados ou vetores para representá-los. Na verdade, Wessel e Argand, dois amadores da matemática, escreveram trabalhos específicos a respeito (o primeiro a publicar foi Wessel em 1799) com enfoques muito parecidos; Gauss, como em outras vezes, apenas deixou bem claro conhecer as ideias subjacentes ao assunto, inclusive utilizando-as. Todos contudo perceberam que, mais do que para representar pontos ou vetores, os números complexos podem ser utilizados para operar algebricamente com eles. Ou seja, os números complexos se constituem na álgebra dos vetores de um plano.

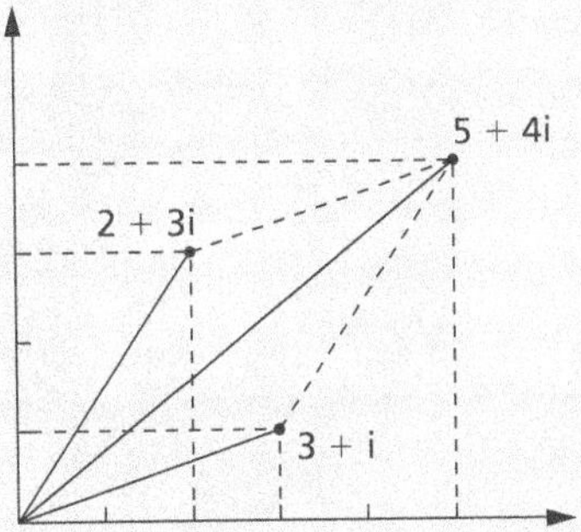

Modernamente um plano cartesiano usado para representar os números complexos costuma ser chamado **plano de *Argand-Gauss***. Em verdade essa representação se aproxima mais das contribuições de Argand ao assunto. Este último, trabalhando com a ideia de rotação, considerava um número complexo a + bi como soma vetorial OB de *a* e bi, conforme a figura, ou, na forma trigonométrica, de r (cos α + i · sen α).

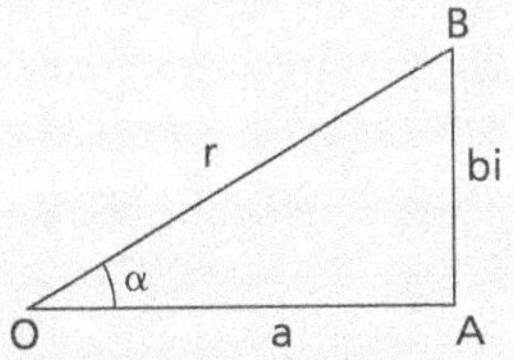

Algebricamente, porém, havia um ponto importante a elucidar: como entender uma soma a + bi, considerando que as parcelas *a* e bi são entes de espécie diferente? Quem tomou a si essa tarefa foi William Rowan Hamilton (1805-1865).

Natural de Dublin, Irlanda, Hamilton ficou órfão de pai e mãe ainda menino. Mas, mesmo antes do desfecho desses acontecimentos, sua educação já fora confiada a um tio que era linguista. Assim, sua rara precocidade intelectual foi canalizada inicialmente para o aprendizado de línguas: aos 5 anos de idade era fluente em grego, latim e hebraico; aos 8 em francês e italiano; aos 10 em árabe e sânscrito; e aos 14 em persa. Por essa época aproximadamente começa a se interessar por matemática e física. E põe-se a ler grandes obras como os *Principia* de Newton e a *Mecânica celeste* de Laplace. Aos 18 anos publica um trabalho corrigindo um erro no trabalho deste último. Em 1824 ingressa no Trinity College (Dublin), para cuja cadeira de Astronomia seria designado professor em 1827, ainda sem haver se graduado. Com isso passaria a ser, inclusive, o astrônomo real da Irlanda.

HULTON-DEUTSCH COLLECTION/CORBIS/LATINSTOCK

William Rowan Hamilton (1805-1865).

Foi num artigo de 1833, apresentado à Academia Irlandesa, que Hamilton introduziu a álgebra formal dos números complexos. Estes, segundo sua ideia básica, passavam a ser encarados como pares ordenados (a, b) de números reais, com os quais se operava segundo as leis

$(a, b) + (c, d) = (a + c, b + d)$ $\qquad$ $(a, b) \cdot (c, d) = (ac - bd, ad + bc)$

Nessa ordem, um par (a, 0) equivale ao número real *a*; em particular $(-1, 0) = -1$. Assim, fazendo $i = (0, -1)$, $i^2 = (0, -1) \cdot (0, -1) = (-1, 0) = -1$. Finalmente obtinha-se uma explicação lógica para o símbolo $\sqrt{-1}$.

Mas o que Hamilton tinha em vista quando colheu esses resultados era algo mais pretensioso: buscar uma estrutura algébrica que fosse para os vetores do espaço tridimensional o mesmo que a dos números complexos é para os vetores de um plano. Assim como um número complexo tem a forma $(a, b) = a + bi$, a expressão desses novos entes deveria ser $(a, b, c) = a + bi + cj$. Durante mais de 10 anos Hamilton procurou inutilmente uma regra para definir a multiplicação que gozasse das propriedades algébricas esperadas, ou seja, as mesmas da multiplicação de pares ordenados (a adição não oferecia dificuldades). Um dia, em 1843, ocorreu-lhe que seria preciso buscar quádruplos em vez de ternos e abandonar a comutatividade da multiplicação. Nasciam assim os **quatérnions** $a + bi + cj + dk$, em que $i^2 = j^2 = k^2 = -1$, $ij = k = -ji$, $jk = i = -kj$ e $ki = j = -ik$.

Hamilton depositava grande confiança na aplicabilidade dos **quatérnions**. Por essa razão investiu, daí em diante, grande parte de seu tempo para desenvolver a álgebra que criara. Se o resultados não foram os desejados, pelo menos rompera os grilhões da comutatividade na álgebra — sem dúvida um dos grandes avanços da matemática em todos os tempos.

CAPÍTULO II

Polinômios

I. Polinômios

35. Função polinomial ou polinômio

Dada a sequência de números complexos (a_0, a_1, a_2, ..., a_n), consideremos a função: f: $\mathbb{C} \to \mathbb{C}$ dada por $f(x) = a_0 + a_1x + a_2x^2 + ... + a_nx^n$. A função *f* é denominada **função polinomial** ou **polinômio** associado à sequência dada.

Os números a_0, a_1, a_2, ..., a_n são denominados **coeficientes** e as parcelas a_0, a_1x, a_2x^2, ..., a_nx^n são chamadas **termos** do polinômio *f*.

Uma função polinomial de um único termo é denominada **função monomial** ou **monômio**.

36. Exemplos:

As seguintes aplicações são polinômios:

$f(x) = 1 + 2x + 3x^2 - 5x^3$, onde $a_0 = 1$, $a_1 = 2$, $a_2 = 3$ e $a_3 = -5$

$g(x) = 1 + 7x^4$, onde $a_0 = 1$, $a_1 = a_2 = a_3 = 0$ e $a_4 = 7$

$h(x) = 5x - 3x^3$, onde $a_0 = a_2 = 0$, $a_1 = 5$ e $a_3 = -3$

37. Valor numérico — Raiz

Dados o número complexo *a* e o polinômio $f(x) + a_0 + a_1x + a_2x^2 + ... + a_nx^n$, chama-se **valor numérico de *f* em *a*** a imagem de *a* pela função *f*, isto é:

$f(a) = a_0 + a_1a + a_2a^2 + ... + a_na^n.$

Assim, por exemplo, se $f(x) = 2 + x + x^2 + 3x^3$, temos:

$f(2) = 2 + 2 + 2^2 + 3 \cdot 2^3 = 32$

$f(-1) = 2 + (-1) + (-1)^2 + 3 \cdot (-1)^3 = -1$

$f(1 + i) = 2 + (1 + i) + (1 + i)^2 + 3(1 + i)^3 =$

$= 2 + 1 + i + 1 + 2i - 1 + 3 + 9i - 9 - 3i = -3 + 9i.$

Muitas vezes, para simplificar a notação, escrevemos apenas

$f = a_0 + a_1x + a_2x^2 + ... + a_nx^n$

para simbolizar um polinômio *f* na variável *x*. Neste caso, *f* é o mesmo que f(x).

Em particular, se *a* é um número complexo e *f* é um polinômio tal que $f(a) = 0$, dizemos que *a* é uma raiz ou um zero de *f*. Por exemplo, os números -2 e -1 são raízes de $f(x) = 2x + 3x^2 + x^3$, pois:

$f(-2) = 2(-2) + 3(-2)^2 + (-2)^3 = 0$

$f(-1) = 2(-1) + 3(-1)^2 + (-1)^3 = 0$

II. Igualdade

Neste parágrafo vamos estabelecer o que são dois polinômios iguais e como se pode constatar a igualdade de dois polinômios examinando apenas seus coeficientes.

38. Polinômio nulo

Dizemos que um polinômio *f* é **nulo** (ou **identicamente nulo**) quando *f* assume o valor numérico zero para todo *x* complexo. Em símbolos indicamos:

$$f = 0 \Leftrightarrow f(x) = 0, \ \forall x \in \mathbb{C}$$

39. Coeficientes do polinômio nulo

Teorema

Um polinômio *f* é nulo se, e somente se, todos os coeficientes de *f* forem nulos. Em símbolos, sendo $f(x) = a_0 + a_1x + a_2x^2 + ... + a_nx^n$, temos:

$$f = 0 \Leftrightarrow a_0 = a_1 = a_2 ... = a_n = 0$$

Demonstração:

($\Leftarrow$) É imediato que $a_0 = a_1 = a_2 ... = a_n = 0$ acarreta:
$f(x) = 0 + 0x + 0x^2 + ... + 0x^n = 0, \forall x \in \mathbb{C}$

($\Rightarrow$) Se *f* é nulo, então existem n + 1 números complexos $\alpha_0, \alpha_1, \alpha_2, ..., \alpha_n$, distintos dois a dois, que são raízes de *f*, isto é:

$$\begin{aligned}
f(\alpha_0) &= a_0 + a_1\alpha_0 + a_2\alpha_0^2 + ... + a_n\alpha_0^n = 0\\
f(\alpha_1) &= a_0 + a_1\alpha_1 + a_2\alpha_1^2 + ... + a_n\alpha_1^n = 0\\
f(\alpha_2) &= a_0 + a_1\alpha_2 + a_2\alpha_2^2 + ... + a_n\alpha_2^n = 0\\
&\cdots\cdots\cdots\cdots\cdots\cdots\cdots\cdots\\
f(\alpha_n) &= a_0 + a_1\alpha_n + a_2\alpha_n^2 + ... + a_n\alpha_n^n = 0
\end{aligned}$$

Assim, estamos diante de um sistema linear homogêneo do tipo $(n + 1) \times (n + 1)$ cujas incógnitas são $a_0, a_1, a_2, ..., a_n$. Como o determinante deste sistema é

$$D = \begin{vmatrix} 1 & \alpha_0 & \alpha_0^2 & \cdots & \alpha_0^n \\ 1 & \alpha_1 & \alpha_1^2 & \cdots & \alpha_1^n \\ 1 & \alpha_2 & \alpha_2^2 & \cdots & \alpha_2^n \\ \cdots & \cdots & \cdots & \cdots & \cdots \\ 1 & \alpha_n & \alpha_n^2 & \cdots & \alpha_n^n \end{vmatrix}$$

não nulo por tratar-se do determinante de uma matriz de Vandermonde cujos elementos característicos são $\alpha_0, \alpha_1, \alpha_2, ..., \alpha_n$, todos distintos, o sistema tem uma única solução, que é a solução trivial:
$a_0 = a_1 = a_2 = ... = a_n = 0$

40. Polinômios idênticos

Dizemos que dois polinômios *f* e *g* são **iguais** (ou **idênticos**) quando assumem valores numéricos iguais para todo *x* complexo. Em símbolos, indicamos:

$$f = g \Leftrightarrow f(x) = g(x), \forall x \in \mathbb{C}$$

41. Coeficientes de polinômios idênticos

Teorema

Dois polinômios *f* e *g* são iguais se, e somente se, os coeficientes de *f* e *g* forem ordenadamente iguais. Em símbolos, sendo

$$f(x) = a_0 + a_1x + a_2x^2 + \ldots + a_nx^n = \sum_{i=0}^{n} a_ix^i \quad \text{e}$$

$$g(x) = b_0 + b_1x + b_2x^2 + \ldots + b_nx^n = \sum_{i=0}^{n} b_ix^i$$

temos:

$$f = g \Leftrightarrow a_i = b_i, \forall i \in \{0, 1, 2, \ldots, n\}$$

Demonstração:

Para todo $x \in \mathbb{C}$, temos:

$$a_i = b_i \Leftrightarrow a_i - b_i = 0 \Leftrightarrow (a_i - b_i)x^i = 0 \Leftrightarrow \sum_{i=0}^{n} (a_i - b_i)x^i = 0 \Leftrightarrow$$

$$\Leftrightarrow \sum_{i=0}^{n} a_ix^i - \sum_{i=0}^{n} b_ix^i = 0 \Leftrightarrow \sum_{i=0}^{n} a_ix^i = \sum_{i=0}^{n} b_ix^i \Leftrightarrow f(x) = g(x)$$

EXERCÍCIOS

104. Quais das expressões representam um polinômio na variável *x*?

a) $x^5 + x^3 + 2$

b) $0x^4 + 0x^2$

c) 3

d) $x^{\frac{5}{2}} + 3x^2$

e) $(\sqrt{x})^4 + x + 2$

f) $x\sqrt{x} + x^2$

g) x^{15}

h) $x + 2$

i) $x^2 + 2x + 3$

j) $\frac{1}{x^4} + x$

k) $x + x^3 + x^6 + x^4$

l) $(3x^2 - 5x + 3)(7x^3 + 2)$

105. Dada a função polinomial $f(x) = x^3 + x^2 + x = 1$, calcule:
$f(-3)$, $f(0)$, $f(1)$, $f(x + 1)$, $f(2x)$ e $f(f(-1))$.

Solução

$f(-3) = (-3)^3 + (-3)^2 + (-3) + 1 = -20$

$f(0) = 0^3 + 0^2 + 0 + 1 = 1$

$f(1) = 1^3 + 1^2 + 1 + 1 = 4$

$f(x + 1) = (x + 1)^3 + (x + 1)^2 + (x + 1) + 1 =$

$= (x^3 + 3x^2 + 3x + 1) + (x^2 + 2x + 1) + (x + 1) + 1 =$

$= x^3 + 4x^2 + 6x + 4$

$f(2x) = (2x)^3 + (2x)^2 + (2x) + 1 = 8x^3 + 4x^2 + 2x + 1$

$f(-1) = (-1)^3 + (-1)^2 + (-1) + 1 = 0 \Rightarrow f(f(-1)) = f(0) = 1$

106. Seja a funcão polinomial $f(x) = x^{15} + x^{14} + x^{13} + \dots + x^2 + x + 1$.
Calcule $f(0)$, $f(1)$ e $f(-1)$.

107. Dado o polinômio $P(x) = x^2 - 2x$, calcule o valor de $P(1 + i)$.

108. Dado $f(z) = z^4 + iz^3 - (1 + 2i)z^2 + 3z + 1 + 3i$, calcule o valor de *f* no ponto $z = 1 + i$.

109. Seja $p(x) = a_n x^n + a_{n-1} x^{n-1} + \dots + a_1 x + a_0$ um polinômio e $a_n + a_{n-1} + \dots + a_1 + a_0$ a soma dos coeficientes do polinômio $p(x)$. Qual a soma dos coeficientes do polinômio $(4x^3 - 2x^2 - 2x - 1)^{36}$?

110. Seja *f* uma função real tal que $f(x) = ax^3 + bx^2 + cx + d$ para todo *x* real, em que *a*, *b*, *c*, *d* são números reais. Se $f(x) = 0$ para todo *x* do conjunto $\{1, 2, 3, 4, 5\}$, calcule $f(6)$.

111. Determine os reais, *a*, *b*, *c* de modo que $f = (a - 2)x^3 + (b + 2)x + (3 - c)$ seja o polinômio nulo.

112. Determine *a*, *b*, *c* de modo que a função
$f(x) = (a + b - 5)x^2 + (b + c - 7)x + (a + c)$
seja identicamente nula.

113. Se *m* e *n* são tais que o polinômio
$(mn - 2)x^3 + (m^2 - n^2 - 3)x^2 + (m + n - 3)x + 2m - 5n + 1$
é identicamente nulo, qual o valor de $m^2 + n^2$?

114. Dadas as funções polinomiais $f(x) = (a - 1)x^2 + bx + c$ e $g(x) = 2ax^2 + 2bx - c$, qual é a condição para que se tenha a identidade $f(x) \equiv g(x)$?

115. Determine a condição necessária e suficiente para que a expressão

$$\frac{a_1x^2 + b_1x + c_1}{a_2x^2 + b_2x + c_2}$$

em que $a_1, b_1, c_1, a_2, b_2, c_2$ são reais não nulos, assuma um valor que não depende de x.

Solução

Façamos a fração assumir o valor constante k. Então

$$\frac{a_1x^2 + b_1x + c_1}{a_2x^2 + b_2x + c_2} = k, \forall x \in \mathbb{C}$$

equivale a

$$a_1x^2 + b_1x + c_1 = k(a_2x^2 + b_2x + c_2), \forall x \in \mathbb{C}$$
$$a_1x^2 + b_1x + c_1 = ka_2x^2 + kb_2x + kc_2, \forall x \in \mathbb{C}$$

que equivale a: $a_1 = ka_2, b_1 = kb_2$ e $c_1 = kc_2$ isto é:

$$\frac{a_1}{a_2} = \frac{b_1}{b_2} = \frac{c_1}{c_2}$$

Isso significa que os coeficientes do numerador devem ser respectivamente proporcionais aos coeficientes do denominador.

Por exemplo, as frações:

$$\frac{x^2 + 2x + 3}{2x^2 + 4x + 6} \quad \text{e} \quad \frac{5x^2 - 7x + 1}{10x^2 - 14x + 2}$$

assumem valor constante para todo $x \in \mathbb{C}$.

Resposta: $\frac{a_1}{a_2} = \frac{b_1}{b_2} = \frac{c_1}{c_2}$.

116. Determine a, b, c de modo que se tenha para todo x real: $\frac{ax^2 - bx - 5}{3x^2 + 7x + c} = 3$.

117. Qual o valor de $a + b$ para que a expressão abaixo não dependa de x?

Expressão: $\frac{3x^2 + 5x - 8}{2x^2 - 10x + b}$.

118. Quais os valores de m, n e p para que a expressão

$$\frac{(m - 1)x^3 + (n - 2)x^2 + (p - 3)x + 8}{2x^2 + 3x + 4}$$

seja independente de x?

III. Operações

Adição

42. Soma de polinômios

Dados dois polinômios

$$f(x) = a_0 + a_1x + a_2x^2 + \dots + a_nx^n = \sum_{i=0}^{n} a_ix^i \text{ e}$$

$$g(x) = b_0 + b_1x + b_2x^2 + \dots + b_nx^n = \sum_{i=0}^{n} b_ix^i$$

chama-se **soma** de *f* com *g* o polinômio

$$(f + g)(x) = (a_0 + b_0) + (a_1 + b_1)x + (a_2 + b_2)x^2 + \dots + (a_n + b_n)x^n$$

isto é:

$$(f + g)(x) = \sum_{i=0}^{n} (a_i + b_i)x^i$$

43. Exemplo:

Somar $f(x) = 4 + 3x + x^2$ e $g(x) = 5 + 3x^2 + x^4$.

Temos:

$f(x) = 4 + 3x + x^2 + 0x^3 + 0x^4$

$g(x) = 5 + 0x + 3x^2 + 0x^3 + x^4$

Então:

$(f + g)(x) = (4 + 5) + (3 + 0)x + (1 + 3)x^2 + (0 + 0)x^3 + (0 + 1)x^4 =$
$= 9 + 3x + 4x^2 + x^4$.

44. Propriedades da adição

Teorema

A operação de adição define em P, conjunto dos polinômios de coeficientes complexos, uma estrutura de grupo comutativo, isto é, verifica as seguintes propriedades:

[A−1] propriedade associativa

[A−2] propriedade comutativa

[A−3] existência de elemento neutro

[A−4] existência de inverso aditivo

Demonstração:

[A−1] $f + (g + h) = (f + g) + h, \ \forall f, g, h \in P$

Fazendo $f(x) = \sum_{i=0}^{n} a_i x^i$, $g(x) = \sum_{i=0}^{n} b_i x^i$, $h(x) = \sum_{i=0}^{n} c_i x^i$,

$(f + (g + h))(x) = \sum_{i=0}^{n} d_i x^i$ e $((f + g) + h)(x) = \sum_{i=0}^{n} e_i x^i$, temos:

$d_i = a_i + (b_i + c_i) = (a_i + b_i) + c_i = e_i, \ \forall i \in \{0, 1, 2, ..., n\}$.

[A−2] $f + g = g + f, \ \forall f, g \in P$.

Fazendo $f(x) = \sum_{i=0}^{n} a_i x^i$, $g(x) = \sum_{i=0}^{n} b_i x^i$, $(f + g)(x) = \sum_{i=0}^{n} c_i x^i$ e

$(g + f)(x) = \sum_{i=0}^{n} d_i x^i$, temos:

$c_i = a_i + b_i = b_i + a_i = d_i, \ \forall i \in \{0, 1, 2, ..., n\}$.

[A−3] $\exists\, e_a \in P \mid f + e_a = f, \ \forall f \in P$

Fazendo $f(x) = \sum_{i=0}^{n} a_i x^i$ e $e_a(x) = \sum_{i=0}^{n} \alpha_i x^i$, temos:

$f + e_a \equiv f \Leftrightarrow a_i + \alpha_i = a_i, \ \forall i \in \{0, 1, 2, ..., n\}$ e então

$\alpha_i = 0, \ \forall i \in \{0, 1, 2, ..., n\}$, portanto e_a (**elemento neutro** para a adição de polinômios) é o polinômio nulo.

[A−4] $\forall f \in P, \ \exists\, f' \in P \mid f + f' = e_a$

Fazendo $f(x) = \sum_{i=0}^{n} a_i x^i$ e $f'(x) = \sum_{i=0}^{n} a'_i x^i$, temos:

$f + f' \equiv e_a \Leftrightarrow a_i + a'_i = 0, \ \forall i \in \{0, 1, 2, ..., n\}$ e então

$a'_i = -a_i, \ \forall i \in \{0, 1, 2, ..., n\}$, portanto:

$$f'(x) = \sum_{i=0}^{n} (-a_i)x^i = -a_0 - a_1x - a_2x^2 - ... - a_nx^n$$

é o **inverso aditivo** de *f*, ou seja, é o polinômio que somado com *f* dá o polinômio nulo.

Subtração

45. Diferença de polinômios

Tendo em vista o teorema anterior e dados dois polinômios

$f(x) = a_0 + a_1x + a_2x^2 + \ldots + a_nx^n$ e $g(x) = b_0 + b_1x + b_2x^2 + \ldots + b_nx^n$,

definimos **diferença** entre *f* e *g* como o polinômio $f - g = f + (-g)$, isto é:

$$(f - g)(x) = (a_0 - b_0) + (a_1 - b_1)x + (a_2 - b_2)x^2 + \ldots + (a_n - b_n)x^n.$$

Multiplicação

46. Produto de polinômios

Dados dois polinômios

$f(x) = a_0 + a_1x + a_2x^2 + \ldots + a_mx^m$ e $g(x) = b_0 + b_1x + b_2x^2 + \ldots + b_nx^n$

chama-se **produto fg** o polinômio

$$(fg)(x) = a_0b_0 + (a_0b_1 + a_1b_0)x + (a_2b_0 + a_1b_1 + a_0b_2)x^2 + \ldots + a_mb_nx^{m+n}.$$

Notemos que o produto fg é o polinômio

$$h(x) = c_0 + c_1x + c_2x^2 + \ldots + c_{m+n}x^{m+n}$$

cujo coeficiente c_k pode ser assim obtido:

$$c_k = a_0b_k + a_1b_{k-1} + \ldots + a_kb_0 = \sum_{i=0}^{k} a_ib_{k-i}.$$

Notemos ainda que fg pode ser obtido multiplicando-se cada termo a_ix^i de *f* por cada termo b_jx^j de *g*, segundo a regra $(a_ix^i) \cdot (b_jx^j) \cdot a_ib_jx^{i+j}$, e somando os resultados obtidos.

47. Exemplo:

Multiplicar $f(x) = x + 2x^2 + 3x^3$ por $g(x) = 4 + 5x + 6x^2$.

Temos:

$(fg)(x) = (x + 2x^2 + 3x^3)(4 + 5x + 6x^2) =$

$= x(4 + 5x + 6x^2) + 2x^2(4 + 5x + 6x^2) + 3x^3(4 + 5x + 6x^2) =$

$= (4x + 5x^2 + 6x^3) + (8x^2 + 10x^3 + 12x^4) + (12x^3 + 15x^4 + 18x^5) =$

$= 4x + 13x^2 + 28x^3 + 27x^4 + 18x^5.$

48. Dispositivo prático 1

$$
\begin{array}{rrrrrrl}
 & 4\ + & 5x\ + & 6x^2 & & \leftarrow & g \\
 & x\ + & 2x^2\ + & 3x^3 & & \leftarrow & f \\
\hline
 & 4x\ + & 5x^2\ + & 6x^3 & & \leftarrow & x \cdot g \\
+ & & 8x^2\ + & 10x^3\ + & 12x^4 & \leftarrow & 2x^2 \cdot g \\
 & & & 12x^3\ + & 15x^4 + 18x^5 & \leftarrow & 3x^3 \cdot g \\
\hline
 & 4x\ + & 13x^2\ + & 28x^3\ + & 27x^4 + 18x^5 & \leftarrow & fg
\end{array}
$$

49. Dispositivo prático 2

Colocamos numa tabela os coeficientes a_i de *f* e os coeficientes b_j de *g*; calculamos todos os produtos $a_i b_j$; somamos os produtos em cada diagonal, conforme indica a figura, obtendo os c_k.

Assim, no nosso exemplo, temos:

$c_0 = 0$

$c_1 = 4 + 0 = 4$

$c_2 = 8 + 5 + 0 = 13$

$c_3 = 12 + 10 + 6 = 28$

$c_4 = 15 + 12 = 27$

$c_5 = 18$

f \ g	4	5	6
0	0	0	0
1	4	5	6
2	8	10	12
3	12	15	18

Portanto, $h(x) = (fg)(x) = 4x + 13x^2 + 28x^3 + 27x^4 + 18x^5$.

50. Propriedades da multiplicação

Teorema

A operação de multplicação em P (conjunto dos polinômios de coeficientes complexos) verifica as seguintes propriedades:

[M–1] propriedade associativa	$f \cdot (g \cdot h) = (f \cdot g) \cdot h,$	$\forall f, g, h \in P$
[M–2] propriedade comutativa	$f \cdot g = g \cdot f,$	$\forall f, g \in P$
[M–3] existência do elemento neutro	$\exists e_m \in P \mid f \cdot e_m = f,$	$\forall f \in P$
[M–4] propriedade distributiva	$f \cdot (g + h) = f \cdot g + f \cdot h,$	$\forall f, g, h \in P$

Num curso deste nível, julgamos desnecessário conhecer a prova destas propriedades.

EXERCÍCIOS

119. Dados os polinômios:

$f(x) = 7 - 2x + 4x^2$

$g(x) = 5 + x + x^2 + 5x^3$

$h(x) = 2 - 3x + x^4$

calcule $(f + g)(x)$, $(g - h)(x)$ e $(h - f)(x)$.

120. Dados os polinômios:

$f(x) = 2 + 3x - 4x^2$

$g(x) = 7 + x^2$

$h(x) = 2x - 3x^2 + x^3$

calcule $(fg)(x)$, $(gh)(x)$ e $(hf)(x)$.

120. Determine h(x) tal que: $h(x) = (x + 1)(x - 2) + (x - 2)(x - 1) + 4(x + 1)$.

122. Calcule h(x) tal que: $h(x) = (x + 2)^2 + (2x - 1)^3$.

123. Sendo dados os polinômios $f = x$, $g = x + x^3$ e $h = 2x^3 + 5x$, obtenha os números reais *a* e *b* tais que $h = af + bg$.

Solução

$2x^3 + 5x = ax + b(x + x^3) = bx^3 + (a + b)x, \quad \forall x \in \mathbb{C}$.

Aplicando o teorema da igualdade de polinômios, vem: $2 = b$ e $5 = a + b$.

Resposta: $a = 3$ e $b = 2$.

124. Sendo dados os polinômios

$f = x^2$, $g = x^2 + x^4$, $h = x^2 + x^4 + x^6$ e $k = 3x^6 - 6x^4 + 2x^2$,

obtenha os números reais *a*, *b* e *c* de modo que se tenha $k = af + bg + ch$.

125. Sabendo que *a*, *b* e *c* são tais que $x^2 - 2x + 1 = a(x^2 + x + 1) + (bx + c)(x + 1)$ é uma identidade, qual é o valor de $a + b + c$?

126. Qual o valor de $a - b$ para que o binômio $2x^2 + 17$ seja idêntico à expressão: $(x^2 + b)^2 - (x^2 - a^2)(x^2 + a^2)$, com $a > 0$ e $b > 0$?

127. Dizemos que os polinômios $p_1(x)$, $p_2(x)$ e $p_3(x)$ são linearmente independentes (L. I.) se a relação $a_1p_1(x) + a_2p_2(x) + a_3p_3(x) = 0$ implica $a_1 = a_2 = a_3 = 0$, em que a_1, a_2, a_3 são números reais. Caso contrário, dizemos que $p_1(x)$, $p_2(x)$ e $p_3(x)$ são linearmente dependentes (L. D.). Classifique os polinômios

$p_1(x) = x^2 + 2x + 1$, $p_2(x) = x^2 + 1$ e $p_3(x) = x^2 + 2x + 2$

quanto à dependência linear.

128. Demonstre que $f = (x - 1)^2 + (x - 3)^2 - 2(x - 2)^2 - 2$ é o polinômio nulo.

129. Se $f = x^2 + px + q$ e $g = (x - p)(x - q)$, determine os reais p e q de modo que $f = g$.

130. Determine a, b, c de modo que se verifique cada identidade.

a) $a(x^2 - 1) + bx + c = 0$

b) $a(x^2 + x) + (b + c)x + c = x^2 + 4x + 2$

c) $x^3 - ax(x + 1) + b(x^2 - 1) + cx + 4 = x^3 - 2$

131. Mostre que os polinômios $f = \left(x^2 + \sqrt{2}x + 1\right)\left(x^2 - \sqrt{2}x + 1\right)$ e $g = x^4 + 1$ são iguais.

132. Determine $\alpha, \beta \in \mathbb{R}$ para que os polinômios

$f = x^3 + \alpha x + \beta$ e $g = (x^2 + x + 1)^2 - x^4$ sejam iguais.

133. Determine a condição para que $ax^2 + bx + c$ seja um polinômio quadrado perfeito.

Solução

$ax^2 + bx + c$ é um polinômio quadrado perfeito se existir $px + q$ tal que:

$ax^2 + bx + c = (px + q)^2$ então: $ax^2 + bx + c = p^2x^2 + 2pqx + q^2$

Aplicando o teorema da igualdade, temos:

I) $a = p^2$, II) $b = 2pq$, III) $c = q^2$

Quadrado II, temos $b^2 = 4p^2q^2$ (II').

Substituindo I e III e II', vem $b^2 = 4(p^2)(q^2) = 4ac$.

Resposta: $b^2 = 4ac$.

134. Determine a condição para o polinômio $f = (ax + b)^2 + (cx + d)^2$, em que a, b, c, d são reais e não nulos, seja um quadrado perfeito.

135. Calcule *p* para que o polinômio

$4x^4 - 8x^3 + 8x^2 - 4(p + 1)x + (p + 1)^2$

seja o quadrado perfeito de um polinômio racional inteiro em *x*.

136. Os coeficientes A, B, C e D do polinômio $P(x) = Ax^3 + Bx^2 + Cx + D$ devem satisfazer certas relações para que P(x) seja um cubo perfeito. Quais são essas relações?

137. Verifique se existem valores de *k* para os quais o trinômio $(k + 1)x^2 + (k - 3) \cdot x + 13$ pode ser escrito como uma soma de quadrados do tipo $(x + a)^2 + (x + b)^2$.

138. Decomponha o trinômio $-6x^2 + 36x - 56$ em uma diferença de dois cubos do tipo $(x - b)^3 - (x - a)^3$.

139. Obtenha $\alpha \in \mathbb{R}$ de modo que os polinômios $f = x^4 + 2\alpha x^3 - 4\alpha x + 4$ e $g = x^2 + 2x + 2$ verifiquem a condição $f = g^2$.

IV. Grau

51. Definição

Seja $f = a_0 + a_1x + a_2x^2 + \ldots + a_nx^n$ um polinômio não nulo. Chama-se **grau** de *f*, e representa-se por ∂f ou gr *f* o número natural *p* tal que $a_p \neq 0$ e $a_i = 0$ para todo $i > p$.

$$\partial f = p \Leftrightarrow \begin{cases} a_p \neq 0 \\ a_i = 0, \ \forall\, i > p \end{cases}$$

Assim, grau de um polinômio *f* é o índice do "último" termo não nulo de *f*.

52. Exemplos:

1º) $f(x) = 4 + 7x + 2x^3 - 6x^4 \Rightarrow \partial f = 4$

2º) $g(x) = -1 + 2x + 5x^2 \Rightarrow \partial g = 2$

3º) $h(x) = 1 + 5x - 3x^2 + (a - 4)x^3 \Rightarrow \begin{cases} \partial h = 2, \text{ se } a = 4 \\ \partial h = 3, \text{ se } a \neq 4. \end{cases}$

Se o grau do polinômio *f* é *n*, então a_n é chamado **coeficiente dominante** de *f*. No caso do coeficiente dominante a_n ser igual a 1, *f* é chamado **polinômio unitário**.

53. Grau da soma

Teorema

Se f, g e $f + g$ são polinômios não nulos, então o grau de $f + g$ é menor ou igual ao maior dos números ∂f e ∂g.

$\partial(f + g) \leqslant \text{máx } \{\partial f, \partial g\}$

Demonstração:

Se $f(x) = \sum_{i=0}^{m} a_i x^i$, $g(x) = \sum_{j=0}^{n} b_j x^j$, $\partial f = m$ e $\partial g = n$, com $m \neq n$, admitamos, por exemplo, $m > n$. Assim, sendo $c_i = a_i + b_i$, temos:

$c_m = a_m + b_m = a_m + 0 = a_m \neq 0$, e

$c_i = a_i + b_i = 0 + 0 = 0, \forall i > m$.

Portanto, $\partial(f + g) = m = \text{máx } \{\partial f, \partial g\}$.

Se admitirmos $m = n$, temos:

$c_i = a_i + b_i = 0 + 0 = 0, \forall i > m$

$c_m = a_m + b_m$ pode ser nulo, então:

$(f + g) \leqslant \text{máx } \{\partial f, \partial g\}$

54. Exemplos:

1º) $f(x) = 1 + x + x^2 \Rightarrow \partial f = 2$

$g(x) = 2 + 3x \Rightarrow \partial g = 1$

$(f + g)(x) = 3 + 4x + x^2 \Rightarrow \partial(f + g) = 2$

2º) $f(x) = 1 + x + x^2 \Rightarrow \partial f = 2$

$g(x) = 2 + 3x + 2x^2 \Rightarrow \partial g = 2$

$(f + g)(x) = 3 + 4x + 3x^2 \Rightarrow \partial(f + g) = 2$

3º) $f(x) = 2 + ix + 5x^2 \Rightarrow \partial f = 2$

$g(x) = 3 + 5x + 5x^2 \Rightarrow \partial g = 2$

$(f + g)(x) = 5 + (i + 5)x \Rightarrow \partial(f + g) = 1$

55. Grau do produto

Teorema

Se *f* e *g* são dois polinômios não nulos, então o grau de fg é igual à soma dos graus de *f* e *g*.

$$\partial(fg) = \partial f + \partial g$$

Demonstração:

Se $f(x) = \sum_{i=0}^{m} a_i x^i$ $g(x) = \sum_{j=0}^{n} b_j x^j$, $\partial f = m$ e $\partial g = n$, seja

$c_k = a_0 b_k + a_1 b_{k-1} + \ldots + a_{k-1} b_1 + a_k b_0$ um coeficiente qualquer de (fg)(x).

Temos:

$c_{m+n} = a_m \cdot b_n \neq 0$

$c_k = 0, \ \forall k > m + n$ e então

$\partial(fg) = m + n = \partial f + \partial g$

56. Exemplos:

1º) $f(x) = 4 + 3x^N \Rightarrow \partial f = 1$

$g(x) = 1 + 2x + 5x^2 \Rightarrow \partial g = 2$

$(fg)(x) = 4 + 11x + 26x^2 + 15x^3 \Rightarrow \partial(fg) = 3$

2º) $f(x) = 1 + 2x + x^2 + 5x^3 \Rightarrow \partial f = 3$

$g(x) = 3 - 6x + 7x^2 + 8x^3 \Rightarrow \partial g = 3$

$(fg)(x) = 3 - 2x^2 + 31x^3 - 7x^4 + 43x^5 + 40x^6 \Rightarrow \partial(fg) = 6$

EXERCÍCIOS

140. Determine o grau dos seguintes polinômios:

$f = x^2 + (x + 2)^2 - 4x$

$g = ax^2 + 2x + 3 (a \in \mathbb{R})$

$h = (a^2 - 5a + 6)x^2 + (a^2 - 4)x + (6 - 2a) (a \in \mathbb{R})$

141. Se f e g são dois polinômios de grau n, qual e o grau de $f + g$ e de fg?

142. Qual o grau do polinômio

$f = (2a^2 + a - 3)x^3 + (a^2 - 1)x^2 + (a + 1)x - 3$

na indeterminada x quando $a = 1$?

143. Determine o polinômio f do segundo grau tal que $f(0) = 1$, $f(1) = 4$ e $f(-1) = 0$.

Solução

Seja $f = ax^2 + bx + c$. Temos:

$f(0) = a \cdot 0^2 + b \cdot 0 + c = 1 \quad \Rightarrow c = 1 \quad (1)$

$f(1) = a \cdot 1^2 + b \cdot 1 + c = 4 \quad \Rightarrow a + b + c = 4 \quad (2)$

$f(-1) = a(-1)^2 + b(-1) + c = 0 \Rightarrow a - b + c = 0 \quad (3)$

Subtraindo (3) de (2), vem $2b = 4 \Rightarrow b = 2$.

Em (2): $a + 2 + 1 = 4 \Rightarrow a = 1$.

Resposta: $f = x^2 + 2x + 1$.

144. O coeficiente da maior potência de um polinômio $P(x)$ do 3º grau é 1. Sabendo que $P(1) = P(2) = 0$ e $P(3) = 30$, calcule $P(-1)$.

145. Seja $P(x)$ um polinômio do 5º grau que satisfaz as condições:

$1 = P(1) = P(2) = P(3) = P(4) = P(5)$ e $P(6) = 0$.

Qual o valor de $P(0)$?

146. Seja $P(x)$ um polinômio do 2º grau tal que

$P(0) = -20$, $P(1) + P(2) = -18$ e $P(1) - 3P(2) = 6$.

Resolva a inequação $P(x) < 0$.

147. Os algarismos α, β e γ formam a centena $A = \alpha\beta\gamma$.

a) Escreva o polinômio completo do 2º grau $p(x)$ tal que $p(10) = A$.

b) Probve que A é divisível por 3 se, e somente se, $\alpha + \beta + \gamma$ é múltiplo de 3.

148. Determine uma função polinomial $f(x)$ de grau 2 tal que $f(x) = f(-x)$ para todo $x \in \mathbb{C}$.

Solução

Seja $f(x) = ax^2 + bx + c$. Temos:

$f(x) - f(-x) \Rightarrow ax^2 + bx + c = a(-x)^2 + b(-x) + c$

Isto é:

$ax^2 + bx + c - ax^2 - bx + c, \forall x \in \mathbb{C}$

Então:

$b = -b \Rightarrow 2b = 0 \Rightarrow b = 0$

Resposta: $f(x) = ax^2 + c$, com $a \neq 0$.

149. Seja f(x) uma função polinomial do 2º grau. Determine f(x), sabendo que $f(1) = 0$ e $f(x) = f(x - 1), \forall x$.

150. Quantos elementos tem o conjunto dos polinômios P(x) de grau 3 tais que $P(x) = P(-x)$, para todo *x* real?

151. Seja a_n o coeficiente de x^n num polinômio de coeficientes complexos de grau 30. Sendo $a_0 = -1$ e $a_{n+1} = 1 + ia_n$ $(n \geqslant 0)$, determine a_{30}.

152. a) Determine os polinômios P do terceiro grau tais que, para todo número real *x*, se tenha $P(x) - P(x - 1) = x^2$.

b) Usando o resultado da parte *a*, calcule, em função de *n*:

$$S = \sum_{i=0}^{n} i^2 = 1^2 + 2^2 + 3^2 + ... + n^2$$

V. Divisão

57. Definição

Dados dois polinômios *f* (**dividendo**) e $g \neq 0$ (**divisor**), dividir *f* por *g* é determinar dois outros polinômios *q* (**quociente**) e *r* (**resto**) de modo que se verifiquem as duas condições seguintes:

I) $q \cdot g + r = f$

II) $\partial r < \partial g$ (ou $r = 0$, caso em que a divisão é chamada exata)

58. Exemplos:

1º) Quando dividimos $f = 3x^4 - 2x^3 + 7x + 2$ por $g = 3x^3 - 2x^2 + 4x - 1$, obtemos $q = x$ e $r = -4x^2 + 8x + 2$, que satisfazem as duas condições:

I) $qg + r = x(3x^3 - 2x^2 + 4x - 1) + (-4x^2 + 8x + 2) = 3x^4 - 2x^3 + 7x + 2 = f$

II) $\partial r = 2$ e $\partial g = 3 \Rightarrow \partial r < \partial g$

2º) Quando dividimos $f = 5x^3 + x^2 - 10x - 24$ por $g = x - 2$, obtemos $q = 5x^2 + 11x + 12$ e $r = 0$, que satisfazem as duas condições:

I) $qg + r = (5x^2 + 11x + 12)(x - 2) + 0 = 5x^3 + x^2 - 10x - 24 = f$

II) $r = 0$

Neste caso a divisão é exata; dizemos, então, que *f* é divisível por *g* ou *g* é divisor de *f*.

59. Divisões imediatas

Há dois casos em que a divisão de *f* por *g* é imediata.

1º caso: o dividendo *f* é o polinômio nulo ($f = 0$).

Neste caso, os polinômios $q = 0$ e $r = 0$ satisfazem as condições (I) e (II) da definição de divisão, pois $qg + r = 0 \cdot g + 0 = 0 = f$ e $r = 0$.

$$f = 0 \Rightarrow q = 0 \text{ e } r = 0$$

2º caso: o dividendo *f* não é polinômio nulo, mas tem grau menor que o divisor g ($\partial f < \partial g$).

Neste caso, os polinômios $q = 0$ e $r = f$ satisfazem as condições (I) e (II) da definição de divisão, pois $qg + r = 0 \cdot g + f = f$ e $\partial r = \partial f < \partial g$.

$$\partial f < \partial g \Rightarrow q = 0 \text{ e } r = f$$

Exemplos:

1º) Na divisão de $f = 0$ por $g = x^2 + 3x + \sqrt{2}$, obtemos $q = 0$ e $r = 0$.

2º) Na divisão de $f = \pi x + \sqrt{3}$ por $g = x^3 + 4x^2 + x + \sqrt{2}$, obtemos $q = 0$ e $r = \pi x + \sqrt{3}$.

60. Deste ponto em diante admitiremos sempre $\partial f \geqslant \partial g$, isto é, excluiremos da teoria os dois casos em que a divisão é trivial. Para responder à pergunta:

"Como obter *q* e *r*?"

no caso de $\partial f \geqslant \partial g$, explicaremos dois métodos: o método de Descartes e o método da chave. Neste último, provaremos a existência e a unicidade do quociente e do resto.

61. Método de Descartes

Este método, também conhecido com o nome de **método dos coeficientes a determinar**, baseia-se nos seguintes fatos:

(1) $\partial q = \partial f - \partial g$, o que é consequência da definição, pois:

$qg + r = f \Rightarrow \partial(qg + r) = \partial f$ e então $\partial q + \partial g = \partial f$.

(2) $\partial r < \partial g$ (ou $r = 0$)

O método de Descartes é aplicado da seguinte forma:

1º) calculam-se ∂q e ∂r;

2º) constroem-se os polinômios *q* e *r*, deixando incógnitos os seus coeficientes;

3º) determinam-se os coeficientes impondo a igualdade $qg + r = f$.

62. Aplicações

1º) Dividir $f = 3x^4 - 2x^3 + 7x + 2$ por $g = 3x^3 - 2x^2 + 4x - 1$.

Temos:

$\partial q = 4 - 3 = 1 \Rightarrow q = ax + b$

$\partial r < 3 \Rightarrow \partial r \leqslant 2 \Rightarrow r = cx^2 + dx + e$

$qg + r = f \Rightarrow (ax + b)(3x^3 - 2x^2 + 4x - 1) + (cx^2 + dx + e) =$
$= 3x^4 - 2x^3 + 7x + 2$

Desenvolvendo, temos para todo *x*:

$3ax^4 + (3b - 2a)x^3 + (4a - 2b + c)x^2 + (4b - a + d)x + (e - b) =$
$= 3x^4 - 2x^3 + 7x + 2$

Então, resulta:

$$\begin{cases} 3a = 3 \Rightarrow a = 1 \\ 3b - 2a = -2 \Rightarrow 3b = -2 + 2(1) = 0 \Rightarrow b = 0 \\ 4a - 2b + c = 0 \Rightarrow c = 2b - 4a \Rightarrow c = -4 \\ 4b - a + d = 7 \Rightarrow d = a - 4b + 7 \Rightarrow d = 8 \\ e - b = 2 \Rightarrow e = b + 2 \Rightarrow r = 2 \end{cases}$$

Resposta: $q = x$ e $r = -4x^2 + 8x + 2$

(compare com o 1º exemplo do item 58 da página 70).

2º) Dividir $f = 5x^3 + x^2 - 10x - 24$ por $g = x - 2$.

Temos:

$\partial q = 3 - 1 = 2 \Rightarrow q = ax^2 + bx + c$

$\partial r < 1 \Rightarrow \partial r = 0 \Rightarrow r = d$

$qg + r = f \Rightarrow (ax^2 + bx + c)(x - 2) + d = 5x^3 + x^2 - 10x - 24$

Desenvolvendo, temos para todo *x*:

$ax^3 + (b - 2a)x^2 + (c - 2b)x + (d - 2c) = 5x^3 + x^2 - 10x - 24$

Então, resulta:

$$\begin{cases} a = 5 \\ b - 2a = 1 \Rightarrow b = 2a + 1 \Rightarrow b = 11 \\ c - 2b = -10 \Rightarrow c = 2b - 10 \Rightarrow c = 12 \\ d - 2c = -24 \Rightarrow d = 2c - 24 \Rightarrow d = 0 \end{cases}$$

Resposta: $q = 5x^2 + 11x + 12$ e $r = 0$

(compare com o 2º exemplo do item 58 da página 70).

63. Existência e unicidade do quociente e do resto

Teorema

Dados os polinômios

$f = a_m x^m + a_{m-1} x^{m-1} + a_{m-2} x^{m-2} + \ldots + a_1 x + a_0 \quad (a_m \neq 0)$

$g = b_n x^n + b_{n-1} n^{n-1} + b_{n-2} x^{n-2} + \ldots + b_1 x + b_0 \quad (b_n \neq 0)$

existem um único polinômio *q* e um único polinômio *r* tais que $qg + r = f$ e $\partial r < \partial g$ (ou $r = 0$).

Demonstração:

a) Existência

1º grupo de operações: vamos formar o monômio $\frac{a_m}{b_n} \cdot x^{m-n} = q_0x^{m-n}$ e construir o polinômio

$$r_1 = f - (q_0x^{m-n})g \quad (1)$$

chamado 1º resto parcial.

Notemos que:

$$r_1 = (a_mx^m + a_{m-1}x^{m-1} + \dots) - \frac{a_m}{b_n} \cdot x^{m-n} \cdot (b_nx^n + b_{n-1}x^{n-1} + \dots)$$

o que prova o cancelamento de a_mx^m (pelo menos); portanto, $\partial r_1 = \alpha < m$.

Para maior comodidade, façamos:

$$r_1 = c_\alpha x^\alpha + c_{\alpha-1}x^{\alpha-1} + c_{\alpha-2}x^{\alpha-2} + \dots + c_1x + c_0$$

2º grupo de operações: vamos formar o monômio $\frac{c_\alpha}{b_n} \cdot x^{\alpha-n} = q_1x^{\alpha-n}$ e construir o polinômio

$$r_2 = r_1 - (q_1x^{\alpha-n})g \quad (2)$$

chamado 2º resto parcial.

Notemos que:

$$r_2 = (c_\alpha x^\alpha + c_{\alpha-1}x^{\alpha-1} + \dots) - \frac{c_\alpha}{b_n} \cdot x^{\alpha-n} \cdot (b_nx^n + b_{n-1}x^{n-1} + \dots)$$

o que prova o cancelamento de $c_\alpha x^\alpha$ (pelo menos); portanto, $\partial r_2 = \beta < \alpha$.

Para maior comodidade, façamos:

$$r_2 = d_\beta x^\beta + d_{\beta-1}x^{\beta-1} + d_{\beta-2}x^{\beta-2} + \dots + d_1x + d_0$$

3º grupo de operações: vamos formar o monômio $\frac{d_\beta}{b_n} \cdot x^{\beta-m} = q_2x^{\beta-n}$ e construir o polinômio

$$r_3 = r_2 - (q_2x^{\beta-n})g \quad (3)$$

chamado 3º resto parcial.

Notemos que:

$$r_3 = (d_\beta x^\beta + d_{\beta-1}x^{\beta-1} + \dots) - \frac{d_\beta}{b_n} \cdot x^{\beta-n} \cdot (b_nx^n + b_{n-1}x^{n-1} + \dots)$$

o que prova o cancelamento de $d_\beta x^\beta$ (pelo menos); portanto, $\partial r_3 = \gamma < \beta$.

Para maior comodidade, façamos:

$r_3 = e_\gamma x^\gamma + e_{\gamma-1}x^{\gamma-1} + e_{\gamma-2}x^{\gamma-2} + \ldots + e_1 x + e_0$

4º grupo em diante: analogamente.

Notando que, em cada grupo de operações, o grau do resto parcial diminui ao menos uma unidade, concluímos que, após um certo número *p* de operações, resulta um resto parcial r_p de grau inferior ao de *g* (ou então $r_p = 0$) e

$r_p = r_{p-1} - \left(q_{p-1}x^{\epsilon-n}\right)g \quad (p)$

Vamos adicionar membro a membro as igualdades de (1) a (p):

$$
\begin{array}{ll}
(1) & r_1 = f - \left(q_0 x^{m-n}\right)g \\
(2) & r_2 = r_1 - \left(q_1 x^{\alpha-n}\right)g \\
(3) & r_3 = r_2 - \left(q_2 x^{\beta-n}\right)g \\
\multicolumn{2}{l}{\ldots\ldots\ldots\ldots\ldots\ldots\ldots\ldots} \\
(p) & r_p = r_{p-1} - \left(q_{p-1}x^{\epsilon-n}\right)g \\
\hline
\end{array}
$$

$$\underbrace{r_p}_{r} = f - \underbrace{\left(q_0x^{m-n} + q_1x^{\alpha-n} + q_2x^{\beta-n} + \ldots + q_{p-1}x^{\epsilon-n}\right)}_{q}g$$

e então $f = qg + r$ com $\partial r < \partial g$ (ou $r = 0$).

b) Unicidade

Admitamos a existência de dois quocientes q_1 e q_2 e dois restos r_1 e r_2 na divisão de *f* por *g*, isto é:

$$\begin{array}{r|l} f & g \\ \cline{2-2} r_1 & q_1 \end{array} \qquad \text{e} \qquad \begin{array}{r|l} f & g \\ \cline{2-2} r_2 & q_2 \end{array}$$

e provemos que $q_1 = q_2$ e $r_1 = r_2$.

Pela definição de divisão, temos:

$$\left.\begin{array}{l} q_1g + r_1 = f \\ q_2g + r_2 = f \end{array}\right\} \Rightarrow q_1g + r_1 = q_2g + r_2 \Rightarrow (q_1 - q_2)g = r_2 - r_1$$

Se $q_1 \neq q_2$ ou $r_1 \neq r_2$, provemos que a igualdade $(q_1 - q_2)g = r_2 - r_1$ não se verifica:

$$\left.\begin{array}{l} \partial\left[(q_1 - q_2)g\right] = \partial(q_1 - q_2) + \partial g \geq \partial g \\ (*)\ \partial(r_2 - r_1) \leq \text{máx}\left\{\partial r_2, \partial r_1\right\} < \partial g \end{array}\right\} \Rightarrow \partial\left[(q_1 - q_2)g\right] \neq \partial(r_2 - r_1)$$

Então, para evitar a contradição, devemos ter $q_1 = q_2$ e $r_1 = r_2$.

* Supusemos $r_1 \neq 0$ e $r_2 \neq 0$; é imediato, por exemplo, que $r_1 = 0 \Rightarrow \partial(r_2 - r_1) = \partial r_2 < \partial g$.

64. Método da chave

A prova da existência de q e r vista no item 63 nos ensina como construir esses dois polinômios a partir de f e g. Vejamos por exemplo como proceder se $f = 3x^5 - 6x^4 + 13x^3 - 9x^2 + 11x - 1$ e $g = x^2 - 2x + 3$.

1º grupo de operações

Formamos o primeiro termo de q pela operação $\dfrac{3x^5}{x^2} = 3x^3$ e construímos o primeiro resto parcial $r_1 = f - (3x^3)g = 4x^3 - 9x^2 + 11x - 1$, que tem grau maior que ∂g.

2º grupo de operações

Formamos o segundo termo de q pela operação $\dfrac{4x^3}{x^2} = 4x$ e construímos o segundo resto parcial $r_2 = r_1 - (4x)g = -x^2 - x - 1$, que tem grau igual a ∂g.

3º grupo de operações

Formamos o terceiro termo de q pela operação $\dfrac{-x^2}{x^2} = -1$ e construímos o terceiro resto parcial $r_3 = r_2 - (-1)g = -3x + 2$, que tem grau menor que ∂g, encerrando, portanto, a divisão.

Resposta: $q = 3x^2 + 4x - 1$ e $r = -3x + 2$.

A disposição prática dessas operações é a seguinte:

$$
\begin{array}{r|l}
f \rightarrow 3x^5 - 6x^4 + 13x^3 - 9x^2 + 11x - 1 & x^2 - 2x + 3 \leftarrow g \\
\cline{2-2}
-3x^5 + 6x^4 - 9x^3 \qquad\qquad\qquad\qquad & 3x^3 + 4x - 1 \leftarrow q \\
\cline{1-1}
r_1 \rightarrow 4x^3 - 9x^2 + 11x - 1 & \\
-4x^3 + 8x^2 - 12x \qquad & \\
\cline{1-1}
r_2 \rightarrow -x^2 - x - 1 & \\
x^2 - 2x + 3 & \\
\cline{1-1}
-3x + 2 & \leftarrow r
\end{array}
$$

que pode ser simplificada assim:

$$
\begin{array}{rrrrrr|rrrr}
3 & -6 & 13 & -9 & 11 & -1 & 1 & & -2 & 3 \\
\cline{7-10}
-3 & 6 & -9 & & & & 3 & 0 & 4 & -1 \\
\cline{1-6}
 & & 4 & -9 & 11 & -1 & & & & \\
 & & -4 & 8 & -12 & & & & & \\
\cline{3-6}
 & & & -1 & -1 & -1 & & & & \\
 & & & 1 & -2 & 3 & & & & \\
\cline{4-6}
 & & & & -3 & 2 & & & &
\end{array}
$$

65. Aplicações

1ª) Dividir $f = 2x^5 - 3x^4 + 4x^3 - 6x + 7$ por $g = x^3 - x^2 + x - 1$.

$$
\begin{array}{rrrrrr|rrrr}
2 & -3 & 4 & 0 & -6 & 7 & 1 & -1 & 1 & -1 \\ \cline{7-10}
-2 & 2 & -2 & 2 & & & 2 & -1 & 1 & \\ \cline{1-6}
 & -1 & 2 & 2 & -6 & 7 & & & & \\
 & 1 & -1 & 1 & -1 & & & & & \\ \cline{2-6}
 & & 1 & 3 & -7 & 7 & & & & \\
 & & -1 & 1 & -1 & 1 & & & & \\ \cline{3-6}
 & & & 4 & -8 & 8 & & & &
\end{array}
$$

Resposta: $q = 2x^2 - x + 1$ e $r = 4x^2 - 8x + 8$.

2ª) Dividir $f = x^4 - 16$ por $g = x + 1$.

$$
\begin{array}{rrrrr|rrrr}
1 & 0 & 0 & 0 & -16 & 1 & 1 & & \\ \cline{6-9}
-1 & -1 & & & & 1 & -1 & 1 & -1 \\ \cline{1-5}
 & -1 & 0 & 0 & -16 & & & & \\
 & 1 & 1 & & & & & & \\ \cline{2-5}
 & & 1 & 0 & -16 & & & & \\
 & & -1 & -1 & & & & & \\ \cline{3-5}
 & & & -1 & -16 & & & & \\
 & & & 1 & 1 & & & & \\ \cline{4-5}
 & & & & -15 & & & &
\end{array}
$$

Resposta: $q = x^3 - x^2 + x - 1$ e $r = -15$.

EXERCÍCIOS

153. Dividindo o polinômio f por $x^2 - 3x + 5$, obtemos quociente $x^2 + 1$ e resto $3x - 5$. Determine f.

Solução

Por definição de divisão, temos: $f = qg + r$. Então:

$f = (x^2 + 1)(x^2 - 3x + 5) + (3x - 5) =$

$= (x^4 - 3x^3 + 6x^2 - 3x + 5) + (3x - 5) = x^4 - 3x^3 + 6x^2$

Resposta: $f = x^4 - 3x^3 + 6x^2$.

154. Numa divisão de polinômios em que o divisor tem grau 4, o quocidente tem grau 2 e o resto tem grau 1, qual é o grau do dividendo? E se o grau do resto fosse 2?

155. Dados os polinômios P(x) de grau *m* e S(x) de grau $n(n < m)$, o resto da divisão de P(x) por S(x) tem grau *p*. Determine os possíveis valores de *p*.

156. Numa divisão de polinômios em que o dividendo é de grau *p* e o quociente de grau *q*, qual é o grau máximo que o resto pode ter?

157. Divida *f* por *g* aplicando o método de Descartes:

a) $f = 3x^5 - x^4 + 2x^3 + 4x - 3$ e $g = x^3 - 2x + 1$
b) $f = x^4 - 2x + 13$ e $g = x^2 + x + 1$
c) $f = 2x^5 - 3x + 12$ e $g = x^2 + 1$

158. Aplicando o método da chave, determine quociente e resto da divisão de *f* por *g*:

a) $f = x^2 + 5x + 1$, $g = 2x^2 + 4x - 3$
b) $f = x^4 + 2x^3 + x^2 + 4x - 2$, $g = x^2 + 2$
c) $f = 5x + 1$, $g = x^3 + 5$
d) $f = 3x^3 + 6x^2 + 9$, $g = 3x^2 + 1$
e) $f = x^3 + x^2 + x + 1$, $g = 2x^2 + 3$

159. Efetue a divisão de $f = x^3 + ax + b$ por $g = 2x^2 + 2x - 6$. Qual é a condição para que a divisão seja exata?

Solução

$$
\begin{array}{rrrr|rr}
1 & 0 & a & b & 2 \quad 2 & -6 \\ \cline{5-6}
-1 & -1 & 3 & & \frac{1}{2} & -\frac{1}{2} \\ \cline{1-4}
 & -1 & a+3 & b & & \\
 & 1 & 1 & -3 & & \\ \cline{2-4}
 & & a+4 & b-3 & &
\end{array}
$$

e o resto é nulo para $a = -4$ e $b = 3$.

Resposta: $q = \frac{1}{2}x - \frac{1}{2}$ e $r = (a + 4)x + (b - 3)$

para divisão exata: $a = -4$ e $b = 3$.

160. Sem efetuar a divisão, determine *a* e *b* de modo que o polinômio

$f = (x + 2)^3 + (x - 1)^3 + 3ax + b$

seja divisível por $g = (x - 2)^2$.

Solução

Desenvolvendo as potências, obtemos:

$f = 2x^3 + 3x^2 + (15 + 3a)x + (7 + b)$

$g = x^2 - 4x + 4$

Fazendo $q = cx + d$ (pois $\partial q = \partial f - \partial g = 1$) e lembrando que $f = qg$ (pois *f* é divisível por *g*), resulta para todo *x* que:

$2x^3 + 3x^2 + (15 + 3a)x + (7 + b) = (cx + d)(x^2 - 4x + 4) =$

$= cx^3 + (d - 4c)x^2 + (4c - 4d)x + 4d$

portanto:

$2 = c$

$3 = d - 4c \Rightarrow d = 4c + 3 = 8 + 3 = 11$

$15 + 3a = 4c - 4d \Rightarrow 15 + 3a = 8 - 44 \Rightarrow 3a = -51 \Rightarrow a = -17$

$7 + b = 4d \Rightarrow 7 + b = 44 \Rightarrow b = 37$

Resposta: $a = -17$ e $b = 37$.

161. Determine os reais *a* e *b* de modo que o polinômio
$f = x^4 - 3ax^3 + (2a - b)x^2 + 2bx + (a + 3b)$ seja divisível por $g = x^2 - 3x + 4$.

162. Determine $p \in \mathbb{R}$ e $q \in \mathbb{R}$ de modo que $x^4 + 1$ seja divisível por $x^2 + px + q$.

163. Se a divisão do polinômio $P_1(x) = x^3 + px^2 - qx + 3$ por $P_2(x) = x^2 - x + 1$ for exata, quais os valores de *p* e de *q*?

164. O polinômio $x^3 + px + q$ é divisível por $x^2 + 2x + 5$. Quais os valores de *p* e de *q*?

165. Dividindo o polinômio $P(x) = x^3 + x^2 + x + 1$ por $Q(x)$, obtemos o quociente $S(x) = 1 + x$ e o reto $R(x) = x + 1$. Qual é o polinômio $Q(x)$?

166. Dividindo $(x^3 - 4x^2 + 7x - 3)$ por um certo polinômio $p(x)$, obtemos o quociente $(x - 1)$ e o resto $(2x - 1)$. Determine $p(x)$.

167. Quais são o quocidente e o resto da divisão de $P(x) = x^4 + x^2 + 1$ por $D(x) = x^2 - x + 1$?

168. Sendo:

$A(x) = 3(x - 2)(x^2 - 1) - (2x - 4)(x^2 + 3)$

$B(x) = -2x + 6 + (3 - x)(x - 4)$

$F(x) = \dfrac{A(x)}{B(x)}$, qual a expressão de $F(x)$ para todo *x* do domínio de *F*?

169. Sendo:

$p(x) = 2x^3 + x^2 - 8x$

$q(x) = x^2 - 4$,

qual o valor de $\frac{p(x)}{q(x)}$?

170. Qual ou quais dos polinômios abaixo satisfazem a igualdade $(3x + 2) \cdot P(x) = 3x^3 + x^2 + 6x - 2 + P(x)$?

$A(x) = x^3 - 2x - 2$

$B(x) = x^2 - 2$

$C(x) = x^3 - 6x - 2$

171. Determine *m* e *n* no polinômio $2x^4 + 3x^3 + mx^2 - nx - 3$ para que seja divisível pelo polinômio $x^2 - 2x - 3$.

172. Dados:

$P(x) = 2x^3 + Ax + 3B$ (A e B constantes)

$Q(x) = x^2 - 3x + 9$

a) divida P(x) por Q(x);

b) determine A e B para que a divisão seja exata.

173. Se *a* e *b* são determinados de forma que o polinômio $x^3 + ax^2 + bx + 20$ seja divisível por $x^2 - 5x + 4$, qual o valor de $a + b$?

174. O polinômio $ax^3 + bx^2 + cx + d$ é o quociente da divisão (que é exata) de $x^5 - x^4 - 34x^3 + 34x^2 + 225x - 225$ por $x^2 - 4x + 3$. Determine $|a + b + c + d|$.

175. Para que valores de *m* o resto da divisão de $P_1(x) = 4x^3 - 3x^2 + mx + 1$ por $P_2(x) = 2x^2 - x + 1$ independe de *x*?

176. Qual é o grau do polinômio quociente resultante da operação $\{(x^2 + x + 1)^5 - (x^{10} + 2)\} : (x^3 + 1)$?

177. Seja Q o quociente e R o resto da divisão de um polinômio A por um polinômio B. Dê o quociente e o resto da divisão de A por 2B.

178. Se $x^3 + px + q$ é divisível por $x^2 + ax + b$ e $x^2 + rx + s$, demonstre que $b = -r(a + r)$.

179. Dado o polinômio $f = ax^3 + 3bx^2 + 3cx + d$, determine a condição para que *f* seja um cubo perfeito.

180. Demonstre que, se *f* e *g* são polinômios divisíveis por *h*, então o resto *r* da divisão de *f* por *g* também é divisível por *h*.

Solução

Seja q_1 o quociente de *f* por h: $f = q_1h$.

Seja q_2 o quociente de *g* por h: $g = q_2h$.

Sejam *q* o quociente e *r* o resto da divisão de *f* por g: $f = qg + r$.

Temos, então: $r = f - qg = q_1h - qq_2h = (q_1 - qq_2)h$ e, portanto, *r* é divisível por *h*.

181. Mostre que, se *f* e *g* são polinômios divisíveis pelo polinômio *h*, então o mesmo ocorre com $f + g$, $f - g$ e fg.

VI. Divisão por binômios do 1º grau

66. Divisão por binômios do 1º grau unitário

Trataremos neste item das divisões em que o dividendo é um polinômio *f*, com $\partial f \geqslant 1$, e o divisor é um polinômio *g*, com $\partial g = 1$ e coeficiente dominante também igual a 1.

Observemos o que ocorre quando dividimos $f = 2x^3 - 7x^2 + 4x - 1$ por $g = x - 4$.

$$\begin{array}{rrrr|l} 2x^3 & -\ 7x^2 & +\ 4x & -\ 1 & x - 4 \\ \cline{5-5} -2x^3 & +\ 8x^2 & & & 2x^2 + x + 8 \\ \hline & x^2 & +\ 4x & -\ 1 & \\ & -x^2 & +\ 4x & & \\ \cline{2-4} & & 8x & -\ 1 & \\ & & -8x & +\ 32 & \\ \cline{3-4} & & & 31 & \end{array}$$

Como já sabemos, neste tipo de divisão *r* é um polinômio constante, pois:

$\partial g = 1 \Rightarrow \partial r = 0$ ou $r = 0$

Vemos que o valor numérico de *r* não depende do número *a* substituído no lugar de *x*, isto é, $r(a) = r, \forall a \in \mathbb{C}$.

Notemos, finalmente, que

$f(4) = 2 \cdot 4^3 - 7 \cdot 4^2 + 4 \cdot 4 - 1 = 128 - 112 + 16 - 1 = 31 = r$

67. Teorema do resto

O resto da divisão de um polinômio *f* por x − a é igual ao valor numérico de *f* em *a*.

Demonstração:

De acordo com a definição de divisão, temos:

$q \cdot (x - a) + r = f$

em que *q* e *r* são, respectivamente, o quociente e o resto. Como x − a tem grau 1, o resto *r* ou é nulo ou tem grau zero; portanto, *r* é um polinômio constante.

Calculemos os valores dos polinômios da igualdade acima em *a*:

$$q(a) \cdot \underbrace{(a - a)}_{0} + \underbrace{r(a)}_{r} = f(a)$$

Então: $r = f(a)$.

68. Exemplos:

1º) O resto da divisão de $f = 5x^4 + 3x^2 + 11$ por $g = x - 3$ é:

$f(3) = 5 \cdot 3^4 + 3 \cdot 3^2 + 11 = 405 + 27 + 11 = 443$

2º) O resto da divisão de $f = (x + 3)^7 + (x - 2)^2$ por $g = x + 3$ é:

$f(-3) = (-3 + 3)^7 + (-3 - 2)^2 = 0^7 + (-5)^2 = 25$

69. Teorema de D'Alembert

Um polinômio *f* é divisível por x − a se, e somente se, *a* é raiz de *f*.

Demonstração:

De acordo com o teorema do resto, temos $r = f(a)$. Então:

$$q = 0 \Rightarrow f(a) = 0$$

(divisão exata) (*a* é raiz de *f*)

Aplicações

1ª) Verificar que $f = x^5 - 4x^4 - 3x^2 + 7x - 1$ é divisível por $g = x - 1$.

$f(1) = 1^5 - 4 \cdot 1^4 - 3 \cdot 1^2 + 7 \cdot 1 - 1 = 1 - 4 - 3 + 7 - 1 = 0$, então *f* é divisível por *g*.

2ª) Determinar *a* de modo que $f = x^3 - 2ax^2 + (a - 1)x + 15$ seja divisível por $x - 5$.

Vamos impor a condição $r = f(5) = 0$:

$$f(5) = 5^3 - 2a \cdot 5^2 + (a - 1) \cdot 5 + 15 = 125 - 50a + 5a - 5 + 15 =$$
$$= 135 - 45a = 0 \Rightarrow a = \frac{135}{45} = 3$$

70. Algoritmo de Briot-Ruffini

Dados os polinômios

$f = a_0x^n + a_1x^{n-1} + a_2x^{n-2} + \ldots + a_{n-1}x + a_n \ (a_0 \neq 0)$ e

$g = x - a$,

vamos determinar o quociente *q* e o resto *r* da divisão de *f* por *g*.

Façamos:

$q = q_0x^{n-1} + q_1x^{n-2} + q_2x^{n-3} + \ldots + q_{n-1}$

e apliquemos o método dos coeficientes a determinar:

$$\begin{array}{l} \left.\begin{array}{r} q_0x^{n-1} + q_1x^{n-2} + q_2x^{n-3} + \ldots + q_{n-2}x + q_{n-1} \\ x - a \end{array}\right\} \times \\ \hline q_0x^n + q_1x^{n-1} + q_2x^{n-2} + \ldots + q_{n-2}x^2 + q_{n-1}x \\ \quad - aq_0x^{n-1} - aq_1x^{n-2} - \ldots - aq_{n-3}x^2 - aq_{n-2}x - aq_{n-1} \\ \hline q_0x^n + (q_1 - aq_0)x^{n-1} + (q_2 - aq_1)x^{n-2} + \ldots + (q_{n-1} - aq_{n-2})x - aq_{n-1} \end{array}$$

Impondo a condição $q \cdot (x - a) + r = f$, resultam as igualdades:

$q_0 = a_0$

$q_1 - aq_0 = a_1 \Rightarrow q_1 = aq_0 + a_1$

$q_2 - aq_1 = a_2 \Rightarrow q_1 = aq_1 + a_2$

$\vdots \qquad \vdots$

$q_{n-1} - aq_{n-2} = a_{n-1} \Rightarrow q_{n-1} = aq_{n-2} + a_{n-1}$

$r - aq_{n-1} = a_n \Rightarrow r = aq_{n-1} + a_n$

Os cálculos para obter *q* e *r* indicados acima tornam-se mais rápidos com a aplicação do seguinte dispositivo prático de Briot-Ruffini.

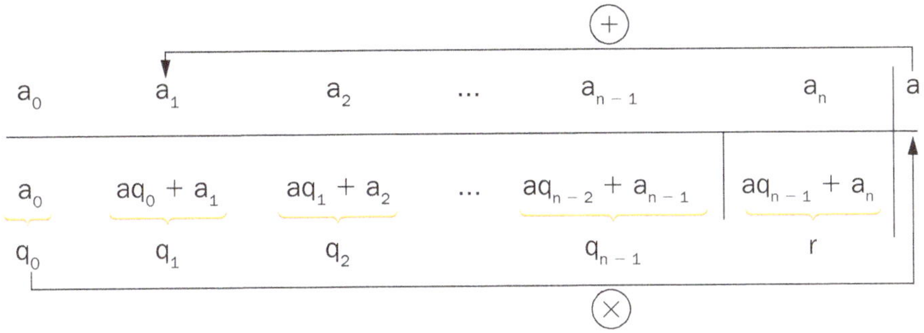
+
a_0
a_1
a_2
...
a_{n-1}
a_n
a
a_0
$aq_0 + a_1$
$aq_1 + a_2$
...
$aq_{n-2} + a_{n-1}$
$aq_{n-1} + a_n$
q_0
q_1
q_2
q_{n-1}
r
×

71. Exemplos:

1º) $f = 2x^4 - 7x^2 + 3x - 1$ e $g = x - 3$

2	0	−7	3	−1	3
2	$\underbrace{2 \cdot 3 + 0}_{6}$	$\underbrace{6 \cdot 3 - 7}_{11}$	$\underbrace{11 \cdot 3 + 3}_{36}$	$\underbrace{36 \cdot 3 - 1}_{107}$	

portanto: $q = 2x^3 + 6x^2 + 11x + 36$ e $r = 107$.

2º) $f = 625x^4 - 81$ e $g = x - \dfrac{3}{5}$.

625	0	0	0	−81	$\dfrac{3}{5}$
625	$\underbrace{625 \cdot \dfrac{3}{5}}_{375}$	$\underbrace{375 \cdot \dfrac{3}{5}}_{225}$	$\underbrace{225 \cdot \dfrac{3}{5}}_{135}$	$\underbrace{135 \cdot \dfrac{3}{5} - 81}_{0}$	

portanto: $q = 625x^3 + 375x^2 + 225x + 135$ e $r = 0$.

3º) $f = 9x^3 + 5x^2 + x - 11$ e $g = x + 2$

9	5	1	−11	−2
9	$\underbrace{9(-2) + 5}_{-13}$	$\underbrace{(13)(-2) + 1}_{27}$	$\underbrace{27(-2) - 11}_{-65}$	

portanto: $q = 9x^2 - 13x + 27$ e $r = -65$.

72. Teorema

Se um polinômio f é divisível separadamente por $x - a$ e $x - b$, com $a \neq b$, então f é divisível pelo produto $(x - a)(x - b)$.

Demonstração:

Sejam q o quociente e $r = cx + d$ o resto da divisão de f por $(x - a)(x - b)$; então:

$q(x - a)(x - b) + (cx + d) = f$

Calculando os valores numéricos desses polinômios em a, temos:

$$[q(a)]\underbrace{(a - a)}_{0}(a - b) + (ca + d) = \underbrace{f(a)}_{0} \quad (1) \qquad \text{(pois } f \text{ é divisível por } x - a)$$

Calculando os valores numéricos em b, temos:

$$[q(b)](b - a)\underbrace{(b - b)}_{0} + (cb + d) = \underbrace{f(b)}_{0} \quad (2) \qquad \text{(pois } f \text{ é divisível por } x - b)$$

Resulta, então, o sistema: $\begin{cases} ca + d = 0 \\ cb + d = 0 \end{cases}$

de onde vem $c = 0$ e $d = 0$, portanto $r = 0$.

EXERCÍCIOS

182. Qual o quociente da divisão de $2x^4 - 5x^3 - 10x - 1$ por $x - 3$?

183. Qual é o resto da divisão do polinômio $x^4 - 8x^3 + 4x^2 + 15x + 6$ por $(x - 2)$?

184. O quociente de um polinômio de grau $n + 1$ por $x - a$ é um polinômio de que grau?

185. Determine o resto de $x^2 + x + 1$ dividido por $x + 1$.

186. Qual é o resto da divisão de $x^4 - 2x^3 + x^2 - x + 1$ por $x + 1$?

187. Qual é o resto da divisão de $x^4 + x^3 + x^2 + x + 1$ por $x + 1$?

188. Qual é o resto da divisão de $kx^2 + x - 1$ por $x + 2k$?

189. Se $n \geq 2$, qual o resto da divisão de $4x^n + 3x^{n-2} + 1$ por $x + 1$?

190. Qual é uma condição necessária e suficiente para que um polinômio P(x) de coeficientes inteiros seja divisível por $(x + a)$?

191. Determine *a*, $a \in \mathbb{R}$, de modo que o polinômio

$f = ax^3 + (2a - 1)x^2 + (3a - 2)x + 4a$

seja divisível por $g = x - 1$ e, em seguida, obtenha o quociente da divisão.

Solução

f é divisível por $x - 1$ se, e somente se, $f(1) = 0$, então:

$f(1) = a1^3 + (2a - 1)1^2 + (3a - 2)1 + 4a = 10a - 3 = 0$; portanto, $a = \frac{3}{10}$.

Aplicando o dispositivo prático de Briot-Ruffini, vamos dividir o polinômio

$f = \frac{3}{10}x^3 - \frac{4}{10}x^2 - \frac{11}{10}x + \frac{12}{10}\left(\text{para } a = \frac{3}{10}\right)$ por $x - 1$.

$\frac{3}{10}$	$-\frac{4}{10}$	$-\frac{11}{10}$	$-\frac{12}{10}$	1
$\frac{3}{10}$	$-\frac{1}{10}$	$-\frac{12}{10}$	0	

Resposta: $a = \frac{3}{10}$ e $q = \frac{3}{10}x^2 - \frac{1}{10}x - \frac{12}{10}$.

192. Determine *p* e *q* reais de modo que $f = x^2 + (p - q)x + 2p$ e $g = x^3 + (p + q)$ sejam ambos divisíveis por $2 - x$.

Solução

Pelo teorema de D'Alembert, *f* e *g* são divisíveis por $2 - x = -(x - 2)$ se, e só se, $f(2) = 0$ e $g(2) = 0$, então:

$f(2) = 2^2 + (p - q)2 + 2p = 0 \Rightarrow 4q - 2q = -4 \quad (1)$

$g(2) = 2^3 + (p + q) = 0 \Rightarrow p + q = -8 \quad (2)$

Resolvendo o sistema formado pelas equações (1) e (2), vem:

Resposta: $p = -\frac{10}{3}$ e $q = -\frac{14}{3}$.

193. Determine *a* de modo que a divisão de $f = x^4 - 2ax^3 + (a + 2)x^2 + 3a + 1$ por $g = x - 2$ apresente resto igual a 7.

194. Determine *p* de modo que o polinômio $f = 2x^3 + px^2 - (2p + 1)x + (p + 3)$ seja divisível por $g = x + 4$.

195. Determine *p* e *q* de modo que o polinômio $x^3 - 2px^2 + (p + 3)x + (2p + q)$ seja divisível por x e $x - 2$.

196. Determine *a* e *b* de modo que o polinômio $f = x^3 + 2x^2 + ax + b$ apresente as seguintes propriedades: $f + 1$ é divisível por $x + 1$ e $f - 1$ é divisível por $x - 1$.

197. Qual o valor de *a* para que o resto da divisão $ax^3 - 2x + 1$ por $x - 3$ seja 4?

198. Na divisão do polinômio $5x^5 + ax^3 + bx^2 + 3x + 1$ por $x - 2$, encontrou-se o quociente $5x^4 + cx^3 + dx^2 + ex + 115$. Determine o resto.

199. Sejam *a*, *b*, *c*, *d*, *e*, *f* os números que aparecem no dispositivo de Briot-Ruffini para o cálculo do quociente e do resto da divisão de $2x^4 + 8x^3 - x^2 + 16$ por $x + 4$.

2	8	−1	0	16	−4
	−8	b	4	e	
2	a	c	d	f	

Qual o valor de $a + b + c + d + e + f$?

200. O resto da divisão por $x - b$ do polinômio

$$P(x) = \begin{vmatrix} 1 & x & x^2 & x^3 & x^4 \\ 1 & a & a^2 & a^3 & a^4 \\ 1 & b & b^2 & b^3 & b^4 \\ 1 & c & c^2 & c^3 & c^4 \\ 1 & d & d^2 & d^3 & d^4 \end{vmatrix}$$

é um polinômio nulo ou não nulo?

201. O quadro

1	0	−0,52	−1,626	1,32
1	1,32	1,2224	−0,012432	

é o dispositivo prático de Briot-Ruffini para a divisão de determinado polinômio P(x) por determinado binômio linear D(x). Qual é o valor de $P(x) + D(x)$ no ponto $x = 1$?

202. Os coeficientes $a_0, a_1, \ldots, a_n$ do polinômio $P(x) = a_0 + a_1x + \ldots + a_nx^n$ formam, nessa ordem, uma P.G. de razão 1/2. Então, qual o resto da divisão de P(x) por $x + 2$?
Obs.: *n* é ímpar.

203. Determine o polinômio *f* do segundo grau que, dividido por *x*, $x - 1$ e $x - 2$, apresenta resto 4, 9 e 18, respectivamente.

Solução

Seja $f = ax^2 + bx + c$. Temos:
$f(0) = a \cdot 0^2 + b \cdot 0 + c = 4 \Rightarrow c = 4 \quad (1)$
$f(1) = a \cdot 1^2 + b \cdot 1 + c = 9 \Rightarrow a + b + c = 9 \quad (2)$
$f(2) = a \cdot 2^2 + b \cdot 2 + c = 18 \Rightarrow 4a + 2b + c = 18 \quad (3)$
Substituindo (1) em (2) e (3) resulta o sistema:

$$\begin{cases} a + b = 5 \\ 4a + 2b = 14 \end{cases}$$

que, resolvido por adição, dá $a = 2$ e $b = 3$.
Resposta: $f = 2x^2 + 3x + 4$.

204. Obtenha um polinômio *f* do segundo grau tal que:
I) $a = 21$
II) *f* é divisível por $x - 1$
III) os restos das divisões de *f* por $x - 2$ e $x - 3$ são iguais.

205. Determine o polinômio do 3º grau que se anula para $x = 1$ e que, dividido por $x + 1$, $x - 2$ e $x + 2$, dá restos iguais a 6.

206. Mostre que, se a soma dos coeficientes de um polinômio *f* é nula, então *f* é divisível por $x - 1$.

Solução

Seja $f = a_0 + a_1x + a_2x^2 + \ldots + a_nx^n$ tal que $a_0 + a_1 + a_2 + \ldots + a_n = 0$.
Provemos que *f* é divisível por $x - 1$ ou, o que é equivalente, $f(1) = 0$:
$f(1) = a_0 + a_1 \cdot 1 + a_2 \cdot 1^2 + \ldots + a_n \cdot 1^n = a_0 + a_1 + a_2 + \ldots + a_n = 0$.
Assim, por exemplo, são divisíveis por $x - 1$ os polinômios:
$3x^4 - 5x + 2$ (pois $3 + (-5) + 2 = 0$)
$7x^n - 8x^{n-3} + 1$ (pois $7 + (-8) + 1 = 0$)

207. Aplicando Briot-Ruffini, determine o quociente q e o resto r da divisão de $f = x^3 - x^2 + x - 1$ por $g = (x - 2)(x - 3)$.

Solução

Sejam q_1 o quociente e r_1 o resto da divisão de f por $x - 2$:

$f = q_1(x - 2) + r_1 \quad (1)$

Sejam q_2 o quociente e r_2 o resto da divisão de q_1 por $x - 3$:

$q_1 = q_2(x - 3) + r_2 \quad (2)$

Substituindo (2) em (1), vem:

$q_f = [q_2(x - 3) + r_2](x - 3) + r_1 = q_2(x - 2)(x - 3) + [r_2(x - 2) + r_1]$

Assim, q_2 é o quociente procurado e $r_2(x - 2) + r_1$ é o resto procurado.

Apliquemos Briot-Ruffini duas vezes:

$f \rightarrow$	1	−1	1	−1	2
$q_1 \rightarrow$	1	1	3	5 (r_1)	

$q_1 \rightarrow$	1	1	3	3
$q_2 \rightarrow$	1	4	15 (r_2)	

$q = q_2 = x + 45$

$r = r_2(x - 2) + r_1 = 15(x - 2) + 5 = 15x - 25$

Resposta: $q = x + 4$ e $r = 15x - 25$.

208. Sendo 5 e −2 os restos da divisão de um polinômio f por $x - 1$ e $x + 3$, respectivamente, determine o resto da divisão de f pelo produto $(x - 1)(x + 3)$.

Solução

Pelo teorema do resto, temos:

$f(1) = 5$ e $f(-3) = -2$

Sejam q e $r = ax + b$, respectivamente, o quociente e o resto da divisão de f por $(x - 1)(x + 3)$. Temos

$f = q \cdot (x - 1)(x + 3) + (ax + b)$

Tomemos os valores numéricos desses polinômios em 1 e −3:

$$\left.\begin{array}{l} f(1) = q(1) \cdot \underbrace{(1 - 1)}_{0}(1 + 3) + (a \cdot 1 + b) \Rightarrow 5 = a + b \\ f(-3) = q(-3) \cdot (-3 - 1)\underbrace{(-3 + 3)}_{0} + (-3a + b) \Rightarrow -2 = -3a + b \end{array}\right\}$$

Resolvendo o sistema formado por $a + b = 5$ e $-3a + b = -2$, resulta $a = \frac{7}{4}$ e $b = \frac{13}{4}$.

Resposta: $r = \frac{7}{4}x + \frac{13}{4}$.

209. Sendo 8 e 6 os restos respectivos da divisão de um polinômio $P(x)$ por $(x + 5)$ e $(x - 3)$, determine o resto da divisão de $P(x)$ pelo produto $(x - 5)(x - 3)$.

210. Sabe-se que os restos das divisões de $y^2 + ay + 2$ por $y - 1$ e por $y + 1$ são iguais. Qual o valor de *a*?

211. Qual o valor do produto $m \cdot n$ para que o polinômio $x^3 - 6x^2 + mx + n$ seja divisível por $(x - 1)(x - 2)$?

212. Um polinômio desconhecido ao ser dividido por $x - 1$ deixa resto 2 e ao ser dividido por $x - 2$ deixa resto 1. Qual o resto da divisão desse polinômio por $(x - 1)(x - 2)$?

213. Se $P(x)$ é um polinômio divisível por $(x - a)$ e por $(x - b)$, $(x - a)(x - b)$ divide $P(x)$?

214. Qual o resto da divisão de $2x^5 - 15x^3 + 12x^2 + 7x - 6$ por $(x - 1)(x - 2)(x + 3)$?

215. Os restos das divisões de um polinômio pelos binômios $(x + 1)$, $(x - 1)$ e $(x - 2)$ são, respectivamente, 5, -1, -1. Então, qual o resto da divisão de $P(x)$ por $(x + 1)(x - 1)(x - 2)$?

216. Qual o coeficiente de x^3 no polinômio $P(x)$ do terceiro grau que se anula para $x = -1$ e tal que dividido separadamente por $x - 1$, $x + 2$ e $x + 3$ deixa sempre resto 10?

217. Quais os valores dos números reais *a* e *b* para que os polinômios

$x^3 - 2ax^2 + (3a + b)x - 3b$ e $x^3 - (a + 2b)x + 2a$

sejam divisíveis por $x + 1$?

218. Qual é a condição necessária e suficiente que devem satisfazer *p* e *q* de modo que $x^p + 2a^q x^{p-q} + a^p$ seja divisível por $x + a$ ($p, q \in \mathbb{N}$ e $p > q$)?

219. Qual deve ser o valor do coeficiente *c* para que os restos das divisões de $x^{10} + ax^4 + bx^2 + cx + d$ por $x + 12$ e $x - 12$ sejam iguais?

220. É dado o polinômio $f(x) = (a - 1)x^6 + (a + 1)x^5 + (a^2 - 1)x^4 - (2a + 1)x + 12$.

a) Determine *a* de modo que o quociente da divisão *f* por $g(x) = x^2 + 1$ seja do 3º grau;

b) para esse valor de *a*, calcule o quociente e o resto da divisão de *f* por *g*.

221. Determine o resto e o quociente da divisão de $f = x^n - a^n$ por $g = x - a$.

Solução

$r = f(a) = a^n - a^n = 0$

Aplicando Briot-Ruffini, temos:

$$\begin{array}{cccccc|c|c} & \multicolumn{5}{c}{\overbrace{\hspace{12em}}^{n-1 \text{ zeros}}} & & \\ 1 & 0 & 0 & 0 & \dots & 0 & -a^n & a \\ \hline 1 & a & a^2 & a^3 & \dots & a^{n-1} & \underbrace{0}_{r} & \end{array}$$

Resposta: $r = 0$ e $q = x^{n-1} + ax^{n-2} + a^2x^{n-3} + \dots + a^{n-1}$.

222. Determine o resto e o quociente da divisão de $f = x^n + a^n$ por $g = x - a$.

Solução

$r = f(a) = a^n + a^n = 2a^n$

Aplicando Briot-Ruffini, temos:

$$\begin{array}{cccccc|c|c} & \multicolumn{5}{c}{\overbrace{\hspace{12em}}^{n-1 \text{ zeros}}} & & \\ 1 & 0 & 0 & 0 & \dots & 0 & a^n & a \\ \hline 1 & a & a^2 & a^3 & \dots & a^{n-1} & \underbrace{2a^n}_{r} & \end{array}$$

Resposta: $r = 2a^n$ e $q = x^{n-1} + ax^{n-2} + a^2x^{n-3} + \dots + a^{n-1}$.

223. Determine o resto e o quociente da divisão de $f = x^n - a^n$ por $g = x + a$.

Solução

1º caso: *n* é par $\Rightarrow r = f(-a) = (-a)^n - a^n = a^n - a^n = 0$

n − 1 zeros (sob os zeros)

1	0	0	0	...	0	$-a^n$	$-a$
1	$-a$	a^2	$-a^3$	...	$-a^{n-1}$	0 (r)	

$q = x^{n-1} - ax^{n-2} + a^2x^{n-3} + \ldots - a^{n-1}$

2º caso: *n* é ímpar $\Rightarrow r = f(-a) = (-a)^n - a^n = -a^n - a^n = -2a^n$

n − 1 zeros (sob os zeros)

1	0	0	0	...	0	$-a^n$	$-a$
1	$-a$	a^2	$-a^3$	...	a^{n-1}	$-2a^n$ (r)	

$q = x^{n-1} - ax^{n-2} + a^2x^{n-3} + \ldots + a^{n-1}$

224. Determine o resto e o quociente da divisão de $f = x^n + a^n$ por $g = x + a$.

Solução

1º caso: *n* é par $\Rightarrow r = f(-a) = (-a)^n + a^n = a^n + a^n = 2a^n$

n − 1 zeros (sob os zeros)

1	0	0	0	...	0	a^n	$-a$
1	$-a$	a^2	$-a^3$	...	$-a^{n-1}$	$2a^n$ (r)	

$q = x^{n-1} - ax^{n-2} + a^2x^{n-3} - \ldots - a^{n-1}$

2º caso: *n* é ímpar $\Rightarrow r = f(-a) = (-a)^n + a^n = -a^n + a^n = 0$

$$\begin{array}{cccccc|c|c} 1 & \overbrace{0 \quad 0 \quad 0 \quad \dots \quad 0}^{n-1 \text{ zeros}} & & & & & a^n & -a \\ \hline 1 & -a & a^2 & -a^3 & \dots & a^{n-1} & \underbrace{0}_{r} & \end{array}$$

$q = x^{n-1} - ax^{n-2} + a^2x^{n-3} - \dots + a^{n-1}$

225. Determine o resto e o quociente das divisões de *f* por *g* nos seguintes casos:

a) $f = x^4 - 81$ e $g = x + 3$
b) $f = x^4 + 81$ e $g = x - 3$
c) $f = x^5 + 32$ e $g = x - 2$
d) $f = x^5 - 32$ e $g = x + 2$
e) $f = x^6 - 1$ e $g = x - 1$
f) $f = x^6 + 1$ e $g = x + 1$
g) $f = x^5 + 243$ e $g = x - 3$
h) $f = x^5 + 243$ e $g = x + 3$

226. Transforme $x^5 - a^5$ num produto de dois polinômios.

227. Qual é o resto da divisão de $f = \sum_{i=0}^{n} a^i x^{n-1}$ por $g = x - a$?

228. A divisão de $(x^{999} - 1)$ por $(x - 1)$ tem resto $R(x)$ e quociente $Q(x)$. Qual o valor de $R(x)$ e qual o valor de $Q(x)$ para $x = 0$?

229. Quais os valores de *a* e de *b* para que o polinômio $x^3 + ax + b$ seja divisível por $(x - 1)^2$?

230. Se dividimos um polinômio $P(x)$ por $x - 2$, o resto é 13 e se dividimos $P(x)$ por $(x + 2)$, o resto é 5. Supondo que $R(x)$ é o resto da divisão de $P(x)$ por $x^2 - 4$, determine $R(x)$ para $x = 1$.

231. Sabendo que $P(x)$ do quarto grau é divisível por $(x - 2)^3$ e que $P(0) = -8$ e $P(1) = -3$, determine o valor de $P(3)$.

232. O polinômio $x^{2n} - a^{2n}$ é divisível por $x^2 - a^2$ para quais valores de *n*?

73. Divisão por binômios do 1º grau quaisquer

Para obtermos rapidamente o quociente *q* e o resto *r* da divisão de um polinômio *f*, com $\partial f \geq 1$, por $g = bx - a$, em que $b \neq 0$, notemos que:

$$(bx - a)q + r = f \quad \text{então} \quad \left(x - \frac{a}{b}\right)\underbrace{(bq)}_{q'} + r = f$$

do que decorre a seguinte regra prática:

1º) divide-se f por $x - \frac{a}{b}$ empregando o algoritmo de Briot-Ruffini;

2º) divide-se o quociente q' encontrado pelo número b, obtendo q.

Exemplos:

1º) Dividir $f = 3x^4 - 2x^3 + x^2 - 7x + 1$ por $g = 3x - 5 = 3\left(x - \frac{5}{3}\right)$.

3	−2	1	−7	1	$\frac{5}{3}$
3	3	6	3	6	

$$q' = 3x^3 + 3x^2 + 6x + 3 \Rightarrow q = \frac{q'}{3} = x^3 + x^2 + 2x + 1 \text{ e } r = 6$$

2º) Dividir $f = 4x^3 + 5x + 25$ por $g = 2x + 3 = 2\left(x + \frac{3}{2}\right)$.

4	0	5	25	$-\frac{3}{2}$
4	−6	14	4	

$$q' = 4x^2 - 6x + 14 \Rightarrow q = \frac{q'}{2} = 2x^2 - 3x + 7 \text{ e } r = 4$$

3º) Dividir $f = 8x^5 + 6x^4 + 4x^3 + 3x^2 - 4x - 3$ por $g = 4x + 3 = 4\left(x + \frac{3}{4}\right)$.

8	6	4	3	−4	−3	$-\frac{3}{4}$
8	0	4	0	−4	0	

$$q' = 8x^4 + 4x^2 - 4 \Rightarrow q = \frac{q'}{4} = 2x^4 + x^2 - 1 \text{ e } r = 0$$

EXERCÍCIOS

233. Qual o quociente da divisão de $4x^4 + 6x^3 - 7x^2 + 8x - 7$ por $2x + 3$?

234. Qual o valor de K para que

$P(x) = 6x^5 + 11x^4 + 4x^3 + Kx^2 + 2x + 8$

seja divisível por $3x + 4$?

235. Qual o quociente da divisão do polinômio

$P_1(x) = x^5 + 3x^2 + x - 1$ por $P_2(x) = \frac{1}{2}(x + 1)$?

236. Dados os polinômios $f = -2x^3 - x^2 + 2x + 1$ e $g = 2x + 1$, calcule $(f + g)(f - g)$ e $f : g$.

237. Sendo $p(x) = 5x^2 - \frac{29}{2}x + 6$, $q(x) = 2x - 1$ e $r(x) = x - 7$, calcule $p(x) \div q(x) - r(x)$.

238. O resto da divisão de um polinômio P(x) por $ax - b$ é $R = P(r)$. Determine *r*.

239. Aplicando o dispositivo prático de Briot-Ruffini, determine quociente e resto da divisão de *f* por *g*:

a) $f = 5x^4 - 12x^3 + x^2 - 13$, $g = x + 3$

b) $f = 81x^5 + 32$, $g = x - \frac{2}{3}$

c) $f = 2x^3 + 4x^2 + 8x + 16$ e $g = 2x + 1$

d) $f = 4x^4 - 2x^2 + 1$ e $g = (x - 1)(x + 2)$

240. Qual é o resto da divisão de $f = x^8 + 1$ por $g = 2x - 4$?

241. Mostre que $f = 2x^3 + 9x^2 + 7x - 6$ é divisível por $g = x^2 + 5x + 6$.

Solução

Podemos resolver este problema se efetuar a divisão, notando que $g = (x + 2)(x + 3)$.

Se *f* for divisível por $x + 2$ e $x + 3$, de acordo com o teorema do item 72, *f* será divisível por *g*. Provemos, portanto, que $f(-2) = 0$ e $f(-3) = 0$:

$f(-3) = 2(-3)^3 + 9(-3)^2 + 7(-3) - 6 = -54 + 81 - 21 - 6 = 0$

$f(-2) = 2(-2)^3 + 9(-2)^2 + 7(-2) - 6 = -16 + 36 - 14 - 6 = 0$

242. Mostre que $f(x) = x^4 + 4x^3 + 4x^2 - x - 2$ é divisível por $g(x) = x^2 + 3x + 2$.

243. Prove que $(x - 2)^{2n} + (x - 1)^n - 1$ é divisível por $x^2 - 3x + 2$.

244. Determine *a* e *b* em $\mathbb{R}$ de modo que o polinômio

$f = x^3 + 2x^2 + (2a - b)x + (a + b)$

seja divisível por $g = x^2 - x$.

Solução

$g = x^2 - x = x(x - 1) = (x - 0)(x - 1)$

então *f* é divisível por *g* desde que *f* seja divisível por $x - 0$ e $x - 1$, isto é, se $f(0) = 0$ e $f(1) = 0$. Assim, temos:

$f(0) = 0 \Rightarrow 0^3 + 2 \cdot 0^2 + (2a - b) \cdot 0 + (a + b) = 0 \Rightarrow a + b = 0$

$f(1) = 0 \Rightarrow 1^3 + 2 \cdot 1^2 + (2a - b) \cdot 1 + (a + b) = 0 \Rightarrow 3a + 3 = 0$

Resolvendo o sistema formado por essas duas equações, vem:

$a = -1$ e $b = 1$.

245. Determine *p* e *q* de modo que o polinômio $x^3 + px + q$ seja divisível por $(x - 2)(x + 1)$.

246. Determine *a*, *b*, *c* de modo que $ax^{2n} + bx^{2n-1} + c$, com $n \in \mathbb{N}^*$, seja divisível por $x(x + 1)(x - 1)$.

247. Prove que $5x^6 - 6x^5 + 1$ é divisível por $(x - 1)^2$ e determine o quociente.

248. Prove que $nx^{n+1} - (n + 1)x^n + 1$ é divisível por $(x - 1)^2$.

249. Determine *a* e *b* em função de *n* de modo que $ax^{n+1} + bx^n + 1$ seja divisível por $(x - 1)^2$.

250. Determine os números reais *a* e *b* e o maior inteiro *m* de tal modo que o polinômio $x^5 - ax^4 + bx^3 - bx^2 + 2x - 1$ seja divisível por $(x - 1)^m$.

251. Mostre que $f = x^3 + x^2 - 10x + 8$ é divisível por $x - 1$, mas não é divisível por $(x - 1)^2$.

Solução

Vamos aplicar duas vezes o algoritmo de Briot-Ruffini:

f →	1	1	−10	8	1
q →	1	2	−8	0 ($\uparrow r_1$)	

q →	1	2	−8	1
	1	3	−5 ($\uparrow r_2$)	

Verificamos que *f* é divisível por $x - 1$, pois obtivemos $q = x^2 + 2x - 8$ e $r_1 - 0$, porém *f* não é divisível por $(x - 1)^2$, uma vez que *q* não é divisível por $x - 1$.

252. Se α, β e γ são raízes do polinômio *f*, qual é o grau de *f*?

Solução

Se *f* admite α, β e γ como raízes, então *f* é divisível por $x - \alpha$, $x - \beta$ e $x - \gamma$; portanto *f* é divisível pelo produto $(x - \alpha)(x - \beta)(x - \gamma)$, isto é, existe um polinômio *q* tal que:

$f = q \cdot (x - \alpha)(x - \beta)(x - \gamma)$

Existem duas possibilidades:

1ª) $q = 0 \Rightarrow f = 0 \Rightarrow \nexists\ \partial f$.

ou

2ª) $q \neq 0 \Rightarrow \partial f = \partial q + \partial[(x - \alpha)(x - \beta)(x - \gamma)] = \partial q + 3 \geqslant 3$

Resposta: $f = 0$ ou $\partial f \geqslant 3$.

253. Se as divisões de um polinômmio *f* por $x - 1$, $x - 2$ e $x - 3$ são exatas, que se pode dizer do grau de *f*?

254. Determine o quociente e o resto da divisão de
$f = x^3 - 5x^2 + 8x - 4$ por $g = (x - 1)(2x - 4)$.

Solução

Vamos dividir *f* sucessivamente por $x - 1$ e $2x - 4 = 2(x - 2)$ e aplicar o mesmo raciocínio feito no exercício 207:

$f \rightarrow$	1	−5	8	−4	1
$q \rightarrow$	1	−4	4	0 (r_1)	

$q_1 \rightarrow$	1	−4	4	2
$2q_2 \rightarrow$	1	−2	0 (r_2)	

$$q = q_2 = \frac{1}{2}(x - 2) = \frac{1}{2}x - 1$$

$$r = r_2(x - 1) + r_1 = 0(x - 1) + 0 = 0$$

Resposta: $q = \frac{1}{2}x - 1$ e $r = 0$.

255. Calcule o resto $R(x)$ da divisão de um polinômio inteiro em *x* pelo produto $(x + 1)(x - 2)$, sabendo que o resto da divisão por $(x + 1)$ no ponto -1 e o resto da divisão por $(x - 2)$ no ponto 2 são ambos iguais a 3.

256. a) Enuncie o teorema da existência e unicidade do quociente e do resto da divisão de dois polinômios de uma variável $A(z)$ e $B(z)$.

b) Determine o resto da divisão de um polinômio $A(z)$ por $B(z) = z^2 + 1$, conhecendo $A(i)$ e $A(-i)$, em que *i* é a unidade imaginária.

257. Um polinômio *f*, dividido por $x + 2$ e $x^2 + 4$, dá restos 0 e $x + 1$, respectivamente. Qual é o resto da divisão de *f* por $(x + 2)(x^2 + 4)$?

258. Um polinômio $P(x)$ é divisível por $x + 1$, e, dividido por $x^2 + 1$, dá quociente $x^2 - 4$ e resto $R(x)$. Se $R(2) = 9$, escreva $P(x)$.

LEITURA

Tartaglia e as equações de grau três

Hygino H. Domingues

Ao final do século XV a álgebra pouco evoluíra em relação ao conhecimento que egípcios e babilônios tinham sobre o assunto 1800 anos antes de Cristo. O mais antigo livro impresso sobre aritmética e álgebra, a *Summa* (1494), do frade italiano Luca Pacioli (1445-1515), dá bem uma ideia desse fato, pois no que se refere à álgebra essa obra se limita à resolução de equações do primeiro e segundo graus e assim mesmo (como era usual na época) por meio de regras verbais aplicadas a casos numéricos. E Pacioli terminava seu livro afirmando ser a solução da cúbica $x^3 + mx = n$ (usando a notação moderna, $m > 0$ e $n > 0$) tão impossível quanto a quadratura do círculo.

Mas esta previsão logo iria ser desmentida. Aproximadamente na virada do século XV para XVI, Scipione del Ferro (1465-1526), professor da Universidade de Bolonha, conseguiu resolver esse tipo de equação. Ora, como a substituição $x = y - \left(\frac{a}{3}\right)$ transforma $x^3 + ax^2 + bx + c = 0$ numa equacão do tipo $y^3 + py + q = 0$, então o segredo da resolução das equações cúbicas estava praticamente desvendado.

Scipione contudo não publicou seu método. Apenas o segredou, tempos depois, a Antonio Maria Fiore e a seu genro (e futuro sucessor em Bolonha) Annibale della Nave. Diga-se de passagem que era comum na época guardar segredo de resultados científicos obtidos a fim de usá-los como trunfos em porfias intelectuais que com certa frequência ocorriam e que acabavam servindo de avaliação científica dos participantes.

Nesta altura entra em cena Niccolo Fontana (1499(?)-1557), natural de Brescia, na Itália. Quando em 1512 sua cidade natal foi invadida pelos franceses, mesmo estando refugiado na catedral local com outros habitantes, foi seriamente ferido, tendo inclusive seu palato perfurado por um golpe de sabre. Sobreviveu a duras penas, tanto mais que era órfão de pai e muito pobre, mas contraiu uma gagueira que o acompanhou pelo resto da vida — daí o apelido consequente de *Tartaglia* (Tartamudo). Felizmente sua brilhante inteligência não foi afetada e ainda bem jovem, como autodidata, se tornou um respeitável professor de matemática.

Por volta de 1530 acabou vazando a notícia de que Tartaglia saberia resolver uma equação numérica da forma $x^3 + px^2 = q$. Achando tratar-se de bravata, quando soube disso Fiore desafiou Tartaglia para uma disputa envolvendo cúbicas. Realizada em 1535, com cada um propondo 30 questões para o outro, Tartaglia ganhou de 30 a 0 (zero), o que fez sua fama crescer enormemente.

DIOMEDIA

Nicolo Tartaglia [1499(?)-1557].

Apesar da intenção de manter segredo de seus métodos sobre o assunto, Tartaglia acabou por revelá-los (sob promessa de sigilo) ao matemático, médico, astrônomo e astrólogo Girolamo Cardano (1501-1576). Ora, este último, se do ponto de vista intelectual era inquestionavelmente brilhante, quanto ao caráter era no mínimo uma figura controvertida. E qual não foi a surpresa de Tartaglia quando, em 1545, ao sair a primeira edição do importante livro *Ars magna* (*Arte maior*), de autoria de Cardano, lá estavam seus métodos, embora com referência de agradecimento a ele, o que gerou uma polêmica infrutífera de mais de um ano entre ambos.

O fato é que a longa e retórica solução de $x^3 + mx = n$, que figura no *Ars magna* e que em notação atual se traduz por

$$x = \sqrt[3]{\sqrt{\frac{m^3}{27} + \frac{n^2}{4}} + \frac{n}{2}} - \sqrt[3]{\sqrt{\frac{m^3}{27} + \frac{n^2}{4}} - \frac{n}{2}},$$

hoje é conhecida como *fórmula de Cardano*. O *Ars magna* incluía outra notável descoberta, devida a Ludovico Ferrari (1522-1565), discípulo de Cardano: um método para reduzir equações do quarto grau a equações cúbicas. Neste ponto, praticamente, a álgebra iria ficar por quase dois séculos e meio.

CAPÍTULO III

Equações polinomiais

I. Introdução

74. Neste capítulo, trabalharemos com funções polinomiais

$$P(x) = a_0 + a_1x + a_2x^2 + \ldots + a_nx^n$$

em que os coeficientes $a_0, a_1, a_2, \ldots, a_n$ são números complexos e a variável *x* também é complexa, isto é, *x* pode ser substituído por um número complexo qualquer.

Há algumas propriedades que exigem restrição para os coeficientes (por exemplo, os coeficientes devem ser reais); quando surgirem, faremos a restrição.

75. Recomendamos ao estudante fazer, neste instante, uma revisão de alguns assuntos básicos vistos no capítulo anterior, tais como:

a) valor numérico de P(x) para $x = \alpha$ (item 37);

b) função polinomial identicamente nula e teorema correspondente (itens 38 e 39);

c) funções polinomiais idênticas e teorema correspondente (itens 40 e 41);

d) adição, multiplicação e divisão de polinômios (itens 42 e 58);

e) divisão por binômios do 1º grau, especialmente o teorema de D'Alembert (item 69)

II. Definições

76. Equação polinomial

Dadas duas funções polinomiais f(x) e g(x), chama-se **equação polinomial** ou **equação algébrica** a sentença aberta f(x) = g(x).

Assim, por exemplo, se $f(x) = x^3 + x^2 - x - 1$ e $g(x) = 3x^2 - 3$, a sentença aberta $x^3 + x^2 - x - 1 = 3x^2 - 3$ é uma equação polinomial.

Recordemos que uma sentença em *x*, aberta, pode ser verdadeira ou falsa conforme o valor atribuído a *x*. No nosso exemplo, temos:

$$\text{para } x = 0, \quad \underbrace{0^3 + 0^2 - 0 - 1}_{f(0)} = \underbrace{3 \cdot 0^2 - 3}_{g(0)} \quad \text{(falsa)}$$

$$\text{para } x = 1, \quad \underbrace{1^3 + 1^2 - 1 - 1}_{f(1)} = \underbrace{3 \cdot 1^2 - 3}_{g(1)} \quad \text{(verdadeira)}$$

77. Raiz de equação polinomial

Dada uma equação polinomial f(x) = g(x), chama-se **raiz** da equação todo número que, substituído em lugar de *x*, torna a sentença verdadeira. Assim, o número *r* é raiz de f(x) = g(x) se, e só se, f(r) = g(r) é sentença verdadeira.

Retomando o exemplo dado, na equação $x^3 + x^2 - x - 1 = 3x^2 - 3$ as raízes são 1, 2 e −1, pois:

para $x = 1$, $1^3 + 1^2 - 1 - 1 = 3 \cdot 1^2 - 3 \Rightarrow 0 = 0$ (verdadeira)

para $x = 2$, $2^3 + 2^2 - 2 - 1 = 3 \cdot 2^2 - 3 \Rightarrow 9 = 9$ (verdadeira)

para $x = -1$, $(-1)^3 + (-1)^2 - (-1) - 1 = 3(-1)^2 - 3 \Rightarrow 0 = 0$ (verdadeira)

enquanto 3 não é raiz, pois:

para $x = 3$, $3^3 + 3^2 - 3 - 1 = 3 \cdot 3^2 - 3 \Rightarrow 33 = 24$ (falsa)

78. Conjunto solução

Chama-se **conjunto solução** ou **conjunto verdade** da equação f(x) = g(x) em $\mathbb{C}$ o conjunto S cujos elementos são as raízes complexas da equação.

Por exemplo, o conjunto solução da equação $x^3 + x^2 - x - 1 = 3x^2 - 3$ é $S = \{1, 2, -1\}$.

79. Resolução de uma equação

Resolver uma equação polinomial é obter o seu conjunto solução.

Dada a equação polinomial $f(x) = g(x)$, resolvê-la significa desenvolver um raciocínio lógico e concluir quais são as raízes, sem ter de "adivinhar" nenhuma e sem "esquecer" nenhuma. Aprender a resolver equações polinomiais é a meta deste capítulo.

Vimos que a equação $x^3 + x^2 - x - 1 = 3x^2 - 3$ apresenta as raízes 1, 2 e -1, porém não esclarecemos duas questões:

1ª) como obtivemos as raízes?

2ª) são só essas as raízes da equação?

A teoria seguinte responde a essas perguntas.

80. Equações equivalentes

Duas equações polinomiais são equivalentes quando apresentam o mesmo conjunto solução, isto é, toda raiz de uma equação é também raiz da outra e reciprocamente. Assim, por exemplo, as equações

$$(1)\ x^3 + x^2 - x - 1 = 3x^2 - 3 \quad \text{e} \quad (2)\ x^3 - 2x^2 - x + 2 = 0$$

são equivalentes, pois $S_1 = \{1, 2, -1\}$ e $S_2 = \{1, 2, -1\}$.

81. Há duas transformações que não alteram o conjunto solução de uma equação polinomial, isto é, há duas maneiras de transformar uma equação polinomial em outra, equivalente à primeira:

1ª) somar aos dois membros a mesma função polinomial

$$f(x) = g(x) \Leftrightarrow f(x) + h(x) = g(x) + h(x)$$

Exemplo:

Seja a equação:

$$\underbrace{3x^2 - 4x + 11}_{f(x)} = \underbrace{2x^2 + x + 5}_{g(x)} \quad (1)$$

Adicionemos $h(x) = -g(x) = -2x^2 - x - 5$ aos dois membros:

$$\underbrace{(3x^2 - 4x + 11)}_{f(x)} + \underbrace{(-2x^2 - x - 5)}_{h(x)} = \underbrace{(2x^2 + x + 5)}_{g(x)} + \underbrace{(-2x^2 - x - 5)}_{h(x)}$$

Simplificando, temos: $x^2 - 5x + 6 = 0 \quad (2)$

Decorre que (1) é equivalente a (2), portanto: $S_1 = S_2 = \{2, 3\}$.

Na prática, aplicamos esta propriedade com o seguinte enunciado: "Em toda equação polinomial, transpor um termo de um membro para outro, trocando o sinal do seu coeficiente, não altera o conjunto solução":

$f(x) = g(x) \Leftrightarrow f(x) - g(x) = 0$

2ª) multiplicar os dois membros pelo mesmo número complexo $k(k \neq 0)$

$$f(x) = g(x) \Leftrightarrow k \cdot f(x) = k \cdot g(x)$$

Exemplo:

$\frac{3x^2}{4} - \frac{1}{8} = 0$ e $6x^2 - 1 = 0$ são equivalentes, pois a 2ª foi obtida da 1ª através de uma multiplicação por 8.

82. Na resolução de uma equação polinomial procuramos sempre transformá-la em outra, equivalente e muito simples, em que o conjunto solução possa ser obtido com maior facilidade. Assim, empregando as operações descritas no item anterior, é possível transformar qualquer equação $f(x) = g(x)$ numa equação equivalente $P(x) = f(x) - g(x) = 0$, isto é, toda equação polinomial é redutível à forma:

$$a_nx^n + a_{n-1}x^{n-1} + a_{n-2}x^{n-2} + \ldots + a_1x + a_0 = 0$$

83. Quando transformamos uma equação polinomial para a forma $P(x) = 0$, podem ocorrer dois casos imediatos:

1º) $P(x)$ é identicamente nula, isto é, estamos diante da equação

$0 \cdot x^n + 0 \cdot x^{n-1} + 0 \cdot x^{n-2} + \ldots + 0 \cdot x + 0 = 0$

que é uma sentença verdadeira para todo número complexo que seja colocado no lugar de x; portanto:

$S = \mathbb{C}$

2º) P(x) é constante e não nula, isto é, estamos diante da equação

$0 \cdot x^n + 0 \cdot x^{n-1} + 0 \cdot x^{n-2} + \ldots + 0 \cdot x + k = 0$

que é uma sentença falsa para todo número complexo que seja colocado no lugar de x; portanto:

$S = \varnothing$

Exemplos:

1º) Resolver $(x - 1)(x^2 + 1) + x^2 = x^3 + x - 1$
Temos: $x^3 - x^2 + x - 1 + x^2 = x^3 + x - 1$
Isto é: $(x^3 + x - 1) - (x^3 + x - 1) = 0$
Portanto: $0x^3 + 0x^2 + 0x + 0 = 0 \Rightarrow S = \mathbb{C}$

2º) Resolver $x(x - 1)(x - 2) = x^3 - 3x^2 + 2x - 7$
Temos: $x^3 - 3x^2 + 2x = x^3 - 3x^2 + 2x - 7$
Isto é: $(x^3 - 3x^2 + 2x) - (x^3 - 3x^2 + 2x - 7) = 0$
Portanto: $0x^3 + 0x^2 + 0x + 7 = 0 \Rightarrow S = \varnothing$

Daqui por diante, excluiremos esses dois casos imediatos; portanto, só consideraremos as equações polinomiais P(x) = 0 em que o grau de P é maior do que zero.

III. Número de raízes

84. Como toda equação polinomial pode ser colocada na forma

$$P(x) = a_n x^n + a_{n-1}x^{n-1} + a_{n-2}x^{n-2} + \ldots + a_1 x + a_0 = 0,$$

é evidente que as seguintes proposições são equivalentes:

(1) r é raiz da equação P(x) = 0
(2) r é raiz da função polinomial P(x)
(3) r é raiz do polinômio P

e as três proposições são sintetizadas por P(r) = 0.

Diremos também que a equação P(x) = 0 é de grau n se, e só se, P(x) e P são de grau n.

85. Teorema Fundamental da Álgebra (T.F.A.)

Todo polinômio P de grau $n \geqslant 1$ admite ao menos uma raiz complexa.

Admitiremos a validade deste teorema sem demonstração.

86. Teorema da decomposição

Todo polinômio P de grau *n* $(n \geqslant 1)$

$$P = a_n x^n + a_{n-1}x^{n-1} + a_{n-2}x^{n-2} + \ldots + a_1 x + a_0 \quad (a_n \neq 0)$$

pode ser decomposto em *n* fatores do primeiro grau, isto é:

$$P = a_n(x - r_1)(x - r_2)(x - r_3) \ldots (x - r_n)$$

em que $r_1, r_2, r_3, \ldots, r_n$ são as raízes de P.

Com exceção da ordem dos fatores tal decomposição é única.

Demonstração:

1ª) parte: existência

a) Sendo P um polinômio de grau $n \geqslant 1$, podemos aplicar o T.F.A. e P tem ao menos uma raiz r_1. Assim, $P(r_1) = 0$ e, de acordo com o teorema de D'Alembert, P é divisível por $x - r_1$:

$$P = (x - r_1) \cdot Q_1 \quad (1)$$

em que Q_1 é polinômio de grau $n - 1$ e coeficiente dominante a_n. Se $n = 1$, então $n - 1 = 0$ e Q_1 é polinômio constante; portanto, $Q_1 = a_n$ e $P = a_n(x - r_1)$, ficando demonstrado nosso teorema.

b) Se $n \geqslant 2$, então $n - 1 \geqslant 1$ e o T.F.A. é aplicável ao polinômio Q_1, isto é, Q_1 tem ao menos uma raiz r_2. Assim, $Q_1(r_2) = 0$ e Q_1 é divisível por $x - r_2$:

$$Q_1 = (x - r_2) \cdot Q_2 \quad (1')$$

Substituindo (1') em (1) resulta: $P = (x - r_1)(x - r_2) \cdot Q_2 \quad (2)$

em que Q_2 é polinômio de grau $n - 2$ e coeficiente dominante a_n. Se $n = 2$, isto é, $n - 2 = 0$, então $Q_2 = a_n$ e $P = a_n(x - r_1)(x - r_2)$, ficando demonstrado nosso teorema.

c) Após *n* aplicações sucessivas do T.F.A. chegamos na igualdade:

$P = (x - r_1)(x - r_2)(x - r_3) \dots (x - r_n) \cdot Q_n$

em que Q_n tem grau $n - n = 0$ e coeficiente dominante a_n; portanto, $Q_n = a_n$ e

$$\boxed{P = a_n (x - r_1)(x - r_2)(x - r_3) \dots (x - r_n)}$$

2ª) parte: unicidade

Vamos supor que P admita duas decomposições:

$P = a_n(x - r_1)(x - r_2)(x - r_3) \dots (x - r_n)$

$P = a'_m(x - r'_1)(x - r'_2)(x - r'_3) \dots (x - r'_m)$

Supondo reduzidos e ordenados os dois segundos membros, temos:

$a_nx^n - a_nS_1 \cdot x^{n-1} + \dots a'_mx^m - a'_mS'_1 \cdot x^{m-1} + \dots$

e, pela definição de igualdade de polinômios, temos necessariamente:

$$\boxed{n = m} \quad \text{e} \quad \boxed{a_n = a'_m}$$

Ficamos com a igualdade:

$(x - r_1)(x - r_2)(x - r_3) \dots (x - r_n) = (x - r'_1)(x - r'_2)(x - r'_3) \dots (x - r'_n) \quad (3)$

Atribuindo a *x* o valor de r_1, temos:

$0 = (r_1 - r'_1)(r_1 - r'_2)(r_1 - r'_3) \dots (r_1 - r'_n)$

e, se o produto é nulo, um dos fatores $r_1 - r'_j$ é nulo; com uma conveniente mudança na ordem dos fatores, podemos colocar $\boxed{r_1 = r'_1}$

A igualdade (3) se transforma em:

$(x - r_1)(x - r_2)(x - r_3) \dots (x - r_n) = (x - r_1)(x - r'_2)(x - r'_3) \dots (x - r'_n)$

e em seguida em:

$(x - r_2)(x - r_3) \dots (x - r_n) = (x - r'_2)(x - r'_3) \dots (x - r'_n)$

Atribuindo a *x* o valor r_2, temos:

$0 = (r_2 - r'_2)(r_2 - r'_3) \dots (r_2 - r'_n)$

e, analogamente, um dos fatores $r_2 - r'_k$ é nulo; com uma conveniente mudança na ordem dos fatores, podemos colocar $\boxed{r_2 = r'_2}$

Continuando, $r_i = r'_i$ para todo $i \in \{1, 2, 3, ..., n\}$.

As igualdades $m = n$, $a'_m = a_n$, $r'_1 = r_1$, $r'_2 = r_2$, $r'_3 = r_3$, ..., $r'_n = r_n$ são a prova da unicidade da decomposição.

87. Consequência do teorema da decomposição

Teorema

Toda equação polinomial de grau *n* ($n \geqslant 1$) admite *n*, e somente *n*, raízes complexas.

Demonstração:

Seja a equação polinomial

$$P(x) = a_n x^n + a_{n-1}x^{n-1} + a_{n-2}x^{n-2} + ... + a_1 x + a_0 = 0$$

Vimos na demonstração da existência da decomposição que P admite as raízes (distintas ou não) $r_1, r_2, r_3, ..., r_n$. Provamos que são só essas as raízes de P ao provarmos a unicidade da decomposição.

88. Exemplos:

1º) Fatorar o polinômio $P = 5x^5 - 5x^4 - 80x + 80$, sabendo que suas raízes são $1, -2, 2, -2i, 2i$.

$$P = 5(x - 1)(x + 2)(x - 2)(x + 2i)(x - 2i)$$

2º) Qual é o conjunto solução da equação $7(x - 1)^3(x - 2)^4(x - 3)^2 = 0$? De que grau é essa equação?

Temos:

$$P = 7(x - 1)(x - 1)(x - 1)(x - 2)(x - 2)(x - 2)(x - 2)(x - 3)(x - 3);$$

as raízes de P são 1, 1, 1, 2, 2, 2, 2, 3 e 3, portanto a equação é do 9º grau e seu conjunto verdade é $S = \{1, 2, 3\}$.

89. Observações

1ª) Tendo em vista o teorema da decomposição, todo polinômio P de grau *n* ($n \geqslant 1$) pode ser encarado como o desenvolvimento de um produto de *n* fatores do 1º grau e um fator constante a_n, que é coeficiente dominante em P.

$$P = a_n(x - r_1)(x - r_2)(x - r_3) ... (x - r_n)$$

2ª) Nada impede que a decomposição de P apresente fatores iguais. Associando os fatores idênticos da decomposição de P, obtemos:

$$P = a_n(x - r_1)^{m_1}(x - r_2)^{m_2}(x - r_3)^{m_3} \dots (x - r_p)^{m_p}$$

em que $m_1 + m_2 + m_3 + \dots + m_p = n$ e $r_1, r_2, r_3, \dots, r_p$ são dois a dois distintos.

Neste caso, P é divisível separadamente pelos polinômios $(x - r_1)^{m_1}$, $(x - r_2)^{m_2}$, ..., $(x - r_p)^{m_p}$.

EXERCÍCIOS

259. Dada a equação polinomial $(x - 1)(x^3 - 4x + a) = (x^2 - 1)^2$,

a) coloque-a na forma $P(x) = 0$;

b) Obtenha *a* para que 2 seja uma das raízes da equação.

Solução

a) Desenvolvemos os dois membros:

$x(x^3 - 4x + a) - (x^3 - 4x + a) = (x^2 - 1)(x^2 - 1)$

$x^4 - x^3 - 4x^2 + (4 + a)x - a = x^4 - 2x^2 + 1$

e transpomos:

$\cancel{x^4} - x^3 - 4x^2 + (4 + a)x - a - \cancel{x^4} + 2x^2 - 1 = 0$

$-x^3 - 2x^2 + (4 + a)x - (a + 1) = 0$

$\underbrace{x^3 + 2x^2 - (4 + a)x + (a + 1)}_{P(x)} = 0$

b) 2 é raiz se, e só se, $P(2) = 0$, então:

$P(2) = 2^3 + 2(2)^2 - (4 + a)2 + (a + 1) = \cancel{8} + 8 - \cancel{8} - 2a + a + 1 =$

$= 9 - a = 0 \Rightarrow a = 9$

Resposta: $x^3 + 2x^2 - (4 + a)x + (a + 1) = 0$ e $a = 9$.

260. Determine *m* de modo que -2 seja raiz da equação
$x^3 + (m + 2)x^2 + (1 + m)x - 2 = 0$.

261. Resolva em $\mathbb{C}$ as seguintes equações polinomiais:

a) $(x + 1)(x^2 - x + 1) = (x - 1)^3$

b) $(x + 2)(x + 3) + (x - 2)(1 - x) = 4(1 + 2x)$

c) $(x^2 + 1)(x^4 - 1) - (x^2 - 1)(x^4 + 1) = 2(x^4 - x^2 - 1) + 3$

262. Determine o grau e o conjunto solução das equações no universo $\mathbb{C}$:

a) $5(x - 1)(x - 7) = 0$

b) $3(x + 4)^2(2x - 5)^3 = 0$

c) $11(x^2 - 2)^5 = 0$

263. Uma das raízes da equação $2x^4 - 6x^3 + 4x^2 = 0$ é 1. Designando-se por x_4 a maior das raízes dessa equação, calcule $5x_4^3$.

264. Qual o valor de *a* se o número complexo $z = 1 + i$ é uma das raízes da equação $x^8 = a$?

265. Quais as soluções da equação $Q(x) = 0$, em que $Q(x)$ é o quociente do polinômio $x^4 - 10x^3 + 24x^2 + 10x - 24$ por $x^2 - 6x + 5$?

266. Se *a* e *b* são raízes do polinômio $P(x)$, o que se pode afirmar sobre o grau de $P(x)$?

267. Resolva, em $\mathbb{C}$, a equação $x^4 - 5x^2 - 10x - 6 = 0$, sabendo que duas raízes são -1 e 3.

Solução

Vamos dividir $P(x) = x^4 - 5x^2 - 10x - 6$ por $(x + 1)(x - 3)$:

1	0	−5	−10	−6	−1
1	−1	−4	−6	0	3
1	2	2	0		

Temos que $P(x) = (x + 1)(x - 3)(x^2 + 2x + 2)$, portanto as demais raízes vêm de $x^2 + 2x + 2 = 0$, isto é, $x = -1 \pm i$.

Resposta: $S = \{-1, 3, -1 + i\ -1 - i\}$.

268. Resolva, em $\mathbb{C}$, a equação $6x^3 + 7x^2 - 14x - 15 = 0$, sabendo que uma das raízes é -1.

269. O polinômio $P(x) = x^5 - x^4 - 13x^3 + 13x^2 + 36x - 36$ é tal que $P(1) = 0$. Quais os outros valores de *x* que o anulam?

270. Determine todas as raízes da equação $P(x) = 0$, sendo $P(x) = 9x^3 - 36x^2 + 29x - 6$. Sabe-se que esse polinômio é divisível por $x - 3$.

271. a) Calcule as raízes quadradas do número complexo 2i.
b) Determine as raízes da equação $z^2 - (3 + 5i)z - 4 + 7i = 0$.

272. Dê uma equação do 3º grau cujas raízes são 1, 2 e 3.

273. Determine o polinômio P(x) do 3º grau cujas raízes são 0, 1 e 2, sabendo que $P\left(\frac{1}{2}\right) = -\frac{3}{2}$.

274. Decomponha o polinômio $-x^3 + 4x^2 + 7x - 10$ em um produto de fatores do primeiro grau.

275. Decomponha em fatores do primeiro grau:
a) $6x^2 - 5xy + y^2$
b) $x^4 + 4$ (no campo complexo)

276. O polinômio $p(x) = ax^5 + bx^4 + cx^3 + dx^2 + ex + f$ é divisível por $g_1(x) = -2x^2 + \sqrt{5}x$ e por $g_2(x) = x^2 - x - 2$. Quantas raízes reais possui o polinômio p(x)?

277. Se A é uma matriz quadrada $n \times n$, I é a matriz identidade da ordem *n*, então o determinante da matriz $(A - xI)$ é um polinômio de grau *n* na variável *x*, cujas raízes são chamadas valores próprios de A. Determine os valores próprios da matriz $\begin{pmatrix} 1 & 1 & 1 \\ 1 & 1 & 1 \\ 1 & 1 & 1 \end{pmatrix}$.

278. Qual ou quais das afirmações abaixo são verdadeiras?

a) Seja $P(x) = a_0x^n + a_1x^{n-1} + ... + a_n$. Então, $P(x) = 0$ para todo *x* real $\Leftrightarrow a_0 = a_1 = ... = a_n = 0$.

b) Sejam $P(x) = (ax + 2)x + bx + 4$ e $Q(x) = x^2 + 5x + c$. Então, $P(x) = Q(x)$ para todo *x* real $\Leftrightarrow a = 1, b = 3$ e $c = 4$.

c) Todo polinômio P(x) do grau *n* admite no máximo *n* raízes reais.

IV. Multiplicidade de uma raiz

90. Exemplo preliminar

Consideremos a equação polinomial $(x - 3)(x - 1)^2(x - 4)^3 = 0$, que apresenta seis raízes, sendo uma raiz igual a 3, duas raízes iguais a 1 e três raízes iguais a 4.

Dizemos que 3 é raiz simples, 1 é raiz dupla e 4 é raiz tripla da equação dada.

91. Multiplicidade

Dizemos que *r* é raiz de *multiplicidade m* ($m \geq 1$) da equação $P(x) = 0$ se, e somente se,

$$P = (x - r)^m \cdot Q \quad \text{e} \quad Q(r) \neq 0$$

isto é, *r* é raiz de multiplicidade *m* de $P(x) = 0$ quando o polinômio P é divisível por $(x - r)^m$ e não é divisível por $(x - r)^{m+1}$, ou seja, a decomposição de P apresenta exatamente *m* fatores iguais a $x - r$.

Quando $m = 1$, dizemos que *r* é raiz simples; quando $m = 2$, dizemos que *r* é raiz dupla; quando $m = 3$, dizemos que *r* é raiz tripla, etc.

Exemplos:

1º) A equação $x^4(x + 5)^7 = 0$ admite as raízes 0 e -5 com multiplicidades 4 e 7, respectivamente, e, embora a equação seja do 11º grau, seu conjunto solução tem só dois elementos, portanto $S = \{0, -5\}$.

2º) A equação $(x - a)^n = 0$ admite só a raiz *a* com multiplicidade *n*, isto é, seu conjunto solução é $S = \{a\}$.

EXERCÍCIOS

279. Determine todas as raízes e respectivas multiplicidades nas equações:

a) $3(x + 4)(x^2 + 1) = 0$

b) $7(2x - 3)^2(x + 1)^3(x - 5) = 0$

c) $4(x - 10)^5(2x - 3) = 4(x - 10)^5(x - 1)$

d) $(x^2 + x + 1)^3(7x - 14i)^5 = 0$

280. Qual é o grau de uma equação polinomial $P(x) = 0$ cujas raízes são 3, 2, -1 com multiplicidades 7, 6 e 10, respectivamente?

Solução

$P(x) = k(x - 3)^7(x - 2)^6(x + 1)^{10}$ em que ($k \in \mathbb{C}$ e $k \neq 0$)

Resposta: grau 23.

281. Forme a equação cujas raízes são 2, -3, $1 + i$ e $1 - i$, com multiplicidade 1.

Solução

A equação é $k \cdot (x - r_1)(x - r_2)(x - r_3)(x - r_4) = 0$, isto é,

$k \cdot (x - 2)(x + 3)(x - 1 - i)(x - 1 + i) = 0$

e desenvolvendo temos:

$k \cdot (x^4 - x^3 - 6x^2 + 14x - 12) = 0$ com $k \neq 0$

282. Forme uma equação polinomial cujas raízes são -2, -1, 1 e 4 com multiplicidade 1.

283. Construa uma equação algébrica cujas raízes são 2, 3, $\sqrt{3}$ e $-\sqrt{3}$ com multiplicidade 1.

284. Construa uma equação algébrica cujas raízes são 1, i e $-i$ com multiplicidade 1, 2 e 2, respectivamente.

285. Qual é a multiplicidade da raiz r na equação polinomial $P(x) = 0$, nos seguintes casos?

1º) $P(x) = x^7 - 5x^6 + 6x^5$ e $r = 0$

2º) $P(x) = x^5 - 2x^4 + x^3 - x^2 + 2x - 1$ e $r = 1$

Solução

1º) $P(x) = x^5(x^2 - 5x + 6) = (x - 0)^5\underbrace{(x^2 - 5x + 6)}_{Q(x)}$

Como $Q(0) \neq 0$, resulta que 0 é raiz com multiplicidade 5.

2º) Vamos dividir P(x) sucessivas vezes por x − 1:

1	−2	1	−1	2	−1	1
1	−1	0	−1	1	0	1
1	0	0	−1	0		1
1	1	1	0			1
1	2	3 ≠ 0				

Temos $P(x) = (x - 1)^3\underbrace{(x^2 + x + 1)}_{Q(x)}$

Como Q(1) = 3 ≠ 0, resulta que 1 é raiz tripla.

Resposta: 5 e 3.

286. Resolva a equação $x^4 - 4x^3 + 8x^2 - 16x + 16 = 0$, sabendo que 2 é sua raiz dupla.

287. Se, na equação $x^3 - 75x + 250 = 0$, *m* é raiz dupla e $n = -2m$ é a outra raiz, ache *m* e *n*.

Solução

A equação dada é redutível à forma

$(x - m)^2(x + 2m) = 0$

isto é, desenvolvendo:

$x^3 - 3m^2x + 2m^3 = 0$

portanto, devemos ter:

$3m^2 = 75$ e $2m^3 = 250$

e isso acarreta $m = 5$ e $n = -10$.

Resposta: $m = 5$ e $n = -10$.

288. Qual das equações abaixo possui raiz de multiplicidade 3?

a) $x^3 - 1 = 0$

b) $(x - 2)^4 = 0$

c) $x^4 - 4x^2 = 0$

d) $(x - 1)^3(x + 1) = 0$

289. Qual é a multiplicidade da raiz x = 1 da equação $x^4 - x^3 - 3x^2 + 5x - 2 = 0$?

290. Uma das raízes do polinômio $P(x) = -x^3 - x^2 + x + 1$ é $x = 1$. Qual o produto das outras raízes?

291. Qual a proposição correta sobre as raízes da equação $x^4 - 20x^2 + 36 = 0$?

a) Duas são complexas e duas são reais.
b) São todas racionais.
c) Formam uma progressão aritmética.

292. Sabendo que $P(x) = -x^4 + 11x^3 - 38x^2 + 52x - 24$ tem uma raiz dupla $x = 2$, qual o domínio da função $f(x) = \log [P(x)]$?

293. Se $x_1 = -2$ é raiz dupla da equação $2x^3 + 7x^2 + 4x + K = 0$, calcule o valor de K.

294. Quais os valores de *a* e *b* para que a equação

$$x^4 + (3a - b)x^3 + (2b - 4)x^2 + (ab + 4)x + a + b = 0$$

tenha uma raiz dupla igual a zero?

295. Quais os valores de *m* e *n* para que a equação:

$$x^7 - 5x^6 + 4x^5 - 3x^4 + 2x^3 + (m - 5n)x^2 + \left(\frac{3}{5}m - n + 2\right)x + (5 - m \cdot n) = 0$$

admita duas, e apenas duas, raízes nulas?

296. Sabendo que 0 é raiz de multiplicidade 3 da equação

$$x^5 - 3x^4 + 4x^3 + \left(12b + \frac{a}{3}\right)x^2 + (a - 3b + 13)x + (ab + 4) = 0,$$

calcule $a + b$.

297. Qual deve ser o valor de *m* para que a equação algébrica

$$x^3 - (4 + m)x^2 + (4 + 4m)x - 4m = 0$$

admita o valor 2 como raiz dupla?

V. Relações entre coeficientes e raízes (Relações de Girard)

92. Equação do 2º grau

Consideremos a equação:

(1) $ax^2 + bx + c = 0 \quad (a \neq 0)$

cujas raízes são r_1 e r_2.

Vimos que essa equação pode ser escrita sob a forma:

(2) $a(x - r_1)(x - r_2) = 0$

Temos a identidade:

$$ax^2 + bx + c = a(x - r_1)(x - r_2), \forall x$$

Isto é:

$$x^2 + \frac{b}{a}x + \frac{c}{a} = x^2 - (r_1 + r_2) + r_1r_2, \forall x$$

Portanto:

$$r_1 + r_2 = -\frac{b}{a} \text{ e } r_1r_2 = \frac{c}{a}$$

são as relações entre coeficientes e raízes da equação do 2º grau.

93. Equação do 3º grau

Consideremos a equação:

(1) $ax^3 + bx^2 + cx + d = 0 \quad (a \neq 0)$

cujas raízes são r_1, r_2 e r_3.

Vimos que essa equação pode ser escrita sob a forma:

(2) $a(x - r_1)(x - r_2)(x - r_3) = 0$

Temos a identidade:

$$ax^3 + bx^2 + cx + d = a(x - r_1)(x - r_2)(x - r_3), \forall x$$

Isto é:

$$x^3 + \frac{b}{a}x^2 + \frac{c}{a}x + \frac{d}{a} = x^3 - (r_1 + r_2 + r_3)x^2 + (r_1r_2 + r_2r_3 + r_3r_1)x - r_1r_2r_3, \forall x$$

Portanto:

$$r_1 + r_2 + r_3 = -\frac{b}{a}, \; r_1r_2 + r_2r_3 + r_3r_1 = \frac{c}{a} \text{ e } r_1r_2r_3 = -\frac{d}{a}$$

são as relações entre coeficientes e raízes da equação do 3º grau.

93. Equação de grau *n* qualquer

Vamos agora deduzir as relações entre coeficientes e raízes de uma equação polinomial de grau n ($n \geq 1$).

Dada a equação

$$P(x) = a_n x^n + a_{n-1}x^{n-1} + a_{n-2}x^{n-2} + \dots + a_1 x + a_0 = 0 \quad (a_n \neq 0)$$

cujas raízes são $r_1, r_2, r_3, \dots, r_n$ temos a identidade:

$$P(x) = a_n(x - r_1)(x - r_2)(x - r_3) \dots (x - r_n) =$$

$$= a_n x^n - a_n\underbrace{(r_1 + r_2 + r_3 + \dots + r_n)}_{S_1}x^{n-1} +$$

$$+ a_n\underbrace{(r_1r_2 + r_1r_3 + \dots + r_{n-1}r_n)}_{S_2}x^{n-2} -$$

$$- a_n\underbrace{(r_1r_2r_3 + r_1r_2r_4 + \dots + r_{n-2}r_{n-1}r_n)}_{S_3}x^{n-3} + \dots +$$

$$+ (-1)^h a_n S_h x^{n-h} + \dots + (-1)^n a_n\underbrace{(r_1r_2r_3 \dots r_n)}_{S_n}, \forall x$$

portanto, aplicando a condição de igualdade:

$$S_1 = r_1 + r_2 + r_3 + \dots + r_n = -\frac{a_{n-1}}{a_n}$$

$$S_2 = r_1r_2 + r_1r_3 + r_1r_4 + \dots + r_{n-1}r_n = \frac{a_{n-2}}{a_n}$$

$$S_3 = r_1r_2r_3 + r_1r_2r_4 + \dots + r_{n-2}r_{n-1}r_n = -\frac{a_{n-3}}{a_n}$$

....

$$S_h = \left(\begin{array}{c}\text{soma de todos os } C_{n,h} \text{ produtos} \\ \text{de } h \text{ raízes da equação}\end{array}\right) = (-1)^h \frac{a_{n-h}}{a_n}$$

....

$$S_n = r_1r_2r_3 \dots r_n = (-1)^n \frac{a_0}{a_n}$$

são as **relações entre coeficientes e raízes** da equação $P(x) = 0$, também chamadas relações de Girard.

95. Aplicações

1ª) Calcular a soma e o produto das raízes da equação
$2x^4 + 3x^3 + 4x^2 + 5x + 6 = 0$.

Temos:

$$r_1 + r_2 + r_3 + r_4 = -\frac{a_3}{a_4} = -\frac{3}{2} \qquad r_1r_2r_3r_4 = (-1)^4\,\frac{a_0}{a_4} = \frac{6}{2} = 3$$

2ª) Se $\{r_1, r_2, r_3\}$ é o conjunto solução da equação
$2x^3 + 5x^2 + 8x + 11 = 0$, calcular $r_1^2 + r_2^2 + r_3^2$.

Temos:

$$r_1 + r_2 + r_3 = -\frac{a_2}{a_3} = -\frac{5}{2}$$

$$r_1r_2 + r_1r_3 + r_2r_3 = \frac{a_1}{a_3} = \frac{8}{2} = 4$$

$$r_1r_2r_3 = -\frac{a_0}{a_3} = -\frac{11}{2}$$

Portanto: $r_1^2 + r_2^2 + r_3^2 = (r_1 + r_2 + r_3)^2 - 2(r_1r_2 + r_1r_3 + r_2r_3) =$

$$= \left(-\frac{5}{2}\right)^2 - 2(4) = \frac{25}{4} - 8 = -\frac{7}{4}$$

3ª) Resolver a equação $x^3 - 6x^2 + 3x + 10 = 0$, sabendo que a soma de duas raízes é 1.

Temos:

$$(1)\ r_1 + r_2 + r_3 = -\frac{a_2}{a_3} = 6 \qquad (3)\ r_1r_2r_3 = -\frac{a_0}{a_3} = -10$$

$$(2)\ r_1r_2 + r_1r_3 + r_2r_3 = \frac{a_1}{a_3} = 3 \qquad (4)\ r_1 + r_2 = 1$$

(4) em (1) $\Rightarrow 1 + r_3 = 6 \Rightarrow r_3 = 5$

$$\left.\begin{array}{l}(3)\ r_1r_2 = -\dfrac{10}{5} = -2 \\ (4)\ r_1 + r_2 = 1\end{array}\right\} \Rightarrow \underbrace{r_1 = -1 \text{ e } r_2 = 2}_{\text{(ou vice-versa)}}, \text{ portanto } S = \{-1, 2, 5\}.$$

96. Observação

As *n* relações de Girard para uma equação polinomial de grau *n* não são suficientes para obter $r_1, r_2, r_3, \dots r_n$. Se tentarmos o cálculo de r_1, por exemplo, após várias substituições, obteremos a equação

$$\underbrace{a_n r_1^n + a_{n-1} r_1^{n-1} + a_{n-2} r_1^{n-2} + \dots + a_1 r_1 + a_0}_{P(r_1)} = 0$$

que equivale à equação dada.

Exemplo:

Resolver $P(x) = x^3 - 6x^2 + 3x + 10 = 0$.

(1) $r_1 + r_2 + r_3 = 6$; (2) $r_1r_2 + r_1r_3 + r_2r_3 = 3$; (3) $r_1r_2r_3 = -10$

Temos: (2) $r_1(r_2 + r_3) + r_2r_3 = 3 \Rightarrow r_1\underbrace{(6 - r_1)}_{\text{de (1)}} + \underbrace{\frac{-10}{r_1}}_{\text{de (3)}} = 3 \Rightarrow$

$$\Rightarrow r_1^2(6 - r_1) - 10 = 3r_1 \Rightarrow \underbrace{r_1^3 - 6r_1^2 + 3r_1 + 10}_{P(r_1)} = 0 \quad (??)$$

Quando é dada uma condição para as raízes (por exemplo, soma de duas raízes é 1), então é possível obter o conjunto solução, como vimos no item 95 – 3ª.

EXERCÍCIOS

298. Se x_1, x_2 e x_3 são as raízes da equação $x^3 - 2x^2 - 5x + 6 = 0$, calcule o valor de $x_1 + x_2 + x_3$.

299. Calcule a soma e o produto das raízes das seguintes equações:

a) $x^3 - 2x^2 + 3x - 5 = 0$

b) $x^4 + 7x^3 - 5x^2 + 11x + 1 = 0$

c) $2x^3 + 4x^2 + 7x + 10i = 0$

300. Se o conjunto solução da equação $x^4 - \alpha x^3 + \beta x^2 - \gamma x + \delta = 0$ é $S = \{a, b, c, d\}$, calcule, em função de α, β, γ e δ, o número

$$y = \frac{1}{a} + \frac{1}{b} + \frac{1}{c} + \frac{1}{d}.$$

Solução

Pelas relações de Girard, temos: $abcd = \delta$ e $abc + abd + acd + bcd = \gamma$.

Assim, temos: $y = \dfrac{bcd + acd + abd + abc}{abcd} = \dfrac{\gamma}{\delta}$.

Resposta: $y = \dfrac{\gamma}{\delta}$.

301. Se *a*, *b*, *c* são raízes da equação $x^3 - 2x^2 + 3x - 4 = 0$, calcule $\dfrac{1}{a} + \dfrac{1}{b} + \dfrac{1}{c}$.

302. Calcule a soma dos inversos das raízes da equação $x^3 - 7x^2 + 4x - 1 = 0$.

303. Se *a*, *b*, *c* e *d* são as raízes da equação $2x^4 - 7x^3 + 9x^2 - 7x + 2 = 0$, qual é o valor da expressão:

$$E = \frac{1}{bcd} + \frac{1}{acd} + \frac{1}{abd} + \frac{1}{abc}?$$

304. Sendo $\{a, b, c\}$ a solução da equação $2x^3 - 3x^2 + 5x + 1 = 0$, calcule o valor da expressão $a^2b^2 + a^2c^2 + b^2c^2$.

Solução

Aplicando as relações de Girard, temos:

(1) $a + b + c = -\dfrac{a_2}{a_3} = \dfrac{3}{2}$

(3) $abc = -\dfrac{a_0}{a_3} = -\dfrac{1}{2}$

(2) $ab + ac + bc = \dfrac{a_1}{a_3} = \dfrac{5}{2}$

Portanto:

$a^2b^2 + a^2c^2 + b^2c^2 = (ab + bc + ca)^2 - 2[(ab)(bc) + (bc)(ca) + (ab)(ca)] =$

$= (ab + bc + ca)^2 - 2abc(b + c + a) =$

$= \left(\dfrac{5}{2}\right)^2 - 2 \cdot \left(-\dfrac{1}{2}\right)\left(\dfrac{3}{2}\right) = \dfrac{25}{4} + \dfrac{6}{4} = \dfrac{31}{4}$

Resposta: $\dfrac{31}{4}$.

305. Calcule a soma dos quadrados das raízes da equação
$x^4 + 5x^3 - 11x^2 + 4x - 7 = 0$.

306. Calcule a soma dos quadrados e a soma dos cubos das raízes da equação
$x^3 - px^2 + qx - r = 0$.

Solução

Pelas relações de Girard, temos:

$r_1 + r_2 + r_3 = p, \quad r_1r_2 + r_1r_3 + r_2r_3 = q, \quad r_1r_2r_3 = r$

Façamos $X = r_1^2 + r_2^2 + r_3^2$ e $Y = r_1^3 + r_2^3 + r_3^3$.

Temos: $X = (r_1 + r_2 + r_3)^2 - 2(r_1r_2 + r_1r_3 + r_2r_3) = p^2 - 2p$

$pX = (r_1 + r_2 + r_3)(r_1^2 + r_2^2 + r_3^2) =$

$= Y + r_1^2r_2 + r_1r_2^2 + r_1^2r_3 + r_1r_3^2 + r_2^2r_3 + r_2r_3^2 =$

$= Y + r_1r_2(r_1 + r_2) + r_1r_3(r_1 + r_3) + r_2r_3(r_2 + r_3) =$

$= Y + r_1r_2(p - r_3) + r_1r_3(p - r_2) + r_2r_3(p - r_1) =$

$= Y + p(r_1r_2 + r_1r_3 + r_2r_3) - 3r_1r_2r_3 = Y + pq - 3r$

portanto $Y = p(p^2 - 2q) - pq + 3r = p^3 - 3pq + 3r$

Resposta: $X = p^2 - 2q$ e $Y = p^3 - 3pq + 3r$.

307. Seja a equação do 4º grau com *q*, *r*, *s* e *t* reais, $x^4 + qx^3 + rx^2 + sx + t = 0$ tal que L, M, N, P são raízes reais dessa equação.

Qual o valor de:

$$\frac{L}{MNP} + \frac{M}{LNP} + \frac{N}{LMP} + \frac{P}{LMN}?$$

308. Sendo *a*, *b*, *c* as raízes da equação $x^3 + x - 1 = 0$, calcule o valor de
$\log\left(\frac{bc}{a} + \frac{ac}{b} + \frac{ab}{c}\right)$.

309. Se *a*, *b* e *c* são raízes da equação $x^3 - rx + 20 = 0$, em que *r* é um número real, qual o valor de $a^3 + b^3 + c^3$?

310. Resolva a equação $x^3 - 4x^2 + x + 6 = 0$, sabendo que uma raiz é igual à soma das outras duas.

311. Resolva a equação $x^3 - 9x^2 + 20x - 12 = 0$, sabendo que uma raiz é igual ao dobro da soma das outras duas.

312. Resolva a equação $x^3 - 5x^2 + 2x + 8 = 0$, sabendo que uma raiz é o quádruplo da soma das outras duas.

313. Sendo *a*, *b* e *c* as raízes da equação $x^3 - 2x^2 - 9x + 18 = 0$ e sabendo que $a > 0$ e $c = -a$, qual o valor de $a + b$?

314. Sejam *a*, *b* e *c*, com $a < b < c$, as raízes da equação

$x^3 - 10x^2 + 31x - 30 = 0$.

Sabendo que uma raiz é a diferença entre as outras duas, qual o valor de $a - b + c$?

315. Sejam $a < b < c$ as raízes da equação $x^3 + 2x^2 - x - 2 = 0$. Calcule o valor de $a + 2b + c$, sabendo que $a + c = -1$.

316. Calcule as raízes da equação $x^3 + 4x^2 - 11x + k = 0$, sabendo que a soma de duas raízes vale -7.

317. Resolva a equação $x^4 + 4x^3 - 2x^2 - 12x + 9 = 0$, sabendo que tem raízes iguais duas a duas.

318. Resolva a equação $x^3 - 10x^2 + 31x - 30 = 0$, sabendo que uma raiz é igual à diferença das outras duas.

319. Resolva a equação $x^3 + 5x^2 - 12x - 36 = 0$, sabendo que uma raiz é igual ao produto das duas.

320. Determine as raízes da equação $3x^3 - 16x^2 + 23x - 6 = 0$, sabendo que o produto de duas delas é igual à unidade.

321. Resolva a equação $5x^4 - 26x^3 - 18x^2 + 32x - 8 = 0$, sabendo que o produto de duas raízes é 2.

322. O produto de duas raízes da equação $x^3 + bx^2 + 2x + d = 0$ é igual a 2 e a soma das mesmas raízes é diferente de zero. Qual é a 3ª raiz?

323. O produto de duas raízes da equação $2x^3 - 19x^2 + 37x - 14 = 0$ é 1. Qual é a soma das duas maiores raízes da equação?

324. Resolva a equação $x^3 + 7x^2 - 6x - 72 = 0$, sabendo que a razão entre duas raízes é $\frac{3}{2}$.

325. Resolva a equação $5x^3 - 37x^2 + 90x - 72 = 0$, sabendo que uma raiz é média harmônica das duas outras.

326. Quais os valores de *a* e *b* se as equações $x^3 + ax^2 + 18 = 0$ e $x^3 + bx + 12 = 0$ têm duas raízes comuns?

327. Determine *m* de modo que a equação $x^3 + mx - 2 = 0$ tenha uma raiz dupla.

328. Resolva a equação $x^3 - 9x^2 + 23x - 15 = 0$, sabendo que suas raízes estão em P.A.

Solução

Pelas relações de Girard, temos:

(1) $r_1 + r_2 + r_3 = -\dfrac{a_2}{a_3} = 9$

(2) $r_1r_2 + r_1r_3 + r_2r_3 = \dfrac{a_1}{a_3} = 23$

(3) $r_1r_2r_3 = -\dfrac{a_0}{a_3} = 15$

e pela condição do problema temos:

(4) $r_1 + r_3 = 2r_2$

Substituindo (4) em (1) resulta: $3r_2 = 9 \Rightarrow r_2 = 3$

Temos, então:

(1) $r_1 + r_3 = 6$ e (3) $r_1 \cdot r_3 = 5$

portanto r_1 e r_3 são raízes da equação $y^2 - 6y + 5 = 0$, isto é, $r_1 = 1$ e $r_3 = 5$.

Resposta: $S = \{1, 3, 5\}$.

329. Resolva a equação $x^3 - 6x^2 + 11x - 6 = 0$, sabendo que suas raízes estão em P.A.

330. Sendo *c* a maior das três raízes *a*, *b* e *c* da equação $x^3 + 6x^2 + 11x + 6 = 0$, e sabendo que uma delas é a média aritmética das outras duas, qual o valor de $a + b + 4c$?

331. Resolva a equação $64x^3 - 56x^2 + 14x - 1 = 0$, sabendo que suas raízes estão em P.G.

Solução

Pelas relações de Girard, temos:

(1) $r_1 + r_2 + r_3 = -\dfrac{a_2}{a_3} = \dfrac{7}{8}$

(2) $r_1r_2 + r_1r_3 + r_2r_3 = \dfrac{a_1}{a_3} = \dfrac{7}{32}$

(3) $r_1r_2r_3 = -\dfrac{a_0}{a_3} = \dfrac{1}{64}$

e pela condição do problema, temos:

(4) $r_1 \cdot r_3 = r_2^2$

Substituindo (4) em (2), temos:

$$r_1r_2 + r_1r_3 + r_2r_3 = r_1r_2 + r_2^2 + r_2r_3 = r_2(r_1 + r_2 + r_3) = \frac{7}{32}$$

então $r_2 \cdot \frac{7}{8} = \frac{7}{32} \Rightarrow r_2 = \frac{1}{4}$

Aplicando o algoritmo de Briot-Ruffini, vamos dividir

$64x^3 - 56x^2 + 14x - 1$ por $x - \frac{1}{4}$:

64	−56	14	−1	$\frac{1}{4}$
64	−40	4	0	

e recaímos na equação $64x^2 - 40x + 4 = 0$ cujas raízes são

$r_1 = \frac{1}{2}$ e $r_3 = \frac{1}{8}$.

Resposta: $S = \left\{\frac{1}{2}, \frac{1}{4}, \frac{1}{8}\right\}$.

332. As raízes da equação $x^3 - 6x^2 + Kx + 64 = 0$ são números reais em progressão geométrica. Qual o valor de K?

333. Resolva a equação $x^4 - 4x^3 - x^2 + 16x - 12 = 0$, sabendo que existem duas raízes simétricas.

Solução

Temos:

(1) $r_1 + r_2 + r_3 + r_4 = -\frac{a_3}{a_4} = 4$

(2) $r_1r_2 + r_1r_3 + r_1r_4 + r_2r_3 + r_2r_4 + r_3r_4 = \frac{a_2}{a_4} = -1$

(3) $r_1r_2r_3 + r_1r_2r_4 + r_1r_3r_4 + r_2r_3r_4 = -\frac{a_1}{a_4} = -16$

(4) $r_1r_2r_3r_4 = \frac{a_0}{a_4} = -12$

(5) $r_1 + r_2 = 0$ (condição do problema)

Comparando (1) e (5), resulta:

$(r_1 + r_2) + r_3 + r_4 = 4 \Rightarrow r_3 + r_4 = 4 \quad (6)$

Substituindo (5) em (3), resulta:

$$r_1r_2\underbrace{(r_3 + r_4)}_{4} + r_3r_4\underbrace{(r_1 + r_2)}_{0} = -16 \Rightarrow r_1r_2 = -4 \quad (7)$$

Substituindo este último resultado em (4), vem:

$(r_1r_2)r_3r_4 = -12 \Rightarrow -4r_3r_4 = -12 \Rightarrow r_3r_4 = 3 \quad (8)$

De (6) e (8) resulta que r_3 e r_4 são as raízes da equação $y^2 - 4y + 3 = 0$, isto é, $r_3 = 1$ e $r_4 = 3$.

De (5) e (7) resulta que r_1 e r_2 são as raízes da equação $y^2 - 4 = 0$, isto é, $r_1 = 2$ e $r_2 = -2$.

Resposta: $S = \{2, -2, 1, 3\}$.

334. Resolva a equação $x^4 - 2x^3 + 4x^2 + 6x - 21 = 0$, sabendo que duas raízes são simétricas.

335. Determine a condição para que a equação $x^3 - \alpha x^2 + \beta x - \gamma = 0$ tenha duas raízes simétricas.

336. Resolva a equação $x^3 - 3x^3 - 4x + 12 = 0$, sabendo que duas raízes são simétricas.

337. Quais os valores de *h* para que a equação $x^3 + hx^2 + (2h + 1)x + 1 = 0$ admita duas raízes opostas?

338. Qual é a relação entre *a*, *b*, *c* para que a equação $x^3 - ax^2 + bx - c = 0$ tenha duas raízes simétricas?

339. Determine as raízes α, β e γ do polinômio $x^3 - px^2 + qx - r$, dado que $\alpha + \beta = 0$.

340. Resolva a equação $2x^4 - x^3 - 14x^2 + 19x - 6 = 0$, sabendo que existem duas raízes recíprocas.

Solução

Temos:

(1) $r_1 + r_2 + r_3 + r_4 = \frac{1}{2}$

(2) $r_1r_2 + r_1r_3 + r_1r_4 + r_2r_3 + r_2r_4 + r_3r_4 = -7$

(3) $r_1r_2r_3 + r_1r_2r_4 + r_1r_3r_4 + r_2r_3r_4 = -\frac{19}{2}$

(4) $r_1r_2r_3r_4 = -3$

(5) $r_1 = \frac{1}{r_2}$ (condição do problema)

De (5) em (4) resulta $r_3r_4 = -3$ (4')

De (5) em (3) resulta $r_1r_2(r_3 + r_4) + r_3r_4(r_1 + r_2) = -\frac{19}{2}$

isto é, $1 \cdot (r_3 + r_4) - 3\underbrace{\left(\frac{1}{2} - r_3 - r_4\right)}_{(1)} = -\frac{19}{2}$, ou melhor: $r_3 + r_4 = -2$ (3')

Resolvendo o sistema (3'), (4') resulta $r_3 = 1$ e $r_4 = -3$ (ou vice-versa).

Então, temos o sistema:

$$\begin{cases} (1)\ r_1 + r_2 = \frac{5}{2} \\ (5)\ r_1r_2 = 1 \end{cases}$$ que fornece $r_1 = 2$ e $r_2 = \frac{1}{2}$ (ou vice-versa).

Resposta: $S = \left\{2, \frac{1}{2}, 1, -3\right\}$.

341. Resolva a equação $x^3 - x^2 - 8x + 12 = 0$, sabendo que admite uma raiz com multiplicidade 2.

Solução

Temos:

(1) $r_1 + r_2 + r_3 = -\frac{a_2}{a_3} = 1$

(2) $r_1r_2 + r_1r_3 + r_2r_3 = \frac{a_1}{a_3} = -8$

(3) $r_1r_2r_3 = -\frac{a_0}{a_3} = -12$

(4) $r_1 = r_2$ (condição do problema)

De (4) em (1) resulta $2r_1 + r_3 = 1$ (1')

De (4) em (2) resulta $r_1^2 + 2r_1r_3 = -8$ (2')

Eliminando r_3 por substituição de (1') em (2'), temos:

$r_1^2 + 2r_1(1 - 2r_1) = -8 \Rightarrow 3r_1^2 - 2r_1 - 8 = 0$, portanto

$r_1 = 2$ ou $r_1 = -\frac{4}{3}$.

$$\text{se } r_1 = 2, \text{ então } \begin{cases} (1')\ r_3 = 1 - 2r_1 = -3 \\ (3)\ r_3 = -\dfrac{12}{r_1^2} = -3 \end{cases}$$

$$\text{se } r_1 = -\frac{4}{3}, \text{ então } \begin{cases} (1')\ r_3 = 1 - 2r_1 = \dfrac{11}{3} \\ (3)\ r_3 = -\dfrac{12}{r_1^2} = -\dfrac{27}{4} \end{cases} ?$$

Resposta: $S = \{2, -3\}$.

342. Resolva a equação $8x^4 - 28x^3 + 18x^2 + 27x - 27 = 0$, sabendo que uma das raízes tem multiplicidade 3.

343. Calcule a área do triângulo cujos lados são as raízes da equação $x^3 + \alpha x^2 + \beta x + \gamma = 0$, em que os reais α, β, γ são dados.

Solução 1

Pela fórmula de Hierão, um triângulo de lados r_1, r_2, r_3 e semiperímetro $p = \dfrac{r_1 + r_2 + r_3}{2}$ apresenta área:

$$S = \sqrt{p(p - r_1)(p - r_2)(p - r_3)}$$

portanto

$$S = \sqrt{p[p^3 - (r_1 + r_2 + r_3)p^2 + (r_1r_2 + r_1r_3 + r_2r_3)p - r_1r_2r_3]} =$$

$$= \sqrt{-\frac{\alpha}{2}\left[-\frac{\alpha^3}{8} - (-\alpha) \cdot \frac{\alpha^2}{4} + \beta\left(-\frac{\alpha}{2}\right) - (-\gamma)\right]} = \sqrt{-\frac{\alpha^4}{16} + \frac{\alpha^2\beta}{4} - \frac{\alpha\gamma}{2}}$$

Solução 2

Temos $P(x) = x^3 + ax^2 + \beta x + \gamma = (x - r_1)(x - r_2)(x - r_3)$

então $S = \sqrt{p(p - r_1)(p - r_2)(p - r_3)} = \sqrt{p \cdot P(p)} =$

$$= \sqrt{-\frac{\alpha}{2} \cdot \left[-\frac{\alpha^3}{8} + \frac{\alpha^3}{4} - \frac{\alpha\beta}{2} + \gamma)\right]}$$

Resposta: $S = \sqrt{-\dfrac{\alpha^4}{16} + \dfrac{\alpha^2\beta}{4} - \dfrac{\alpha\gamma}{2}}$.

344. A soma de duas raízes da equação $x^4 + 2x^3 + px^2 + qx + 2 = 0$ é -1 e o produto das outras duas raízes é 1. Calcule *p* e *q* e resolva a equação.

345. Determine a condição para que as raízes da equação $x^3 + px^2 + qx + r = 0$ formem uma P.G.

Solução

Temos:

(1) $r_1 + r_2 + r_3 = -p$

(2) $r_1r_2 + r_1r_3 + r_2r_3 = q$

(3) $r_1r_2r_3 = -r$

(4) $r_1r_3 = r_2^2$ (condição do problema)

De (4) em (3) resulta $r_2^3 = -r$ (3')

De (4) em (2) resulta $r_1r_2 + r_2^2 + r_2r_3 = q$,

portanto, $r_2(r_1 + r_2 + r_3) = q$, ou melhor, $r_2(-p) = q$ (2')

Substituindo (3') em (2'), vem: $\sqrt[3]{-r} \cdot (-p) = q$, isto é, $-r \cdot (-p)^3 = q^3$.

Resposta: $q^3 = rp^3$.

346. Determine *m* para que a equação $x^3 - 7x + m = 0$ tenha uma raiz igual ao dobro de uma outra e, em seguida, resolva a equação.

347. Ache a condição para que a equação $x^3 + px + q = 0$ tenha uma das raízes igual à soma dos inversos das outras duas.

348. Dada a equação $x^4 + px^3 + qx^2 + rx + s = 0$, prove que:

a) se as raízes estão em P.G., então $p^2s = r^2$.

b) se as raízes estão em P.A., então $p^3 - 4pq + 8r = 0$.

349. Numa equação do terceiro grau, o primeiro coeficiente é 1, o segundo é igual a 2, o terceiro é desconhecido e o último é 8. Sabendo que essa equação tem as três raízes em P.G., determine as raízes e escreva a equação.

350. Determine *p* e *q* de modo que a equação $x^4 + px^3 + 2x^2 - x + q = 0$ apresente duas raízes recíprocas entre si e as outras duas raízes com soma igual a 1.

351. Determine *m* e *k* de modo que a cada raiz α da equação $mx^4 + 8x^3 + 13x^2 + kx + 1 = 0$ corresponda o número $-\dfrac{1}{\alpha}$, também raiz da mesma equação.

352. Sendo *a*, *b*, *c* raízes da equação $x^3 - 3x + 54 = 0$, calcule $\log\left(\frac{1}{a^2} + \frac{1}{b^2} + \frac{1}{c^2}\right)$.

353. Prove que, se *a* e *b* são raízes da equação $x^2 - px + B^m = 0$, teremos:

$\log_B a^a + \log_B b^b + \log_B a^b + \log_B b^a = mp$.

VI. Raízes complexas

97. Vamos expor aqui algumas propriedades que relacionam entre si as raízes complexas e não reais de uma equação polinomial de coeficientes reais e ajudam a determinar as raízes da equação.

98. Raízes conjugadas

Teorema

Se uma equação polinomial de coeficientes reais admite como raiz o número complexo $z = \alpha + \beta i$ $(\beta \neq 0)$, então essa equação também admite como raiz o número $\overline{z} = \alpha - \beta i$, conjugado de *z*.

Demonstração:

Seja a equação $P(x) = a_n x^n + a_{n-1} x^{n-1} + a_{n-2} x^{n-2} + \ldots + a_1 x + a_0 = 0$ de coeficientes reais que admite a raiz *z*, isto é, $P(z) = 0$.

Provemos que $\overline{z}$ também é raiz dessa equação, isto é, $P(\overline{z}) = 0$:

$$P(\overline{z}) = a_n(\overline{z})^n + a_{n-1}(\overline{z})^{n-1} + a_{n-2}(\overline{z})^{n-2} + \ldots + a_1\overline{z} + a_0 =$$

$$= a_n\overline{z^n} + a_{n-1}\overline{z^{n-1}} + a_{n-2}\overline{z^{n-2}} + \ldots + a_1\overline{z} + a_0 =$$

$$= \overline{a}_n\overline{z^n} + \overline{a}_{n-1}\overline{z^{n-1}} + \overline{a}_{n-2}\overline{z^{n-2}} + \ldots + \overline{a}_1\overline{z} + \overline{a}_0 =$$

$$= \overline{a_n z^n} + \overline{a_{n-1} z^{n-1}} + \overline{a_{n-2} z^{n-2}} + \ldots + \overline{a_1 z} + \overline{a_0} =$$

$$= \overline{a_n z^n + a_{n-1} z^{n-1} + a_{n-2} z^{n-2} + \ldots + a_1 z + a_0} = \overline{P(z)} = \overline{0} = 0.$$

99. Multiplicidade da raiz conjugada

Teorema

Se uma equação polinomial de coeficientes reais admite a raiz $z = \alpha + \beta i$ $(\beta \neq 0)$ com multiplicidade *p*, então essa equação admite a raiz $z = \alpha - \beta i$ com multiplicidade *p*.

Demonstração:

Suponhamos que a equação $P(x) = 0$ com coeficientes reais admite a raiz $z = \alpha + \beta i$ ($\beta \neq 0$) com multiplicidade p e a raiz $\bar{z} = \alpha - \beta i$ com multiplicidade p' ($p' \neq p$). Provemos que isso leva a uma contradição.

Seja m o menor dos números p e p'. Como o polinômio P é divisível por $(x - z)^p$ e $(x - \bar{z})^{p'}$, P é divisível por $(x - z)^m$ e $(x - \bar{z})^m$. Sendo $z \neq \bar{z}$, resulta que P é divisível por $(x - z)^m \cdot (x - \bar{z})^m$, então:

$$P = \left[(x - z)^m \cdot (x - \bar{z})^m\right] \cdot Q = \left[(x - z)(x - \bar{z})\right]^m \cdot Q = \left[x^2 - (z + \bar{z})x + z\bar{z}\right]^m \cdot Q =$$
$$= [x^2 - 2\alpha x + (\alpha^2 + \beta^2)]^m \cdot Q$$

Como P e $[x^2 - 2\alpha x + (\alpha^2 + \beta^2)]^m$ têm coeficientes reais, decorre que Q tem todos os coeficientes reais. São possíveis dois casos:

1º caso: $m = p < p'$

$P = (x - z)^m \cdot (x - \bar{z})^m \cdot Q = (x - z)^p \cdot (x - z)^p \cdot Q$ e, como p é a multiplicidade da raiz z, decorre que Q não é divisível por $(x - z)$. Mas Q deve ter ainda $p' - p$ fatores $x - \bar{z}$, pois $p' > p$.

Portanto Q não é divisível por $x - z$ e é divisível por $x - \bar{z}$. Isto é absurdo por contrariar o teorema anterior,

2º caso: $m = p' < p$

$P = (x - z)^m (x - \bar{z})^m Q = (x - z)^p (x - \bar{z})^p Q$ e, como p é a multiplicidade da raiz z, decorre que Q não é divisível por $(x - z)$. Mas Q deve ter ainda $p - p'$ fatores $x - z$, pois $p > p'$.

Portanto Q não é divisível por $x - \bar{z}$ e é divisível por $x - z$. Isto também é absurdo por contrariar o teorema anterior.

Para evitar contradição, temos necessariamente $p = p'$.

100. Observações

1ª) Os dois teoremas anteriores só se aplicam a equações polinomiais de coeficientes **reais**. Por exemplo, a equação $x^2 - ix = 0$ tem como raízes 0 e i, entretanto não admite a raiz $-i$, conjugada de i.

2ª) Como a toda raiz complexa $z = \alpha + \beta i$ ($\beta \neq 0$) de uma equação com coeficientes reais $P(x) = 0$ corresponde uma outra raiz $\bar{z} = \alpha - \beta i$, com igual multiplicidade, decorre que o número de raízes complexas não reais de $P(x) = 0$ é necessariamente par.

3ª) Se uma equação polinomial de coeficientes reais tem grau ímpar, então ela admite um número ímpar de raízes reais. Assim, por exemplo, toda equação $ax^3 + bx^2 + cx + d = 0$ (com a, b, c, d reais) tem uma ou três raízes reais, pois o número de raízes complexas e não reais é par.

101. Aplicações

1ª) Determinar o menor grau que pode ter uma equação polinomial de coeficientes reais para admitir 1, i e $1 + i$ como raízes.

Tal equação terá no mínimo 5 raízes: 1, i, $-i$, $1 + i$, $1 - i$ e, portanto, terá no mínimo grau 5.

2ª) Formar uma equação polinomial de grau mínimo e coeficientes reais que admita 0 como raiz simples, 1 como raiz dupla e $2 - 3i$ como raiz tripla.

Tal equação terá também $2 + 3i$ como raiz tripla, portanto a solução é: $k(x - 0)(x - 1)^2 (x - 2 + 3i)^3 (x - 2 - 3i)^3 = 0$, em que $k \in \mathbb{R}$ e $k \neq 0$.

3ª) Resolver a equação $x^4 + x^3 + 2x^2 + 3x - 3 = 0$, sabendo que uma das raízes é $i\sqrt{3}$.

Temos, então, que $-i\sqrt{3}$ também é raiz; portanto, o 1º membro é divisível por $(x - i\sqrt{3})(x + i\sqrt{3}) = x^2 + 3$.

Dividindo, recaímos em $(x^2 + 3)(x^2 + x - 1) = 0$

e obtemos as duas raízes restantes:

$$x^2 + x - 1 = 0 \Rightarrow x = \frac{-1 \pm \sqrt{1 + 4}}{2} = \frac{-1 \pm \sqrt{5}}{2}$$

EXERCÍCIOS

354. Obtenha a equação de menor grau que tem como raízes i, $2i$ e $3i$ e apresenta coeficientes reais.

Solução

Toda equação polinomial com coeficientes reais que admite a raiz complexa z também admite a raiz $\bar{z}$; portanto, as raízes da equação procurada são: i, $-i$, $2i$, $-2i$, $3i$ e $-3i$.

A equação é:

$k(x - i)(x + i)(x - 2i)(x + 2i)(x - 3i)(x + 3i) = 0$

$k(x^2 + 1)(x^2 + 4)(x^2 + 9) = 0$

Resposta: $k(x^6 + 14x^4 + 49x^2 + 36) = 0$ com $k \neq 0$.

355. Forme uma equação algébrica de coeficientes reais, com grau mínimo, de modo que 0, $1 + i$ e i sejam raízes simples.

356. Qual é o grau mínimo de um polinômio de coeficientes reais, sabendo que $z_1 = 1 + i$ e $z_2 = -1 + i$ são raízes?

357. Os coeficientes do polinômio p são reais e sabe-se que ele possui 3 raízes, duas das quais são 0 e $i(i^2 = -1)$. Como p pode ser expresso?

358. Os números complexos $1 + i$, $1 + i^2$ e $2 - i$ são raízes do polinômio p de coeficientes reais. O que se pode afirmar sobre o grau de p?

359. Resolva a equação $x^4 + 3x^2 + 2 = 0$.

360. Resolva a equação $x^4 - 4x^2 + 8x + 35 = 0$, sabendo que uma das raízes é $2 + i\sqrt{3}$.

Solução

Como a equação tem todos os coeficientes reais, resulta que outra raiz é $2 - i\sqrt{3}$ (conjugada de $2 + i\sqrt{3}$). Assim, o polinômio dado é divisível por

$$(x - 2 - i\sqrt{3})(x - 2 + i\sqrt{3}),$$

isto é, por $x^2 - 4x + 7$:

$$\begin{array}{rrrrr|l}
x^4 & +\ 0x^3 & -\ 4x^2 & +\ 8x & +\ 35 & x^2 - 4x + 7 \\ \cline{6-6}
-x^4 & +\ 4x^3 & -\ 7x^2 & & & x^2 + 4x + 5 \\ \cline{1-5}
 & 4x^3 & -\ 11x^2 & +\ 8x & +\ 35 & \\
 & -4x^3 & +\ 16x^2 & -\ 28x & & \\ \cline{2-5}
 & & 5x^2 & -\ 20x & +\ 35 & \\
 & & -5x^2 & +\ 20x & -\ 35 & \\ \cline{3-5}
 & & & & 0 &
\end{array}$$

A equação dada se escreve: $(x^2 - 4x + 7)(x^2 + 4x + 5) = 0$
e as raízes de $x^2 + 4x + 5 = 0$ são as que faltam. Portanto:

$$x = \frac{-4 \pm \sqrt{16 - 20}}{2} = \frac{-4 \pm 2i}{2} = -2 \pm i$$

Resposta: $S = \{2 + i\sqrt{3}, 2 - i\sqrt{3}, -2 + i, -2 - i\}$.

361. Resolva a equação $x^4 - 2x^3 + 6x^2 + 22x + 13 = 0$, sabendo que uma das raízes é $2 + 3i$.

362. Construa uma equação polinomial do 6º grau e de coeficientes reais que admita 1, 2 e *i* como raízes simples e 0 como raiz dupla.

363. Sabe-se que a equação algébrica $x^4 - ax^3 + bx^2 - cx + d = 0$, em que *a*, *b*, *c*, *d* são números reais, admite 1 como raiz dupla e *i* (unidade imaginária) como raiz simples. Calcule os valores de *a*, *b*, *c* e *d*.

364. A equação $x^3 + mx^2 + 2x + n = 0$, em que *m* e *n* são números reais, admite $1 + i$ como raiz. Quais os valores de *m* e *n*?

365. Determine *a* e *b* (reais) de modo que a equação $2x^3 - 5x^2 + ax + b = 0$ admita a raiz $2 + i$.

366. Resolva a equação $x^7 - x^6 + 3x^5 - 3x^4 + 3x^3 - 3x^2 + x - 1 = 0$, sabendo que *i* é uma das raízes da equação e tem multiplicidade 3.

367. Uma raiz de uma equação do terceiro grau com coeficientes reais é $1 + 2i$ e a soma das demais raízes é $3 - 2i$. Determine as raízes dessa equação.

368. É dado o polinômio $P(x) = x^4 + Cx^2 + Dx + E$ com C, D, E números reais. Sabe-se que o número complexo (0, 1) é raiz de $P(x) = 0$ e que dividindo P(x) por Q(x) obtém-se quociente $Q_1(x) = x^3 + 2x^2 + 4x + 8$ e por resto 15. Determine P(x) e as raízes de $P(x) = 0$.

VII. Raízes reais

102. Dada uma equação polinomial $P(x) = 0$ com coeficientes reais, vamos desenvolver uma teoria que permite determinar o número de raízes reais que a equação admite num certo intervalo dado]a; b[.

103. Seja $P(x) = 0$ uma equação polinomial com coeficientes reais. Indiquemos por r_1, $r_2, r_3, \ldots, r_p$ suas raízes reais e por $z_1, \bar{z}_1, z_2, \bar{z}_2, \ldots, z_q, \bar{z}_q$ suas raízes complexas e não reais.

Pelo teorema da decomposição, temos:

$$P = a_n(x - r_1)(x - r_2) \dots (x - r_p) \cdot [(x - z_1)(x - \bar{z}_1)(x - z_2)(x - \bar{z}_2) \dots (x - z_q)(x - \bar{z}_q)] \quad (1)$$

Vamos efetuar o produto correspondente a duas raízes complexas conjugadas $z_1 = \alpha + \beta i$ e $\bar{z}_1 = \alpha - \beta i$. Por exemplo:

$$(x - z_1)(x - \bar{z}_1) = x^2 - (z_1 + \bar{z}_1)x + z_1\bar{z}_1 = x^2 - 2\alpha x + \alpha^2 + \beta^2 =$$

$$= (x - \alpha)^2 + \beta^2 > 0, \ \forall x \in \mathbb{R}$$

Verificamos que o produto é positivo para todo valor real dado a x. Como o polinômio:

$$Q = \underbrace{(x - z_1)(x - \bar{z}_1)}\ \underbrace{(x - z_2)(x - \bar{z}_2)} \dots \underbrace{(x - z_q)(x - \bar{z}_q)}$$

é o produto de q fatores do tipo que acabamos de analisar, concluímos que Q assume valor numérico positivo para todo x real e a expressão (1) fica:

$$P = a_n \cdot Q \cdot (x - r_1)(x - r_2)(x - r_3) \dots (x - r_p)$$
com $Q(x) > 0, \forall x \in \mathbb{R}$.

104. Teorema de Bolzano

Sejam $P(x) = 0$ uma equação polinomial com coeficientes reais e $]a; b[$ um intervalo real aberto.

1º) Se $P(a)$ e $P(b)$ têm mesmo sinal, então existe um número par de raízes reais ou não existem raízes da equação em $]a; b[$.

2º) Se $P(a)$ e $P(b)$ têm sinais contrários, então existe um número ímpar de raízes reais da equação em $]a; b[$.

Demonstração:

Notemos que, se r_i é interna ao intervalo $]a; b[$, então $a < r_i < b$, isto é:

$$\left.\begin{array}{l} a - r_i < 0 \\ b - r_i > 0 \end{array}\right\} \Rightarrow (a - r_i)(b - r_i) < 0$$

Notemos também que, se r_e é externa ao intervalo $]a; b[$, por exemplo, se $a < b < r_e$, resulta:

$$\left.\begin{array}{l} a - r_e < 0 \\ b - r_e < 0 \end{array}\right\} \Rightarrow (a - r_e)(b - r_e) > 0$$

Calculemos agora o produto $P(a) \cdot P(b)$:

$$P(a) \cdot P(b) = [a_n \cdot Q(a) \cdot (a - r_1)(a - r_2) \dots (a - r_p)]a_n \cdot Q(b) \cdot (b - r_1)(b - r_2) \dots (b - r_p)] =$$
$$= a_n^2 \cdot [Q(a) \cdot Q(b)] \cdot [(a - r_1)(b - r_1)] [(a - r_2)(b - r_2)] \dots [(a - r_p)(b - r_p)] \quad (2)$$

Verificamos que $P(a) \cdot P(b)$ é um produto de $p + 2$ fatores numéricos, a saber:

$$\begin{cases} \text{um fator é } a_n^2 > 0 \\ \text{um fator é } Q(a) \cdot Q(b) > 0, \text{ pois } Q(x) > 0, \forall x \in \mathbb{R} \\ p \text{ fatores do tipo } (a - r_m)(b - r_m), \text{ em que } r_m \text{ é raiz real da equação dada} \end{cases}$$

Assim, os únicos fatores negativos do segundo membro da relação (2) são os fatores correspondentes às raízes de $P(x) = 0$ internas ao intervalo $]a; b[$, o que permite concluir a existência de duas possibilidades.

1ª) Quando $P(a)$ e $P(b)$ têm mesmo sinal, isto é, $P(a) \cdot P(b) > 0$, existe um número par de fatores negativos do tipo $(a - r_i)(b - r_i)$ e, portanto, existe um número par de raízes reais da equação $P(x) = 0$ que são internas ao intervalo $]a; b[$.

2ª) Quando $P(a)$ e $P(b)$ têm sinais contrários, isto é, $P(a) \cdot P(b) < 0$, existe um número ímpar de fatores negativos do tipo $(a - r_i)(b - r_i)$ e, portanto, existe um número ímpar de raízes reais da equação $P(x) = 0$ que são internas ao intervalo $]a; b[$.

105. Aplicações

1ª) Quantas raízes reais a equação $x^3 + 5x^2 - 3x + 4 = 0$ pode apresentar no intervalo $]0, 1[$?

Temos $P(x) = x^3 + 5x^2 - 3x + 4$, então:

$P(0) = 0^3 + 5(0)^2 - 3(0) + 4 = 4 > 0$

$P(1) = 1^3 + 5(1)^2 - 3(1) + 4 = 7 > 0$

Como $P(0)$ e $P(1)$ são positivos, a equação pode ter duas ou nenhuma raiz real no intervalo dado.

2ª) Quantas raízes reais a equação $x^3 - 3x^2 + 7x + 1$ pode apresentar no intervalo $]-1, 1[$?

Temos $P(x) = x^3 - 3x^2 + 7x + 1$, então:

$P(-1) = (-1)^3 - 3(-1)^2 + 7(-1) + 1 = -10 < 0$

$P(1) = 1^3 - 3(1)^2 + 7(1) + 1 = 6 > 0$

Como $P(-1)$ e $P(1)$ têm sinais contrários, a equação pode ter uma ou três raízes reais no intervalo dado.

3ª) Determinar *m* de modo que a equação:

$x^5 - 2x^4 + 3x^3 - 5x^2 + x + (m - 3) = 0$

tenha ao menos uma raiz real compreendida entre 0 e 2.

A condição para isso é que P(0) e P(2) tenham sinais opostos. Temos:

$P(0) = m - 3$ e $P(2) = m + 3$

Portanto:

$P(0) \cdot P(2) < 0 \Rightarrow (m - 3)(m + 3) < 0 \Rightarrow -3 < m < 3$

106. Interpretação geométrica

Se $y = P(x)$ é uma função polinomial de coeficientes reais e variável real *x*, podemos, a cada par (x, y) da função, associar um ponto do plano cartesiano e, assim, obter o seu gráfico.

107. Exemplos:

1º) Gráfico de $y = 2x - 1$, $x \in \mathbb{R}$.

Considerando que dois pontos distintos determinam uma reta, vamos atribuir a *x* dois valores distintos e calcular os correspondentes valores de $y = 2x - 1$.

x	y = 2x − 1
0	−1
1	1

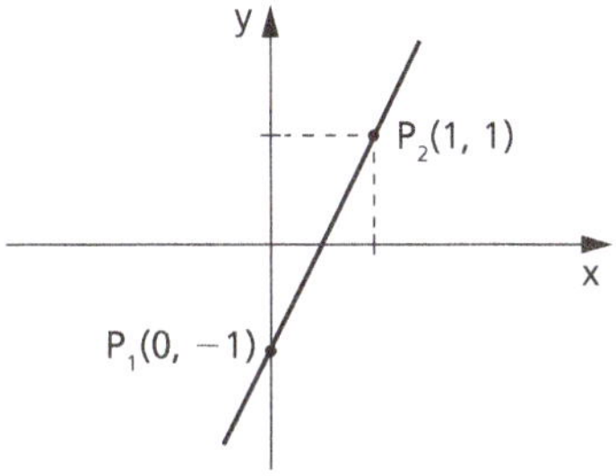

Obtemos $P_1(0, -1)$ e $P_2(1, 1)$ e traçamos a reta P_1P_2, que é precisamente o gráfico da função dada.

2º) Gráfico de $y = x^2 - 6x + 8$, $x \in \mathbb{R}$

O gráfico desta função é uma parábola com a concavidade voltada para cima, eixo de simetria vertical, vértice no ponto V tal que

$$x_v = -\frac{b}{2a} = 3 \text{ e } y_v = -\frac{\Delta}{4a} = -1$$

e corta o eixo dos *x* nos pontos que têm como abscissas as raízes da equação $y = 0$, isto é, nos pontos $(2, 0)$ e $(4, 0)$.

Fazendo a tabela:

x	y	ponto
0	8	A
1	3	B
2	0	C
3	−1	D = V
4	0	E
5	3	F
6	8	G

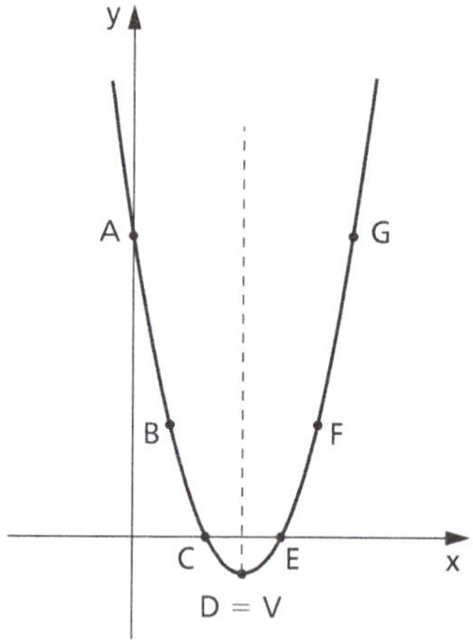

3º) Gráfico de $y = x^3$, $x \in \mathbb{R}$

Vamos inicialmente construir a tabela:

x	x^3	ponto
$-\frac{3}{2}$	$-\frac{27}{8}$	A
−1	−1	B
$-\frac{1}{2}$	$-\frac{1}{8}$	C
0	0	D
$\frac{1}{2}$	$\frac{1}{8}$	E
1	1	F
$\frac{3}{2}$	$\frac{27}{8}$	G

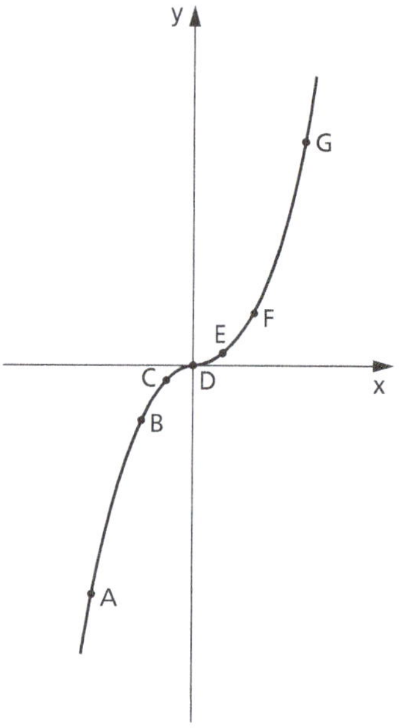

Nestas condições, pesquisar as raízes reais de uma equação polinomial $P(x) = 0$ é localizar (quantos e onde) os pontos em que o gráfico cartesiano da função $y = P(x)$ intercepta o eixo das abscissas ($y = 0$).

Assim, o teorema de Bolzano comporta uma interpretação geométrica baseada, em resumo, no seguinte:

sinal de $P(a)$ = sinal de $P(b)$ $\Rightarrow$ número par de raízes reais

sinal de $P(a) \neq$ sinal de $P(b)$ $\Rightarrow$ número ímpar de raízes reais

Exemplo:

sinal de $P(a) \neq$ sinal de $P(b)$

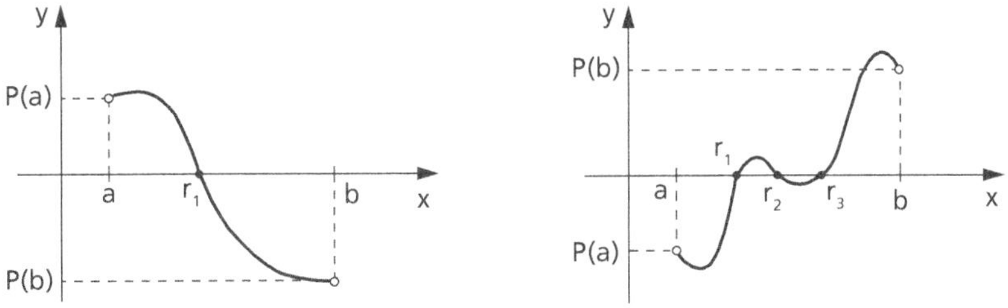

número ímpar de raízes

sinal de $P(a)$ = sinal de $P(b)$

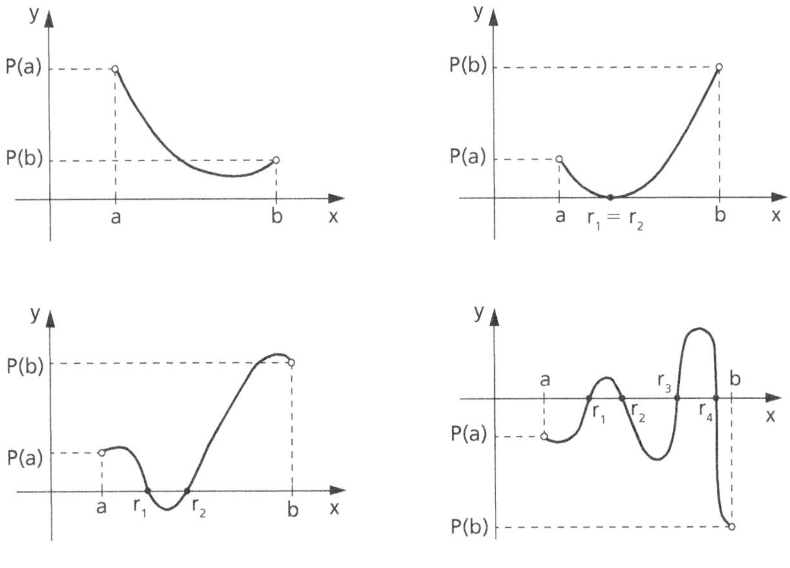

número par de raízes

EXERCÍCIOS

369. Qual das equações seguintes tem pelo menos uma raiz *r*, que satisfaz $1 < r < 2$?

a) $x^5 + 2x^3 + x + 1 = 0$

b) $x^5 - 3x^2 + x - 4 = 0$

c) $2x^3 - 7x^2 + 4x + 4 = 0$

d) $x^3 - 9x + 4 = 0$

e) $x^4 + \frac{2}{3}x^3 + x + 20 = 0$

370. Considere a equação $P(x) = 0$, com coeficientes reais e o intervalo $]-1, 2[$. Se $P(-1) > 0$ e $P(2) > 0$, qual das proposições abaixo é correta?

a) Existe um número par de raízes reais ou não existem raízes reais de $P(x) = 0$ em $]-1, 2[$.

b) Nunca existem raízes reais da equação em $]-1, 2[$.

371. Pelo menos quantas raízes reais possui a equação $x^3 + ax^2 + bx + c = 0$, com $a, b, c \in \mathbb{R}$?

372. A equação $x^n - 1 = 0$, em que *n* é um número natural maior que 5, tem para *n* par:

a) 1 raiz positiva, 1 raiz negativa e $(n - 2)$ raízes complexas.

b) 1 raiz positiva, $(n - 1)$ raízes não reais.

373. Uma das raízes do polinômio $x^3 + 4x^2 + x - 6$ é 1. O que se pode afirmar sobre as outras duas raízes?

374. Uma das raízes da equação $x^3 + (m + 1)x^2 + (m + 9)x + 9 = 0$ é -1.

Determine *m* para que as outras raízes sejam reais.

375. Mostre que a equação $1000x^5 + 20x^2 - 1 = 0$ admite uma raiz positiva inferior a $\frac{1}{5}$.

Solução

Façamos $P(x) = 1000x^5 + 20x^2 - 1$ e calculemos $P(0)$ e $P\left(\frac{1}{5}\right)$:

$P(0) = 1000(0)^5 + 20(0)^2 - 1 = -1 < 0$

$$P\left(\frac{1}{5}\right) = 1000\left(\frac{1}{5}\right)^5 + 20\left(\frac{1}{5}\right)^2 - 1 = \frac{1000 + 2500 - 3125}{3125} = \frac{375}{3125} > 0$$

Como $P(0) \cdot P\left(\frac{1}{5}\right) < 0$, resulta que P apresenta um número ímpar de raízes reais no intervalo $\left]0; \frac{1}{5}\right[$ (teorema de Bolzano).

376. Quantas são as raízes reais da equação $x^3 - 10x^2 + 5x - 1 = 0$, no intervalo $]0; 3[$?

377. Dada a função polinomial $f(x) = x^3 + 2x$, construa seu gráfico cartesiano e, a partir daí, estabeleça o número de raízes reais da equação $f(x) = 0$.

378. Determine α de modo que a equação $x^3 + x^2 + 5x + \alpha = 0$ tenha ao menos uma raiz real no intervalo $]-2; 0[$.

379. Qual é o valor de k para que a função $y = x^3 - 2x^2 + 3x - k$ tenha um zero entre 2 e 3?

380. Qual é o conjunto dos valores de k, para os quais $f(x) = x^3 - 2x^2 + 3x - k$ tem um ou três zeros reais entre 1 e 2?

381. Quais os valores de b para que a equação $2x^4 + bx^3 - bx - 2 = 0$ tenha quatro soluções reais e distintas?

382. O polinômio de grau 3 cujo gráfico está esboçado na figura abaixo tem:

a) uma raiz igual a -2, uma raiz igual a 3 e uma raiz complexa.

b) termo independente igual a -3.

c) uma raiz real e duas complexas.

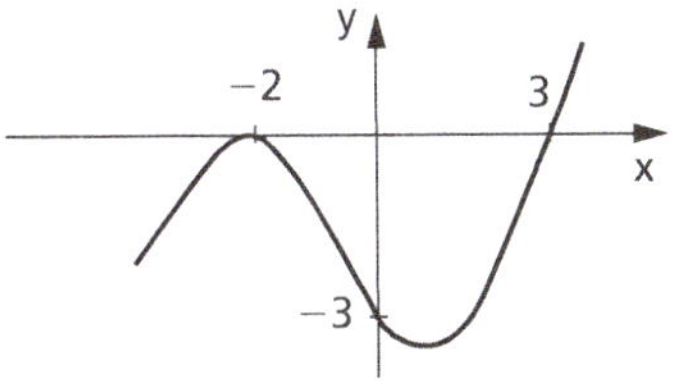

Qual das proposições acima é correta?

383. O gráfico abaixo é o de um polinômio cujos zeros reais estão todos no trecho desenhado.

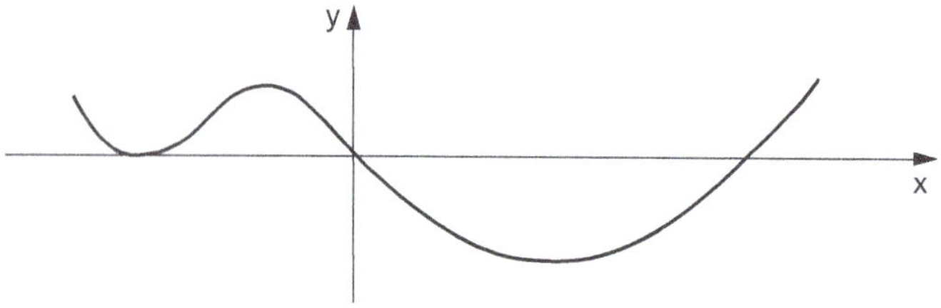

Qual das proposições abaixo, sobre o polinômio acima, é correta?

a) Pode ser do 3º grau.

b) Pode ser do 5º grau.

c) Pode ser do 6º grau.

384. Um polinômio P do 5º grau com coeficientes reais tem duas raízes imaginárias. Sabendo que $P(-2) = -1$, $P(-1) = 2$, $P(0) = -4$, $P(1) = -7$ e $P(2) > 0$, diga quantas são as raízes reais de P e em que intervalo estão.

VIII. Raízes racionais

108. Vamos desenvolver aqui um raciocínio que permite estabelecer se uma equação polinomial de coeficientes inteiros admite raízes racionais e, em caso positivo, vamos obter tais raízes.

109. Teorema das raízes racionais

Se uma equação polinomial

$P(x) = a_n x^n + a_{n-1}x^{n-1} + a_{n-2}x^{n-2} + \ldots + a_1 x + a_0 = 0$ $(a_n \neq 0)$, de coeficientes inteiros, admite uma raiz racional $\frac{p}{q}$, em que $p \in \mathbb{Z}$, $q \in \mathbb{Z}_+^*$ e *p* e *q* são primos entre si, então *p* é divisor de a_0 e *q* é divisor de a_n.

Demonstração:

Se $\frac{p}{q}$ é uma raiz de $P(x) = 0$, temos:

$$a_n \cdot \frac{p^n}{q^n} + a_{n-1} \cdot \frac{p^{n-1}}{q^{n-1}} + a_{n-2} \cdot \frac{p^{n-2}}{q^{n-2}} + \ldots + a_1 \cdot \frac{p}{q} + a_0 = 0$$

Multiplicando a equação por q^n, temos:

$a_np^n + a_{n-1}p^{n-1}q + a_{n-2}p^{n-2}q^2 + \ldots + a_1pq^{n-1} + a_0q^n = 0$

Isolando a_np^n e, depois, a_0q^n, temos:

(1) $a_np^n = -q[a_{n-1}p^{n-1} + a_{n-2}p^{n-2}q + \ldots + a_1pq^{n-2} + a_0q^{n-1}]$

(2) $a_0q^n = -p[a_np^{n-1} + a_{n-1}p^{n-2}q + \ldots + a_1q^{n-1}]$

Como $a_0, a_1, a_2, \ldots, a_n$, *p* e *q* são todos inteiros, decorre que:

$\alpha = [a_{n-1}p^{n-1} + a_{n-2}p^{n-2}q + \ldots + a_0q^{n-1}]$ é inteiro e

$\beta = [a_np^{n-1} + a_{n-1}p^{n-2}q + \ldots + a_1q^{n-1}]$ é inteiro.

Assim, retomando (1) e (2), vem:

(1) $\dfrac{a_np^n}{q} = -\alpha \in \mathbb{Z}$ e (2) $\dfrac{a_0q^n}{p} = -\beta \in \mathbb{Z}$

Isso significa que:

(1) a_np^n é divisível por *q* e, como p^n e *q* são primos entre si, a_n é divisível por *q*.

(2) a_0q^n é divisível por *p* e, como q^n e *p* são primos entre si, a_0 é divisível por *p*.

110. Aplicações

1ª) Quais são as raízes racionais da equação.

$2x^6 - 5x^5 + 4x^4 - 5x^3 - 10x^2 + 30x - 12 = 0$?

As possíveis raízes racionais dessa equação têm a forma $\dfrac{p}{q}$, em que *p* é divisor de -12 e *q* é divisor positivo de 2, isto é:

$p \in \{-1, 1, -2, 2, -3, 3, -4, 4, -6, 6, -12, 12\}$ e $q \in \{1, 2\}$

Assim, se a equação tiver raízes racionais, essas raízes estão no conjunto:

$$\left\{-1, 1, -2, 2, -3, 3, -4, 4, -6, 6, -12, 12, -\frac{1}{2}, \frac{1}{2}, -\frac{3}{2}, \frac{3}{2}\right\}$$

que foi obtido da tabela:

q \ p	**−1**	**1**	**−2**	**2**	**−3**	**3**	**−4**	**4**	**−6**	**6**	**−12**	**12**
1	−1	1	−2	2	−3	3	−4	4	−6	6	−12	12
2	$-\frac{1}{2}$	$\frac{1}{2}$	−1	1	$-\frac{3}{2}$	$\frac{3}{2}$	−2	2	−3	3	−6	6

Fazendo a verificação para os 16 elementos do conjunto, vemos que as únicas raízes racionais são 2 e $\frac{1}{2}$, pois:

$P(2) = 2(2)^6 - 5(2)^5 + 4(2)^4 - 5(2)^3 - 10(2)^2 + 30(2) - 12 =$
$= 128 - 160 + 64 - 40 - 40 + 60 - 12 = 0$

$P\left(\frac{1}{2}\right) = 2\left(\frac{1}{2}\right)^6 - 5\left(\frac{1}{2}\right)^5 + 4\left(\frac{1}{2}\right)^4 - 5\left(\frac{1}{2}\right)^3 - 10\left(\frac{1}{2}\right)^2 +$
$+ 30\left(\frac{1}{2}\right) - 12 = \frac{1}{32} - \frac{5}{32} + \frac{1}{4} - \frac{5}{8} - \frac{5}{2} + 15 - 12 =$
$= \frac{1 - 5 + 8 - 20 - 80 + 96}{32} = 0$

e para os demais elementos $P(x) \neq 0$.

2ª) Quais são as raízes inteiras da equação $x^3 + 3x^2 - 3x - 9 = 0$?

Temos:

$p \in \{-1, 1, -3, 3, -9, 9\}$ e $q = 1$

então $\frac{p}{q} \in \{-1, 1, -3, 3, -9, 9\}$.

Fazendo as verificações:

$P(-1) = -4$, $P(1) = -8$, $P(-3) = 0$, $P(3) = 36$, $P(-9) = -468$ e $P(9) = 936$ portanto, a única raiz inteira é -3.

111. Observações

1ª) O teorema anterior só se aplica a equações polinomiais de coeficientes inteiros (todos). Não é suficiente que o coeficiente dominante (a_n) e o termo independente (a_0) sejam inteiros.

Assim, por exemplo, a equação $x^2 - \frac{5}{2}x + 1 = 0$ apresenta as raízes racionais 2 e $\frac{1}{2}$ enquanto o teorema anterior (aplicado erradamente) preveria apenas como possíveis raízes 1 e -1.

2ª) Se a equação $P(x) = 0$, com coeficientes inteiros e $a_0 \neq 0$, admite uma raiz inteira $r = \frac{r}{1}$, então r é divisor de a_0 (termo independente de P).

Assim, as possíveis raízes inteiras de $7x^5 + x^4 - x^3 - x^2 - x + 6 = 0$ são -1, 1, -2, 2, -3, 3, -6, 6.

3ª) Se a equação $P(x) = 0$, com coeficientes inteiros e coeficiente dominante unitário ($a_n = 1$), admite uma raiz racional $\frac{p}{q}$, então essa raiz é necessariamente inteira, pois $q = 1$.

Assim, por exemplo, qualquer raiz racional da equação

$x^4 + 11x^3 - 7x^2 + 4x - 8 = 0$

é necessariamente inteira, pois está no conjunto $\{-1, 1, -2, 2, -4, 4, -8, 8\}$.

EXERCÍCIOS

385. a) Quais são os divisores de 12?

b) Quais são os divisores positivos de 5?

c) Quais são as possíveis raízes racionais da equação $5x^7 + 4x^5 + 2x^3 + x + 12 = 0$?

386. Quais das frações abaixo podem ser raízes da equação:
$16x^6 + ax^5 + bx^4 + cx^3 + dx^2 + ex + 45 = 0$ (*a*, *b*, *c*, *d*, *e* inteiros)?

$\frac{3}{4}, \frac{3}{7}, \frac{5}{8}, \frac{7}{8}, \frac{6}{10}, \frac{5}{11}, \frac{7}{12}, \frac{11}{13}, \frac{9}{15}, \frac{13}{16}$

387. Quais são as raízes inteiras da equação $x^3 - 9x^2 + 22x - 24 = 0$?

Solução

Como o coeficiente de x^3 é 1, as possíveis raízes inteiras da equação são os divisores de -24, isto é:

$1, -1, 2, -2, 3, -3, 4, -4, 6, -6, 8, -8, 12, -12, 24, -24$.

Calculando o valor de P nesses números, temos:

$P(1) \neq 0, P(-1) \neq 0, P(2) \neq 0, P(-2) \neq 0,$

$P(3) \neq 0, P(-3) \neq 0, P(4) \neq 0, P(-4) \neq 0,$

mas $P(6) = 0$.

Dividindo P por $x - 6$:

1	−9	22	−24	6
1	−3	4	0	

recaímos na equação $x^2 - 3x + 4 = 0$ cujas raízes são complexas e não inteiras.

Resposta: 6.

388. Quais as possíveis raízes inteiras da equação $x^3 + 4x^2 + 2x - 4 = 0$?

389. A equação $x^m + a_1 \cdot x^{m-1} + \ldots + a_m = 0$ admite raízes reais fracionárias? Por quê? Eventualmente, quais são as raízes reais inteiras?

390. Pesquise as raízes inteiras da equação $x^3 - 9x^2 + 23x - 15 = 0$.

391. Resolva a equação $2x^4 - 5x^3 - 2x^2 - 4x + 3 = 0$.

Solução

Vamos inicialmente pesquisar raízes racionais da equação. Se $\frac{p}{q}$ é raiz, então $p \in \{1, -1, 3, -3\}$ e $q \in \{1, 2\}$

portanto $\frac{p}{q} \in \left\{1, -1, 3, -3, \frac{1}{2}, -\frac{1}{2}, \frac{3}{2}, -\frac{3}{2}\right\}$.

Fazendo $P(x) = 2x^4 - 5x^3 - 2x^2 - 4x + 3$, temos:

$P(1) \neq 0$, $P(-1) \neq 0$, $P(-3) \neq 0$

mas $P(3) = 0$ e $P\left(\frac{1}{2}\right) = 0$, portanto P é divisível por $(x - 3)\left(x - \frac{1}{2}\right)$:

2	−5	−2	−4	3	3
2	1	1	−1	0	$\frac{1}{2}$
2	2	2	0		

e recaímos em $2x^2 + 2x + 2 = 0$, cujas raízes são

$$\frac{-2 \pm \sqrt{4 - 16}}{4} = -\frac{1}{2} \pm i\frac{\sqrt{3}}{2}$$

Resposta: $S = \left\{3, \frac{1}{2}, -\frac{1}{2} + i\frac{\sqrt{3}}{2}, -\frac{1}{2} - i\frac{\sqrt{3}}{2}\right\}$.

392. Resolva a equação $x^3 - 2x^2 - x + 2 = 0$.

393. Determine as raízes da equação $x^5 - 8x^3 + 6x^2 + 7x - 6 = 0$.

394. Resolva: $2x^6 + x^5 - 13x^4 + 13x^2 - x - 2 = 0$.

395. Determine as raízes da equação $x^6 + 3x^5 - 6x^4 - 6x^3 + 9x^2 + 3x - 4 = 0$.

396. Resolva a equação $x^3 - 9x^2 + 26x - 24 = 0$, sabendo que as raízes são números inteiros e consecutivos.

397. A equação $4x^3 - 3x^2 + 4x - 3 = 0$ admite uma raiz igual a i. Qual a proposição correta?

a) A equação não admite raiz real.

b) A equação admite, como raiz, um número racional.

398. Quais as raízes da equação $3x^3 - 13x^2 + 13x - 3 = 0$?

399. Resolva a equação $15x^3 + 7x^2 - 7x + 1 = 0$.

400. Resolva a equação $x^5 - x^4 - 82x^3 - 281x^2 - 279x - 198 = 0$.

401. Qual é o número de raízes inteiras da equação $x^6 + 8x^4 + 21x^2 + 60 = 0$?

402. Determine as raízes da equação $x^3 + x^2 - 4x + 6 = 0$.

403. Resolva a equação $5x^3 - 37x^2 + 90x - 72 = 0$, sabendo que admite raízes inteiras.

404. Sabe-se que o número complexo i é solução da equação $x^4 - 3x^2 - 4 = 0$. Quantas raízes reais racionais possui essa equação?

405. As equações $(x - a)(x - b) = 0$ e $x^2 - 2 = 0$, em que a, b são números racionais, podem ou não ter raízes comuns? Justifique.

406. Resolva a equação $4\binom{x}{3} - 5\binom{x}{2} = 5$, em que $\binom{n}{p}$ indica o quociente $\frac{n!}{p!(n-p)!}$.

407. Resolva a equação $\frac{A_{x+2,4}}{A_{x-1,2}} = 70$, em que $A_{n,p}$ indica o quociente $\frac{n!}{(n-p)!}$.

408. a) Qual a equação do terceiro grau, com coeficientes reais, que possui a raiz real 5 e a raiz complexa $\frac{1}{2}(1 + \sqrt{3}\,i)$?

b) Determine quatro inteiros consecutivos $n - 2$, $n - 1$, n, $n + 1$, tais que o cubo do maior seja igual à soma dos cubos de cada um dos três outros.

409. Resolva a equação $2^{8x} + 14 \cdot 2^{6x} - 96 \cdot 2^{4x} - 896 \cdot 2^{2x} + 2048 = 0$.

410. Prove que, se uma equação polinomial de coeficientes inteiros admite como raiz o número irracional $a + \sqrt{b}$, então $a - \sqrt{b}$ também é raiz.

411. Utilizando o problema anterior, forme uma equação de coeficientes inteiros e grau mínimo, tendo como raízes: 1, 2 e $1 - \sqrt{2}$.

412. Resolva a equação $3x^4 - 5x^3 - 7x^2 + 3x + 2$, sabendo que uma das raízes é $1 + \sqrt{2}$.

413. Resolva no conjunto dos números complexos a equação $(x - 2)^3 = 4 - x$.

LEITURA

Abel e as equações de grau ⩾ 5

Hygino H. Domingues

A partir do final da primeira metade do século XVI uma questão, principalmente, mereceu a atenção dos algebristas de todo o mundo. Tal como na milenar fórmula de resolução das equações do segundo grau (em notação atual:

$$ax^2 + bx + c = 0,\ a \neq 0 \Leftrightarrow x = \frac{-b \pm \sqrt{b^2 - 4ac}}{2a},$$

matemáticos italianos tinham acabado de mostrar que também as raízes das equações cúbicas (ver p. 99) e quárticas se expressam em função dos coeficientes por meio das quatro operações aritméticas e radiciações convenientes. Não valeria o mesmo para equações de grau $\geqslant 5$?

Durante dois séculos e meio, aproximadamente, foram infrutíferos os esforços dos especialistas em face dessa questão. Diante de tanto esforço inútil, a partir de um certo momento começou-se a duvidar de que, como se diz hoje, as equações de grau $\geqslant 5$ fossem **resolúveis por radicais**, como o são as de grau dois, três e quatro. E Paolo Ruffini (1765-1822), um médico e matemático italiano, professor da Universidade de Módena, efetivamente confirmou essa impossibilidade, quanto às equações de grau 5, num livro de 1799. Mas os argumentos de Ruffini foram considerados muito vagos, do ponto de vista matemático.

Não demoraria porém para que essa questão fosse definitivamente encerrada. O autor desse feito foi o maior matemático norueguês de todos os tempos, Niels Henrik Abel (1802-1829). Abel, filho de família pobre e numerosa, não revelou nenhum interesse especial pela matemática até que se tornou aluno de B. Holmboe (1795-1850). Este, além de matemático competente, sabia motivar seus alunos. E, com relação a Abel, essa tarefa foi facilitada pela sua genialidade latente. Cerca de um ano após conhecê-lo, Holmboe vaticinou que Abel seria o maior matemático do mundo.

Quando tinha cerca de 19 anos e era aluno da Universidade de Cristiania (Oslo), Abel passou a estudar as equações de grau maior que quatro. Inicialmente achou ter encontrado uma solução para as quínticas por meio de radicais, mas depois percebeu que havia errado. Mas persistiu e num artigo de 1824 provou a impossibilidade da resolução geral, por meio de radicais, das equações de grau $\geqslant 5$ (resultado hoje conhecido como teorema de Ruffini-Abel). Como publicou a suas expensas esse trabalho e, ainda, para economizar, de maneira sintética, sua repercussão foi praticamente nula. Gauss (1777-1855), o maior matemático de seu tempo, recebeu uma cópia mas não lhe deu a mínima atenção. Afinal era difícil acreditar que uma questão aberta há dois séculos e meio pudesse ser resolvida por um ilustre desconhecido.

COLEÇÃO PARTICULAR. BOYER/ROGER-VIOLLET/AFP

Niels Henrik Abel (1802-1829).

A seguir, com uma bolsa, Abel viajou para França, Itália e Alemanha a fim de mostrar sua já vasta produção matemática e tentar um posto acadêmico numa universidade que lhe permitisse sair da situação de penúria em que vivia (desde os 18 anos era órfão de pai e arrimo de família). O que de mais prático conseguiu resultou da amizade que travou com August L. Crelle, um engenheiro alemão, entusiasta da matemática, que pela época lançou o primeiro periódico dedicado exclusivamente à matemática. Assim é que nos três primeiros números desse jornal, cujo lançamento foi em 1826, figuram 22 artigos de Abel (5 só no primeiro — inclusive o teorema de Ruffini-Abel). Mesmo tendo retornado à sua terra natal, tangido por problemas financeiros, esses artigos começaram a revelar o talento de Abel à comunidade matemática da Europa.

Mas Abel morreu cedo, antes de completar 27 anos, vítima de tuberculose, e o reconhecimento de sua genialidade, como um convite para ser professor da Universidade de Berlim, chegou tarde.

A seu respeito assim se pronunciou Charles Hermite (1822-1901): "Abel deixou aos matemáticos com o que trabalhar durante 150 anos".

CAPÍTULO IV

Transformações

I. Transformações

112. Equação primitiva e equação transformada

Transformação de uma equação algébrica $P_1(x) = 0$ é toda operação com a qual se obtém uma nova equação $P_2(y) = 0$ cujas raízes estejam relacionadas com as raízes da equação inicial através de uma relação conhecida $y = f(x)$.

A equação $P_1(x) = 0$ é chamada **equação primitiva**; a equação $P_2(y) = 0$ é chamada **equação transformada** e a relação $y = f(x)$ é chamada **relação de transformação**.

113. Exemplos:

1º) Se $P_1(x) = 3x^4 - 7x^2 + 5 = 0$ é a equação primitiva e $y = x^2$ é a relação de transformação, então:

$$P_2(y) = 3(\sqrt{y})^4 - 7(\sqrt{y})^2 + 5 = 3y^2 - 7y + 5 = 0$$

é a equação transformada.

Neste exemplo, as raízes $P_2(y) = 0$ são iguais aos quadrados das raízes de $P_1(x) = 0$.

2º) Se $P_1(x) = 2x^3 - 5x^2 + 7x - 1 = 0$ é a equação primitiva e $y = x - 1$ é a relação de transformação, então:

$$P_2(y) = 2(y + 1)^3 - 5(y + 1)^2 + 7(y + 1) - 1 = 2y^3 + y^2 + 3y + 3 = 0$$

é a equação transformada.

Nesse exemplo, as raízes $P_2(y) = 0$ são iguais às raízes de $P_1(x) = 0$.

Passemos agora a um estudo das três principais transformações que podem ser feitas com uma equação polinomial.

114. Transformação multiplicativa

Chama-se **transformação multiplicativa** aquela em que a relação de transformação é

$$\boxed{y = k \cdot x} \qquad (k \neq 0)$$

Dada a equação primitiva $P_1(x) = 0$, substituindo *x* por $\frac{y}{k}$ e fazendo as simplificações, obtemos a transformação $P_2(y) = 0$, cujas raízes são precisamente as raízes de $P_1(x) = 0$ multplicadas por *k*.

115. Aplicações

1ª) Dada a equação $x^3 - 2x^2 + x + 1 = 0$, obter sua transformada pela relação $y = 2x$.

$$P_1(x) = P_1\left(\frac{y}{2}\right) = \left(\frac{y}{2}\right)^3 - 2\left(\frac{y}{2}\right)^2 + \left(\frac{y}{2}\right) + 1 = 0$$

Portanto, eliminando os denominadores, vem:

$$P_2(y) = y^3 - 4y^2 + 4y + 8 = 0$$

2ª) Obter a transformada que apresenta como raízes os simétricos dos triplos das raízes de $5x^3 + x^2 - x + 1 = 0$.

Neste caso, temos:

equação primitiva: $P_1(x) = 5x^3 + x^2 - x + 1 = 0$

relação de transformação: $y = -3x$

então:

$$P_1(x) = P_1\left(-\frac{y}{3}\right) = 5\left(-\frac{y}{3}\right)^3 + \left(-\frac{y}{3}\right)^2 - \left(-\frac{y}{3}\right) + 1 = 0$$

portanto, eliminando os denominadores, vem:

$$P_2(y) = -5y^3 + 3y^2 + 9y + 27 = 0$$

116. Transformação aditiva

Chama-se **transformação aditiva** aquela em que a relação de transformação é

$$\boxed{y = x + a} \qquad (a \in \mathbb{C})$$

Dada a equação primitiva $P_1(x) = 0$, substituindo *x* por $y - a$ e fazendo as simplificações, obtemos a transformação $P_2(y) = 0$, cujas raízes são precisamente as raízes de $P_1(x) = 0$ acrescidas de *a*, sendo *a* um número complexo qualquer.

117. Aplicações

1º) Dada a equação $x^3 - 2x^2 + x + 1 = 0$, obter sua transformada pela relação $y = x + 2$.

$$P_1(x) = P_1(y - 2) = (y - 2)^3 - 2(y - 2)^2 + (y - 2) + 1 = 0$$

Portanto, eliminando os parênteses, temos:

$$P_2(y) = y^3 - 8y^2 + 21y - 17 = 0$$

Neste exemplo, as raízes $P_2(y) = 0$ são iguais aos quadrados das raízes de $P_1(x) = 0$.

2º) Obter a transformada cujas raízes são as raízes de $5x^3 + x^2 - x + 1 = 0$ diminuídas de 3.

Neste caso, temos:

equação primitiva: $P_1(x) = 5x^3 + x^2 - x + 1 = 0$

relação de transformação: $y = x - 3$

Então:

$$P_1(x) = P_1(y + 3) = 5(y + 3)^3 + (y + 3)^2 - (y + 3) + 1 = 0$$

Portanto, eliminando os parênteses, temos:

$$P_2(y) = 5y^3 + 46y^2 + 140y + 142 = 0$$

Notemos que os dois resultados obtidos nestes exemplos também poderiam ser indicados de outra forma:

$$1^{\text{o}})\begin{cases} P_1(x) = x^3 - 2x^2 + x + 1 \\ P_2(x + 2) = (x + 2)^3 - 8(x + 2)^2 + 21(x + 2) - 17 \end{cases}$$

$$2^{\text{o}})\begin{cases} P_1(x) = 5x^3 + x^2 - x + 1 \\ P_2(x - 3) = 5(x - 3)^3 + 46(x - 3)^2 + 140(x - 3) + 142 \end{cases}$$

De modo geral, na transformação aditiva em que $y = x + a$, podemos indicar $P_2(y)$ sob a forma $P_2(x + a)$, pois $P_1(x) = P_2(x + a)$ para todo valor complexo atribuído a x, já que desenvolvendo as potências indicadas em $P_2(x + a)$ obtemos $P_1(x)$. Podemos dizer então que $P_1(x)$ e $P_2(x + a)$ são funções polinomiais idênticas.

118. Transformada aditiva e divisão de polinômios

Teorema

Dada a equação primitiva

$$P_1(x) + a_nx^n + a_{n-1}x^{n-1} + a_{n-2}x^{n-2} + \ldots + a_1x + a_0 = 0$$

a sua transformada aditiva é

$$P_2(x + a) = R_n \cdot (x + a)^n + R_{n-1} \cdot (x + a)^{n-1} + R_{n-2} \cdot (x + a)^{n-2} + \ldots + R_1 \cdot (x + a) + R_0 = 0$$

em que $R_0, R_1, R_2, \ldots, R_n$ são os restos das divisões de P_1, e sucessivos quocientes, por $x + a$.

Demonstração:

Provemos que $P_1(x)$ e $P_2(x + a)$ são funções polinomiais idênticas:

1º) Quando dividimos P_1 por $x + a$, obtemos quociente Q_0 (de grau $n - 1$) e resto R_0 (constante) tais que

$$P_1 = Q_0 \cdot (x + a) + R_0 \quad (1)$$

2º) Quando dividimos Q_0 por $x + a$, obtemos quociente Q_1 (de grau $n - 2$) e resto R_1 tais que:

$$Q_0 = Q_1 \cdot (x + a) + R_1 \quad (2)$$

e substituindo (2) em (1) resulta:

$$P_1 = Q_1 \cdot (x + a)^2 + R_1 \cdot (x + a) + R_0 \quad (2')$$

3º) Quando dividimos Q_1 por $x + a$, obtemos quociente Q_2 (de grau $n - 3$) e resto R_2 tais que:

$$Q_1 = Q_2 \cdot (x + a) + R_2 \quad (3)$$

e substituindo (3) em (2') resulta:

$$P_1 = Q_2 \cdot (x + a)^3 + R_2 \cdot (x + a)^2 + R_1 \cdot (x + a) + R_0 \quad (3')$$

....

e assim por diante até:

$$P_1 = Q_{n-2}(x + a)^{n-1} + R_{n-2}(x + a)^{n-2} + \ldots + R_1(x + a) + R_0 \quad (n - 1)'$$

4º) Quando dividimos Q_{n-2} por $x + a$, obtemos quociente Q_{n-1} (de grau 0) e resto R_{n-1} tais que:

$$Q_{n-2} = Q_{n-1} \cdot (x + a) + R_{n-1} \quad (n)$$

e substituindo (n) em (n − 1)' resulta:

$$P_1 = Q_{n-1} \cdot (x + a)^n + R_{n-1} \cdot (x + a)^{n-1} + \ldots + R_1 \cdot (x + a) + R_0$$

A divisão de Q_{n-1} por $x + a$ dá quociente 0 e resto R_n, portanto $Q_{n-1} = R_n$, resultando:

$$P_1 = R_n \cdot (x + a)^n + R_{n-1} \cdot (x + a)^{n-1} + \ldots + R_1 \cdot (x + a) + R_0$$

o que prova a tese.

119. Dispositivo prático de Horner-Ruffini

Do teorema anterior resulta que a transformada aditiva de $P_1(x) = 0$, de grau *n*, é definida pelos $n + 1$ restos das divisões do polinômio P_1, e sucessivos quocientes, por $x + a$. As divisões sucessivas por $x + a$ podem ser feitas rapidamente com auxílio do algoritmo de Horner-Ruffini (semelhante ao de Briot-Ruffini):

−a	P_1		
	Q_0		R_0
	Q_1		R_1
	Q_2	R_2	
	Q_3	R_3	

Q_{n-1}	R_{n-1}		
R_n			

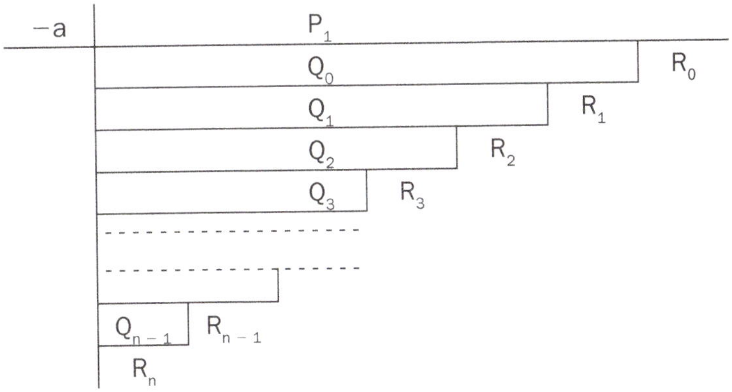

120. Exemplos:

1º) Dada a equação $x^3 - 2x^2 + x + 1 = 0$, obter sua transformada pela relação $y = x + 2$.

−2	1	−2	1	1
	1	−4	9	$-17 = R_0$
	1	−6	$21 = R_1$	
	1	$-8 = R_2$		
	$1 = R_3$			

Resposta: $(x + 2)^3 - 8(x + 2)^2 + 21(x + 2) - 17 = 0$.

2º) Desenvolver o polinômio $P = 5x^3 + x^2 - x + 1$ segundo as potências de $x - 3$.

3	5	1	−1	1
	5	16	47	$142 = R_0$
	5	31	$140 = R_1$	
	5	$46 = R_2$		
	$5 = R_3$			

Resposta: $P = 5(x - 3)^3 + 46(x - 3)^2 + 140(x - 3) + 142$.

3º) Dada a equação $x^6 - x^4 + 3x^2 + 1 = 0$, obter uma equação cujas raízes sejam as raízes da equação dada acrescidas de 1.

Vamos determinar a transformada aditiva através da relação $y = x + 1$.

−1	1	0	−1	0	3	0	1
	1	−1	0	0	3	−3	4
	1	−2	2	−2	5	−8	
	1	−3	5	−7	12		
	1	−4	9	−16			
	1	−5	14				
	1	−6					
	1						

Resposta: $y^6 - 6y^5 + 14y^4 - 16y^3 + 12y^2 - 8y + 4 = 0$.

EXERCÍCIOS

414. Qual é a equação polinomial cujas raízes são iguais às raízes da equação
$P_1(x) = x^4 + 2x^3 + 3x^2 + 4x + 5 = 0$
acrescidas de 50%?

Solução

A lei de transformação é $y = x + \frac{x}{2} = \frac{3x}{2}$, portanto $x = \frac{2y}{3}$. Então:

$$P_1(x) = P_1\left(\frac{2y}{3}\right) = \left(\frac{2y}{3}\right)^4 + 2\left(\frac{2y}{3}\right)^3 + 3\left(\frac{2y}{3}\right)^2 + 4\left(\frac{2y}{3}\right) + 5 = 0$$

Eliminando os denominadores, temos:

$P_2(y) = 16y^4 + 48y^3 + 108y^2 + 216y + 405 = 0$.

Resposta: $16y^4 + 48y^3 + 108y^2 + 216y + 405 = 0$.

415. Como fica o polinômio $P(x) = 3x^2 - 4x + 2$ desenvolvido segundo as potências de $(x + 2)$?

416. Desenvolvendo o polinômio $y = 2x^3 - 3x^2 + 4x - 5$ em potências de $x - 1$, quanto vale o coeficiente de $(x - 1)^2$?

417. Qual a equação desprovida de termo do primeiro grau que se obtém transformando a equação $5x^2 - 3x + 8 = 0$?

418. Determine a relação de transformação mediante a qual $y^3 - 12y + 16 = 0$ é uma transformada multplicativa de $x^3 - 3x + 2 = 0$.

Solução

Temos: $P_1(x) = x^3 - 3x + 2 = 0$, $P_2(y) = y^3 - 12y + 16$ e $y = kx$.

Determinemos k (em $\mathbb{R}$): $P_1(x) = P_1\left(\frac{y}{k}\right) = \left(\frac{y}{k}\right)^3 - 3\left(\frac{y}{k}\right) + 2 = 0$.

Eliminando os denominadores e identificando com $P_2(y)$, temos:

$y^3 - 3k^2y + 2k^3 \equiv y^3 - 12y + 16 = 0$

Portanto: $-3k^2 = -12 \Rightarrow k = \pm 2$

$2k^3 = 16 \Rightarrow k = 2$

Resposta: $y = 2x$.

419. Se o conjunto solução da equação $5x^3 - 4x^2 + 7x - 2 = 0$ é $\{a, b, c\}$, determine a equação cujo conjunto solução é $\{2a, 2b, 2c\}$.

420. Obtenha uma equação cujas raízes sejam os quádruplos das raízes de $x^3 - x^2 + 2x - 3 = 0$.

421. Determine a transformada aditiva de $x^3 + 2x^2 + 3x - 5 = 0$ desprovida de termo do segundo grau.

Solução

A transformada aditiva é:

$R_3 \cdot (x + a)^3 + R_2 \cdot (x + a)^2 + R_1 \cdot (x + a) + R_0 = 0$.

Aplicando Horner-Ruffini, vem:

$-a$	1	2	3	-5
	1	$2 - a$	$a^2 - 2a + 3$	$-a^3 + 2a^2 + 3a - 5 = R_0$
	1	$2 - 2a$	$3a^2 - 4a + 3 = R_1$	
	1	$2 - 3a = R_2$		
	$1 = R_3$			

Para não ocorrer termo do segundo grau, devemos ter

$$R_2 = 2 - 3a = 0 \Rightarrow a = \frac{2}{3}$$

$$R_3 = 1;\ R_2 = 0;\ R_1 = 3 \cdot \left(\frac{2}{3}\right)^2 - 4 \cdot \left(\frac{2}{3}\right) + 3 = \frac{5}{3}$$

$$R_0 = -\left(\frac{2}{3}\right)^3 + 2 \cdot \left(\frac{2}{3}\right)^2 - 3 \cdot \left(\frac{2}{3}\right) - 5 = -\frac{173}{27}$$

Resposta: $27y^3 + 45y - 173 = 0$.

422. Determine a transformada de $2x^3 - x^2 + x - 1 = 0$ mediante a relação de transformação $y = x - 2$.

423. Dada uma equação algébrica em *x* e sendo $y = x - h$, para que valores de *h* a equação transformada em *y* admite raiz nula? Justifique.

424. Determine a relação de transformação mediante a qual $y^3 + 9y^2 + 26y + 25 = 0$ é uma transformada aditiva de $x^3 - x + 1 = 0$.

Solução

Temos: $P_1(x) = x^3 - x + 1 = 0$, $P_2(y) = y^3 + 9y^2 + 26y + 25 = 0$, $y = x + a$.

Aplicando Horner-Ruffini, vem:

$-a$	1	0	-1	1
	1	$-a$	$a^2 - 1$	$-a^3 + a + 1 = R_0$
	1	$-2a$	$3a^2 - 1 = R_1$	
	1	$-3a = R_2$		
	$1 = R_3$			

Portanto:

$$\left.\begin{aligned} -a^3 + a + 1 &= 25 \\ 3a^2 - 1 &= 26 \\ -3a &= 9 \end{aligned}\right\} \Rightarrow a = -3$$

Resposta: $y = x - 3$.

425. Dada a equação $x^3 - 3x^2 + 4x - 6 = 0$, determine a relação de transformação mediante a qual se obtém sua transformada aditiva $y^3 + y - 4 = 0$.

426. Prove que existe sempre uma transformação aditiva $y = x + k$ que transforma a equação completa do 3º grau, $ax^3 + bx^2 + cx + d = 0$, em uma equação do 3º grau desprovida do termo de grau 2.

Sugestão: Tente calcular k em função de a, b, c, d, que são dados.

121. Transformação recíproca

Chama-se **transformação recíproca** aquela em que a relação de transformação é:

$$y = \frac{1}{x}, x \neq 0$$

Dada a equação primitiva $P_1(x) = 0$, substituindo x por $\frac{1}{y}$ e fazendo as simplificações, obtemos a transformada $P_2(y) = 0$, cujas raízes são precisamente os inversos das raízes de $P_1(x) = 0$.

122. Aplicações

1ª) Dada a equação $x^3 - 2x^2 + x + 1 = 0$, obter sua transformada pela relação $y = \frac{1}{x}$.

$$P_1(x) = P_1\left(\frac{1}{y}\right) = \left(\frac{1}{y}\right)^3 - 2\left(\frac{1}{y}\right)^2 + \left(\frac{1}{y}\right) + 1 = 0 \Rightarrow$$

$$\Rightarrow P_2(x) = 1 - 2y + y^2 + y^3 = 0$$

2ª) Obter a transformada que apresenta como raízes os inversos das raízes de $5x^3 + x^2 - x + 1 = 0$.

equação primitiva: $P_1(x) = 5x^3 + x^2 - x + 1 = 0$

relação de transformação: $y = \frac{1}{x}$

$$P_1(x) = P_1\left(\frac{1}{y}\right) = 5\left(\frac{1}{y}\right)^3 + \left(\frac{1}{y}\right)^2 - \left(\frac{1}{y}\right) + 1 = 0 \Rightarrow$$

$$\Rightarrow P_2(y) = y^3 - y^2 + y + 5 = 0$$

123. Observemos que, para obter a transformada recíproca, basta inverter totalmente a ordem dos coeficientes da equação primitiva e trocar *x* por *y*:

$$P_1(x) = a_n x^n + a_{n-1}x^{n-1} + a_{n-2}x^{n-2} + \dots + a_1 x + a_0 = 0$$

$$P_2(y) = a_0 y^n + a_1 y^{n-1} + a_2 y^{n-2} + \dots + a_{n-1} y + a_n = 0$$

Assim, por exemplo, temos:

$$P_1(x) = x^5 + 2x^4 + 3x^3 + 4x^2 + 5x + 6 = 0$$

$$P_2(x) = 6y^5 + 5y^4 + 4y^3 + 3y^2 + 2y + 1 = 0$$

EXERCÍCIOS

427. Dada a equação $x^4 + 3x^2 + 5x + 1 = 0$, determine sua transformada recíproca.

Solução

Temos:

$$P_1(x) = x^4 + 3x^2 + 5x + 1 = 0 \text{ e } y = \frac{1}{x}$$

Portanto:

$$P_1(x) = P_1\left(\frac{1}{y}\right) = \left(\frac{1}{y}\right)^4 + 3\left(\frac{1}{y}\right)^2 + 5\left(\frac{1}{y}\right) + 1 = 0$$

e, eliminando os denominadores, obtemos:

$$P_2(y) = 1 + 3y^2 + 5y^3 + y^4 = 0$$

Resposta: $y^4 + 5y^3 + 3y^2 + 1 = 0$.

428. As raízes da equação $2x^4 - 5x^3 + 3 = 0$ são representadas por *a*, *b*, *c*, *d*. Qual é a equação cujas raízes são representadas por $\frac{1}{a}, \frac{1}{b}, \frac{1}{c}, \frac{1}{d}$?

429. Obtenha uma equação cujas raízes sejam os inversos das raízes de: $5x^4 - x^3 + 7x^2 + 3x - 2 = 0$.

430. Determine *a*, *b*, *c* de modo que a equação

$ax^5 + bx^4 + cx^3 + 2x^2 + 5x - 1 = 0$

seja equivalente à sua transformada recíproca.

Solução

1º) Vamos obter a transformada recíproca:

$$a\left(\frac{1}{y}\right)^5 + b\left(\frac{1}{y}\right)^4 + c\left(\frac{1}{y}\right)^3 + 2\left(\frac{1}{y}\right)^2 + 5\left(\frac{1}{y}\right) - 1 = 0$$

isto é, $a + by + cy^2 + 2y^3 + 5y^4 - y^5 = 0$.

2º) A condição para que sejam equivalentes é:

$$\frac{a}{-1} = \frac{b}{5} = \frac{c}{2} = \frac{2}{c} = \frac{5}{b} = \frac{-1}{a}$$

então temos: $a^2 = 1$, $b^2 = 25$ e $c^2 = 4$.

Resposta: $a = -1$, $b = 5$, $c = 2$ ou $a = 1$, $b = -5$, $c = -2$.

II. Equações recíprocas

124. Definição

Uma equação polinomial $P(x) = 0$ é chamada recíproca se, e somente se, é equivalente à sua transformada recíproca $P\left(\frac{1}{x}\right) = 0$.

125. Raízes recíprocas e multplicidade

Teorema

Dada a equação recíproca $P(x) = 0$, se α é uma raiz com multiplicidade *m*, então $\frac{1}{\alpha}$ também é raiz com a mesma multiplicidade.

Demonstração:

Já vimos que, se $a \neq 0$ é uma raiz de $P(x) = 0$, então $\frac{1}{\alpha}$ é raiz da transformada recíproca $P\left(\frac{1}{x}\right) = 0$, portanto α e $\frac{1}{\alpha}$ têm a mesma multiplicidade.

Se $P(x) = 0$ é equivalente a $P\left(\frac{1}{x}\right) = 0$, então toda raiz da segunda também é raiz da primeira; portanto, $\frac{1}{\alpha}$ é raiz de $P(x) = 0$.

126. O teorema anterior sugere um processo para construir equações recíprocas: basta formar a equação tomando o cuidado de a cada raiz α fazer corresponder uma raiz $\frac{1}{\alpha}$ com a mesma multiplicidade de α.

Exemplos:

1º) $P(x) = 4(\overbrace{x - 2)\left(x - \frac{1}{2}}^{\text{inversas}}\right) = 0$ é uma equação recíproca, pois:

$P(x) = 4x^2 - 10x + 4 = 0$ e

$$P\left(\frac{1}{x}\right) = 4\left(\frac{1}{x}\right)^2 - 10\left(\frac{1}{x}\right) + 4 = \frac{4 - 10x + 4x^2}{x^2} = 0$$

são equivalentes.

2º) $P(x) = 18(\overbrace{x - 3)\left(x - \frac{1}{3}}^{\text{inversas}}\right)\overbrace{\left(x + \frac{2}{3}\right)\left(x + \frac{3}{2}\right)}^{\text{inversas}} = 0$ é uma equação recíproca que também pode ser escrita assim:

$18x^4 - 21x^3 - 94x^2 - 21x + 18 = 0.$

3º) $P(x) = 2(x - 1)^3\left(x - \overbrace{\frac{1}{2}\right)(x - 2}^{\text{inversas}}) = 0$ é uma equação recíproca que também pode ser escrita assim:

$2x^5 - 11x^4 + 23x^3 - 23x^2 + 11x - 2 = 0.$

Notemos neste exemplo que à raiz $\alpha = 1$ corresponde a raiz $\frac{1}{\alpha} = 1$.

4º) $P(x) = (x - 2)(x - 3) = x^2 - 5x + 6 = 0$ não é equação recíproca por apresentar raízes 2 e 3 não acompanhadas das respectivas inversas.

5º) $P(x) = (x - 2)^2\left(x - \frac{1}{2}\right)$ não é equação recíproca pois as raízes 2 e $\frac{1}{2}$ não têm a mesma multiplicidade.

127. Já aprendemos a reconhecer se uma equação colocada na forma fatorada é ou não é recíproca. Ocorre, entretanto, que as equações polinomiais raramente aparecem fatoradas. Veremos a teoria para fazer o reconhecimento de equações recíprocas no item seguinte.

128. Propriedade dos coeficientes de uma equação recíproca

Consideremos a equação polinomial de grau *n*:

$$P(x) = a_n x^n + a_{n-1}x^{n-1} + a_{n-2}x^{n-2} + \dots + a_2x^2 + a_1x + a_0 = 0$$

Dizemos que a_n e a_0 são os coeficientes **externos**.

Podemos observar, para todo *k* natural com $0 \leqslant k \leqslant n$, que o termo $a_{n-k}x^{n-k}$ é precedido por *k* termos da equação e o termo a_kx^k é sucedido por *k* termos. Os termos $a_{n-k}x^{n-k}$ e a_kx^k estão a igual "distância" dos extremos a_n e a_0, respectivamente. Dizemos, por isso, que os coeficientes a_{n-k} e a_k são coeficientes **equidistantes dos extremos**.

O esquema abaixo mostra os pares de coeficientes equidistantes dos extremos

$$a_nx^n + a_{n-1}x^{n-1} + a_{n-2}x^{n-2} + \dots + a_{n-k}x^{n-k} + \dots + a_kx^k + \dots + a_2x^2 + a_1x + a_0 = 0$$

Teorema 1

Se uma equação polinomial $P(x) = 0$ é recíproca, então os coeficientes equidistantes dos extremos são iguais 2 a 2 ou são opostos 2 a 2.

Demonstração:

Se a equação polinomial $P(x) = 0$ é recíproca, então $P(x)$ e $P\left(\frac{1}{x}\right)$ são equações equivalentes.

$$P(x) = a_nx^n + a_{n-1}x^{n-1} + a_{n-2}x^{n-2} + \dots + a_{n-k}x^{n-k} + \dots + a_kx^k + \dots + a_2x^2 + a_1x + a_0 = 0$$

$$P\left(\frac{1}{x}\right) = a_0x^n + a_1x^{n-1} + a_2x^{n-2} + \dots + a_kx^{n-k} + \dots + a_{n-k}x^k + \dots + a_{n-2}x^2 + a_{n-1}x + a_n = 0$$

então os coeficientes dessas equações são proporcionais, ou seja:

$a_n = ca_0$ (0)

$a_{n-1} = ca_1$ (1)

$a_{n-2} = ca_2$ (2)

....

$a_{n-k} = ca_k$ (k)

....

$a_k = ca_{n-k}$ (n − k)

....

$a_2 = ca_{n-2}$ (n − 2)

$a_1 = ca_{n-1}$ (n − 1)

$a_0 = ca_n$ (n)

Tomando as igualdades (k) e (n − k), temos:

$a_{n-k} = ca_k$ e $a_k = ca_{n-k}$

Então:

$a_{n-k} = c \cdot (ca_{n-k})$

Portanto:

$a_{n-k} = c^2a_{n-k}$

e daí $c^2 = 1$. Conclui-se que $c = 1$ ou $c = -1$.

Se $c = 1$, temos $a_{n-k} = a_k$ para k variando de 0 a n, ou seja, os coeficientes equidistantes dos extremos são 2 a 2 **iguais**.

Se $c = -1$, temos $a_{n-k} = -a_k$ para k variando de 0 a n, ou seja, os coeficientes equidistantes dos extremos são **opostos**.

Teorema 2

Se uma equação polinomial $P(x) = 0$ tem coeficientes equidistantes dos extremos 2 a 2 iguais ou 2 a 2 opostos, então a equação é recíproca.

Demonstração

Consideremos novamente as equações:

$P(x) = a_nx^n + a_{n-1}x^{n-1} + a_{n-2}x^{n-2} + ... + a_{n-k}x^{n-k} + ... + a_kx^k + ... + a_2x^2 +$
$+ a_1x + a_0 = 0$

$$P\left(\frac{1}{x}\right) = a_0x^n + a_1x^{n-1} + a_2x^{n-2} + \ldots + a_kx^{n-k} + \ldots + a_{n-k}x^k + \ldots + a_{n-2}x^2 +$$
$$+ a_{n-1}x + a_n = 0$$

Se $a_{n-k} = a_k$ para todo k compreendido entre 0 e n, então os coeficientes da 1ª equação são respectivamente iguais aos coeficientes da 2ª e, portanto, as equações são equivalentes.

Se $a_{n-k} = -a_k$ para todo k compreendido entre 0 e n, então os coeficientes da 1ª equação são respectivamente opostos aos coeficientes da 2ª e, portanto, as equações são equivalentes.

Conclusão: $P(x) = 0$ e $P\left(\frac{1}{x}\right) = 0$ são necessariamente equivalentes, ou seja, $P(x) = 0$ é uma equação recíproca.

Exemplos:

São equações recíprocas:

1º) $4x^2 - 10x + 4 = 0$

2º) $18x^4 - 21x^3 - 94x^2 - 21x + 18 = 0$

3º) $2x^5 - 11x^4 + 23x^3 - 23x^2 + 11x - 2 = 0$

4º) $3x^7 + 5x^5 + 5x^2 + 3 = 0$

que pode ser escrita:

$3x^7 + 0x^6 + 5x^5 + 0x^4 + 0x^3 + 5x^2 + 0x + 3 = 0$

129. Classificação

Para facilitar a resolução, classificaremos as equações recíprocas em:

a) equações recíprocas de 1ª espécie: aquelas em que os coeficientes equidistantes dos extremos são iguais:

$a_n = a_0, \quad a_{n-1} = a_1, \quad a_{n-2} = a_2, \ldots$

Exemplos:

1º) $3x^3 + 4x^2 + 4x + 3 = 0$

2º) $7x^4 - 11x^3 - 5x^2 - 11x + 7 = 0$

b) equações recíprocas de 2ª espécie: aquelas em que os coeficientes equidistantes dos extremos são simétricos:

$a_n = -a_0, \quad a_{n-1} = -a_1, \quad a_{n-2} = -a_2, \ldots$

Exemplos:

1º) $7x^3 - 6x^2 + 6x - 7 = 0$

2º) $4x^4 - 5x^3 + 5x - 4 = 0$

130. Propriedades

1ª) Toda equação $P(x) = 0$, recíproca de 2ª espécie, admite a raiz 1. A divisão de P por $x - 1$ conduz a uma equação recíproca de 1ª espécie.

De fato, se $P(x) = 0$ apresenta coeficientes equidistantes dos extremos simétricos, então a soma dos coeficiente é nula, isto é:

$P(1) = a_n + a_{n-1} + a_{n-2} + \ldots + a_2 + a_1 + a_0 = 0$ e 1 é raiz.

Aplicando o algoritmo de Briot-Ruffini, obtemos:

a_n	a_{n-1}	a_{n-2}	...	a_2	a_1	a_0	1
a_n	$(a_n + a_{n-1})$	$(a_n + a_{n-1} + a_{n-2})$	...	$(a_n + a_{n-1})$	a_n	0	

$\underbrace{\qquad\qquad\qquad\qquad}_{Q(x)}$

portanto $P(x) = (x - 1) \cdot Q(x) = 0$ e $Q(x) = 0$ é equação recíproca de 1ª espécie.

Exemplo:

A equação $4x^4 - 5x^3 + 5x - 4 = 0$ admite a raiz 1 e, dividindo o 1º membro por $x - 1$:

4	−5	0	5	−4	1
4	−1	−1	4	0	

recaímos em $(x - 1) \underbrace{(4x^3 - x^2 - x + 4)}_{Q(x)} = 0$, sendo $Q(x)$ de 1ª espécie.

2ª) Toda equação $P(x) = 0$, recíproca de 1ª expécie e grau ímpar, admite a raiz −1. A divisão de P por $x + 1$ conduz a uma equação recíproca de 1ª espécie e grau par.

De fato, como P(x) = 0 apresenta número par de coeficientes iguais 2 a 2, temos:

$$P(-1) = -a_n + a_{n-1} - a_{n-2} + \ldots + a_2 - a_1 + a_0 = 0 \text{ e } -1 \text{ é raiz.}$$

0

0

0

Aplicando o algoritmo de Briot-Ruffini, obtemos:

a_n	a_{n-1}	a_{n-2}	...	a_2	a_1	a_0	-1
a_n	$(a_{n-1} - a_n)$	$(a_{n-2} - a_{n-1} + a_n)$	...	$(a_1 - a_0)$	a_0	0	

Q(x)

Portanto P(x) = (x + 1) · Q(x) e Q(x) é equação recíproca de 1ª espécie e grau par.

Exemplo:

A equação $3x^3 + 4x^2 + 4x + 3 = 0$ admite a raiz −1 e, dividindo o 1º membro por x + 1:

3	4	4	3	−1
3	1	3	0	

recaímos em $(x + 1)\underbrace{(3x^2 + x + 3)}_{Q(x)} = 0$, sendo Q(x) de 1ª espécie e grau par.

131. Equações de 1ª espécie e grau par

Vamos resolver a equação P(x) = 0, em que $a_{n-k} = a_k$ $(0 \leqslant k \leqslant n)$ e $n = 2p$ (*n* é par). Temos:

$$a_0x^{2p} + a_1x^{2p-1} + a_2x^{2p-2} + \ldots + a_{p-2}x^{p+2} + a_{p-1}x^{p+1} + a_px^p + a_{p-1}x^{p-1} + \\ + a_{p-2}x^{p-2} + \ldots + a_2x^2 + a_1x + a_0 = 0$$

Dividindo ambos os membros por x^p, vem:

$$a_0x^p + a_1x^{p-1} + a_2x^{p-2} + \ldots + a_{p-2}x^2 + a_{p-1}x + a_p + a_{p-1}\frac{1}{x} + a_{p-2}\frac{1}{x^2} + \\ + \ldots + a_2\frac{1}{x^{p-2}} + a_1\frac{1}{x^{p-1}} + a_0\frac{1}{x^p} = 0$$

Associando os pares de termos equidistantes dos extremos, decorre:

$$a_0\left(x^p + \frac{1}{x^p}\right) + a_1\left(x^{p-1} + \frac{1}{x^{p-1}}\right) + a_2\left(x^{p-2} + \frac{1}{x^{p-2}}\right) + \ldots +$$

$$+ a_{p-2}\left(x^2 + \frac{1}{x^2}\right) + a_{p-1}\left(x + \frac{1}{x}\right) + a_p = 0$$

Adotando a incógnita auxiliar $y = x + \frac{1}{x}$, obtemos:

$$x^2 + \frac{1}{x^2} = y^2 - 2,\ x^3 + \frac{1}{x^3} = y^3 - 3y,\ x^4 + \frac{1}{x^4} = y^4 - 4y^2 + 2, \text{ etc.}$$

e a equação fica:

$$a_p + a_{p-1}y + a_{p-2}(y^2 - 2) + a_{p-3}(y^3 - 3y) + \ldots = 0, \text{ de grau } p = \frac{n}{2}$$

132. Exemplos:

1º) Resolver a equação $6x^4 - 35x^3 + 62x^2 - 35x + 6 = 0$.

Temos:

$$6x^2 - 35x + 62 - 35 \cdot \frac{1}{x} + 6 \cdot \frac{1}{x^2} = 0 \Rightarrow 6\left(x^2 + \frac{1}{x^2}\right) - 35\left(x + \frac{1}{x}\right) + 62 = 0$$

$$6(y^2 - 2) - 35(y) + 62 = 0 \Rightarrow 6y^2 - 35y + 50 = 0 \Rightarrow y = \frac{5}{2} \text{ ou } y = \frac{10}{3}$$

se $x + \frac{1}{x} = \frac{5}{2}$, então $2x^2 - 5x + 2 = 0$ e $x = 2$ ou $x = \frac{1}{2}$

se $x + \frac{1}{x} = \frac{10}{3}$, então $3x^2 - 10x + 3 = 0$ e $x = 3$ ou $x = \frac{1}{3}$

portanto $S = \left\{2, \frac{1}{2}, 3, \frac{1}{3}\right\}$.

2º) Resolver a equação $6x^6 - 13x^5 - 6x^4 + 26x^3 - 6x^2 - 13x + 6 = 0$.

Temos:

$$6x^3 - 13x^2 - 6x + 26 - 6 \cdot \frac{1}{x} - 13 \cdot \frac{1}{x^2} + 6 \cdot \frac{1}{x^3} = 0$$

$$6\left(x^3 + \frac{1}{x^3}\right) - 13\left(x^2 + \frac{1}{x^2}\right) - 6\left(x + \frac{1}{x}\right) + 26 = 0$$

$$6(y^3 - 3y) - 13(y^2 - 2) - 6y + 26 = 0 \Rightarrow 6y^3 - 13y^2 - 24y + 52 = 0$$

Pesquisando as raízes racionais dessa equação, obtemos $y = 2$ ou $y = -2$ ou $y = \frac{13}{6}$.

se $x + \frac{1}{x} = 2$, decorre $x = 1$ (raiz dupla)

se $x + \frac{1}{x} = -2$, decorre $x = -1$ (raiz dupla)

se $x + \frac{1}{x} = \frac{13}{6}$, decorre $x = \frac{2}{3}$ ou $x = \frac{3}{2}$

Portanto $S = \left\{1, -1, \frac{2}{3}, \frac{3}{2}\right\}$.

133. Resumo

1º) Se é dada uma equação recíproca de 2ª espécie e grau ímpar, sabemos que uma das raízes é 1 e, dividindo por $x - 1$, recaímos numa equação de 1ª espécie e grau par.

2º) Se é dada uma equação recíproca de 2ª espécie e grau par, sabemos que uma das raízes é 1 e, dividindo por $x - 1$, recaímos numa equação de 1ª espécie e grau ímpar. Nesta, uma das raízes é -1 e, dividindo por $x + 1$, recaímos numa equação de 1ª espécie e grau par.

3º) Se é dada uma equação recíproca de 1ª espécie e grau ímpar, sabemos que uma das raízes é -1 e, dividindo por $x + 1$, recaímos numa equação de 1ª espécie e grau par.

Assim, todas as equações recíprocas acabam recaindo em equação de 1ª espécie e grau par.

EXERCÍCIOS

431. Resolva a equação recíproca: $6x^3 - 19x^2 + 19x - 6 = 0$.

Solução

1º) Trata-se de uma equação de 2ª espécie, portanto 1 é raiz. Apliquemos Briot:

1	6	−19	19	−6
	6	−13	6	0

Recaímos na equação $6x^2 - 13x + 6 = 0$.

2º) Aplicando a fórmula da equação do 2º grau, temos:

$$x = \frac{13 \pm \sqrt{169 - 144}}{12} = \frac{13 \pm 5}{12} \Rightarrow x = \frac{3}{2} \text{ ou } x = \frac{2}{3}$$

Resposta: $S = \left\{1, \frac{2}{3}, \frac{3}{2}\right\}$.

432. Resolva a equação recíproca: $2x^4 - 4x^3 + 4x - 2 = 0$.

Solução

1º) Trata-se de equação de 2ª espécie com grau par, portanto admite as raízes 1 e −1. Apliquemos Briot:

1	2	−4	0	4	−2
−1	2	−2	−2	2	0
	2	−4	2	0	

Recaímos em $2x^2 - 4x + 2 = 0$.

2º) Aplicando a fórmula da equação do 2º grau, temos:

$$x = \frac{4 \pm \sqrt{16 - 16}}{4} = 1.$$

Resposta: $S = \{1, -1\}$.

433. Resolva a equação recíproca: $x^5 - 5x^4 + 9x^3 - 9x^2 + 5x - 1 = 0$.

Solução

1º) 2ª espécie $\Rightarrow$ 1 é raiz

Briot							
	1	1	−5	9	−9	5	−1
		1	−4	5	−4	1	0

2º) Recaímos em $x^4 - 4x^3 + 5x - 4x + 1 = 0$, que é de 1ª espécie e grau par. Apliquemos a técnica usual:

$$x^2 - 4x + 5 - 4\left(\frac{1}{x}\right) + 1\left(\frac{1}{x^2}\right) = 0 \Rightarrow \left(x^2 + \frac{1}{x^2}\right) - 4\left(x + \frac{1}{x}\right) + 5 = 0 \Rightarrow$$

$$\Rightarrow (y^2 - 2) - 4y + 5 = 0 \Rightarrow y^2 - 4y + 3 = 0 \Rightarrow y = 1 \text{ ou } y = 3$$

$$(1)\ x + \frac{1}{x} = 1 \Rightarrow x^2 - x + 1 = 0 \Rightarrow x = \frac{1 \pm \sqrt{1 - 4}}{2} = \frac{1 \pm i\sqrt{3}}{2}$$

$$(2)\ x + \frac{1}{x} = 3 \Rightarrow x^2 - 3x + 1 = 0 \Rightarrow x = \frac{3 \pm \sqrt{9 - 4}}{2} = \frac{3 \pm \sqrt{5}}{2}$$

Resposta: $S = \left\{1, \frac{1 + i\sqrt{3}}{2}, \frac{1 - i\sqrt{3}}{2}, \frac{3 + \sqrt{5}}{2}, \frac{3 + \sqrt{5}}{2}\right\}$.

434. Resolva a equação: $4x^6 - 21x^4 + 21x^2 - 4 = 0$.

435. Resolva a equação: $ax^5 - bx^4 + (3b - 5a)x^3 - (3b - 5a)x^2 + bx - a = 0$.

436. Dada a equação: $x^6 + 8ax^5 + (b - 2)x^4 + (4a + b + c)x^3 + 2ax^2 + (b - 2a)x - 1 = 0$, determine *a*, *b*, *c* de modo que seja recíproca e resolva.

437. Resolva a equação: $x^5 - 5x^4 + 9x^3 - 9x^2 + 5x - 1 = 0$.

438. Resolva a equação recíproca: $8x^4 - 54x^3 + 101x^2 - 54x + 8 = 0$.

Solução

Trata-se de equação de 1ª espécie e grau par. Façamos a divisão por x^2 e apliquemos a mudança de variável: $x + \frac{1}{x} = y$ e $x^2 + \frac{1}{x^2} = y^2 - 2$.

Temos: $8x^2 - 54x + 101 - 54\left(\frac{1}{x}\right) + 8\left(\frac{1}{x^2}\right) = 0 \Rightarrow$

$\Rightarrow 8\left(x^2 + \frac{1}{x^2}\right) - 54\left(x + \frac{1}{x}\right) + 101 = 0$

$8(y^2 - 2) - 54y + 101 = 0 \Rightarrow 8y^2 - 54y + 85 = 0$

Resolvendo esta última, obtemos $y = \frac{5}{2}$ ou $y = \frac{17}{4}$.

1ª possibilidade: $x + \frac{1}{x} = \frac{5}{2} \Rightarrow 2x^2 - 5x + 2 = 0 \Rightarrow$

$\Rightarrow x = \frac{5 \pm \sqrt{25 - 16}}{4} = \frac{5 \pm 3}{4} \Rightarrow x = 2$ ou $x = \frac{1}{2}$

2ª possibilidade: $x + \frac{1}{x} = \frac{17}{4} \Rightarrow 4x^2 - 17x + 4 = 0 \Rightarrow$

$\Rightarrow x = \frac{17 \pm \sqrt{289 - 64}}{8} = \frac{17 \pm 15}{8} \Rightarrow x = 4$ ou $x = \frac{1}{4}$

Resposta: $S = \left\{2, \frac{1}{2}, 4, \frac{1}{4}\right\}$.

439. Resolva a equação: $2x^3 - 3x^2 - 3x + 2 = 0$.

440. Resolva a equação: $x^3 + x^2 + x + 1 = 0$.

441. Resolva a equação: $6x^4 + 35x^3 + 62x^2 + 35x + 6 = 0$.

442. Resolva a equação $z^4 + z^3 + z^2 + z + 1 = 0$ no campo complexo e mostre que, numa certa ordem, as raízes estão em progressão geométrica.

443. Resolva a equação: $y^5 - 4y^4 + y^3 + y^2 - 4y + 1 = 0$.

444. Resolva a equação: $\frac{1 + x^4}{(1 + x)^4} = \frac{1}{2}$.

445. A soma dos 5 termos de uma P.G. de números reais é 484 e a soma dos termos de ordem par é 120. Escreva a P.G.

446. Quais as raízes da equação $\frac{1}{2}x^4 - \frac{1}{3}x^3 + x^2 - \frac{1}{3}x + \frac{1}{2} = 0$?

CAPÍTULO V

Raízes múltiplas e raízes comuns

I. Derivada de uma função polinomial

134. Definição

1º) Dada a função polinomial $f: \mathbb{C} \to \mathbb{C}$ definida por:

$$f(x) = a_n x^n + a_{n-1}x^{n-1} + a_{n-2}x^{n-2} + \dots + a_1 x + a_0,$$

em que $a_n \neq 0$ e $n > 0$, chama-se função polinomial derivada de f(x) a função $f': \mathbb{C} \to \mathbb{C}$ definida por:

$$f'(x) = na_n x^{n-1} + (n-1)a_{n-1}x^{n-2} + (n-2)a_{n-2}x^{n-3} + \dots + a_1 + 0$$

2º) Se $f(x) = k$, $\forall x \in \mathbb{C}$, então a função polinomial derivada é definida por $f'(x) = 0$.

135. Exemplos:

1º) $f(x) = 2x + 3 \Rightarrow f'(x) = 1 \cdot 2 \cdot x^0 + 0 = 2$

2º) $f(x) = 5x^2 + 3x + 4 \Rightarrow f'(x) = 2 \cdot 5 \cdot x + 1 \cdot 3 \cdot x^0 + 0 = 10x + 3$

3º) $f(x) = 7x^4 + 6x^3 + 5x^2 + 4x + 3 \Rightarrow$

$\Rightarrow f'(x) = 4 \cdot 7 \cdot x^3 + 3 \cdot 6 \cdot x^2 + 5 \cdot 2 \cdot x + 4 \cdot 1 \cdot x^0 + 0 =$

$= 28x^3 + 18x^2 + 10x + 4$

136. Observemos atentamente o que ocorre com cada termo de f(x) na passagem para f'(x):

$$\underbrace{ax^p}_{\text{em } f(x)} \quad \rightarrow \quad \underbrace{pax^{p-1}}_{\text{em } f'(x)}$$

É como se o expoente *p* de *x* (em *f*) passasse a multiplicar o coeficiente *a* e fosse substituído por p − 1 (uma unidade inferior a *p*).

137. Derivada da soma de funções polinomiais

Teorema

Sejam as funções polinomiais:

$g(x) = a_n x^n + a_{n-1}x^{n-1} + a_{n-2}x^{n-2} + \ldots + a_1 x + a_0$ e

$h(x) = b_n x^n + b_{n-1}x^{n-1} + b_{n-2}x^{n-2} + \ldots + b_1 x + b_0$

Se $f(x) \equiv g(x) + h(x)$, então $f'(x) = g'(x) + h'(x)$

Demonstração:

$$f(x) = g(x) + h(x) = (a_n + b_n)x^n + (a_{n-1} + b_{n-1})x^{n-1} + (a_{n-2} + b_{n-2})x^{n-2} + \ldots + (a_1 + b_1)x + (a_0 + b_0)$$

Vamos calcular as funções derivadas dessas funções:

$g'(x) = na_n x^{n-1} + (n-1)a_{n-1}x^{n-2} + (n-2)a_{n-2}x^{n-3} + \ldots + a_1$

$h'(x) = nb_n x^{n-1} + (n-1)b_{n-1}x^{n-2} + (n-2)b_{n-2}x^{n-3} + \ldots + b_1$

$$f'(x) = n(a_n + b_n)x^{n-1} + (n-1)(a_{n-1} + b_{n-1})x^{n-2} + (n-2)(a_{n-2} + b_{n-2})x^{n-3} + \ldots + (a_1 + b_1)$$

É evidente que $f'(x) = g'(x) + h'(x)$.

138. Derivada do produto de funções monomiais

Teorema

Sejam as funções polinomiais $\alpha = ax^p$ e $\beta = bx^q$. Se $\gamma = \alpha\beta$, então:

$\gamma' = \alpha'\beta + \alpha\beta'$.

Demonstração:

$\gamma = \alpha\beta = abx^{p+q} \Rightarrow \gamma' = (p+q)abx^{p+q+1}$ então:

$\gamma' = pabx^{p-1}x^q + qabx^p x^{q-1} = (pax^{p-1})(bx^q) + (ax^p)(qbx^{q-1}) = \alpha'\beta + \alpha\beta'$

139. Derivada do produto de função polinomial por monômio

Teorema

Sejam as funções polinomiais:

$g(x) = a_n x^n + a_{n-1}x^{n-1} + a_{n-2}x^{n-2} + \dots + a_1 x + a_0$ e $\beta = bx^q$.

Se $f(x) = g(x)\beta$, então $f'(x) = g'(x)\beta + g(x)\beta'$.

Demonstração:

Fazendo $\alpha_i = a_i x^i$, temos $g(x) = \alpha_n + \alpha_{n-1} + \alpha_{n-2} + \dots + \alpha_1 + \alpha_0$

portanto:

$f(x) = g(x) \cdot \beta = (\alpha_n + \alpha_{n-1} + \alpha_{n-2} + \dots + \alpha_1 + \alpha_0)\beta =$

$= \alpha_n\beta + \alpha_{n-1}\beta + \alpha_{n-2}\beta + \dots + \alpha_1\beta + \alpha_0\beta$

Então, aplicando os dois teoremas anteriores, temos:

$f'(x) = (\alpha'_n\beta + \alpha_n\beta') + (\alpha'_{n-1}\beta + \alpha_{n-1}\beta') + (\alpha'_{n-2}\beta + \alpha_{n-2}\beta') + \dots +$

$+ (\alpha'_0\beta + \alpha_0\beta') = (\alpha'_n + \alpha'_{n-1} + \alpha'_{n-2} + \dots + \alpha'_0)\beta + (\alpha_n + \alpha_{n-1} + \alpha_{n-2} + \dots + \alpha_0)\beta' =$

$= g'(x)\,\beta + g(x)\beta'$

140. Derivada do produto de funções polinomiais

Teorema

Sejam as funções polinomiais:

$g(x) = a_n x^n + a_{n-1}x^{n-1} + a_{n-2}x^{n-2} + \dots + a_1 x + a_0$

$h(x) = b_m x^m + b_{m-1}x^{m-1} + b_{m-2}x^{m-2} + \dots + b_1 x + b_0$

Se $f(x) = g(x) \cdot h(x)$, então $f'(x) = g'(x) \cdot h(x) + g(x) \cdot h'(x)$.

Demonstração:

Fazendo $\beta_i = b_i x^i$, temos: $h(x) = \beta_m + \beta_{m-1} + \beta_{m-2} + \dots + \beta_1 + \beta_0$

portanto:

$f(x) = g(x) \cdot h(x) = g(x)\beta_m + g(x)\beta_{m-1} + g(x)\beta_{m-2} + \dots + g(x)\beta_0$

Então, aplicando o teorema anterior, temos:

$f'(x) = [g'(x)\beta_m + g(x)\beta'_m] + [g'(x)\beta_{m-1} + g(x)\beta'_{m-1}] + \dots + [g'(x)\beta_0 + g(x)\beta'_0] =$

$= g'(x)(\beta_m + \beta_{m-1} + \beta_{m-2} + \dots + \beta_0) + g(x)(\beta'_m + \beta'_{m-1} + \beta'_{m-2} + \dots + \beta'_0) =$

$= g'(x)\,h(x) + g(x)\,h'(x)$

141. Derivada da potência de função polinomial

Teorema

Se $f(x) = [g(x)]^n$, com $n > 0$, então $f'(x) = n \cdot [g(x)]^{n-1} \cdot g'(x)$.

Demonstração:

1º) Prova-se por indução finita que, se

$f(x) = g_1(x) \cdot g_2(x) \cdot g_3(x) \cdot \ldots \cdot g_n(x)$,

Então:

$f'(x) = g_1' g_2 g_3 \ldots g_n + g_1 g_2' g_3 \ldots g_n + \ldots + g_1 g_2 g_3 \ldots g_n'$

2º) Supondo $g_1 = g_2 = g_3 = \ldots = g_n = g$, temos como consequência do anterior que, se

$$f(x) = \underbrace{g(x) \cdot g(x) \cdot g(x) \cdot \ldots \cdot g_n(x)}_{n} \cdot [g(x)]^n,$$

Então:

$$f'(x) = \underbrace{g'gg \ldots g}_{n} + \underbrace{gg'g \ldots g}_{n} + \underbrace{ggg' \ldots g}_{n} + \ldots + \underbrace{ggg \ldots g'}_{n} = n\underbrace{(ggg \ldots g)}_{n-1} \cdot g' =$$

$$= n[g(x)]^{n-1} \cdot g'(x)$$

142. Aplicações

1ª) $f(x) = \underbrace{(x-1)^4}_{g(x)} \Rightarrow f'(x) = 4 \cdot (x-1)^3 \cdot \underset{\substack{\downarrow \\ g'(x)}}{1} = 4(x-1)^3$

2ª) $f(x) = \underbrace{(x^2 + x + 1)^5}_{g(x)} \Rightarrow f'(x) = 5 \cdot (x^2 + x + 1)^4 \cdot \underbrace{(2x + 1)}_{g'(x)}$

3ª) $f(x) = \underbrace{(x^2 + 3x + 1)}_{g(x)} \underbrace{(x^3 + 4x^2 + 5x + 3)}_{h(x)} \Rightarrow$

$\Rightarrow f'(x) = \underbrace{(2x + 3)}_{g'(x)} \underbrace{(x^3 + 4x^2 + 5x + 3)}_{h(x)} + \underbrace{(x^2 + 3x + 1)}_{g(x)} \underbrace{(3x^2 + 8x + 5)}_{h'(x)}$

143. Derivações sucessivas

Vimos no item 134 que, dada a função polinomial f(x), podemos definir a função polinomial derivada representada por f'(x) ou $f^{(1)}(x)$:

$$f^{(1)}(x) = na_n x^{n-1} + (n-1)a_{n-1}x^{n-2} + (n-2)a_{n-2}x^{n-3} + \ldots + 2a_2x + a_1$$

Como f'(x) também é uma função polinomial, é possível determinar a sua função polinomial derivada (f'(x))', obtendo a chamada função derivada-segunda de f(x), que será denotada por f''(x) ou $f^{(2)}(x)$.

Notemos que:

$$f^{(2)}(x) = n(n-1)a_n x^{n-2} + (n-1)(n-2)a_{n-1}x^{n-2} + \ldots + 3 \cdot 2 \cdot a_3x + 2a_2$$

A derivada da função polinomial $f^{(2)}(x)$ é chamada função derivada-terceira de f(x) e será denotada por f'''(x) ou $f^{(3)}(x)$. Notemos que:

$$f^{(3)}(x) = n(n-1)(n-2)a_n x^{n-3} + (n-1)(n-2)(n-3)a_{n-1}x^{n-4} + \ldots +$$
$$+ 3 \cdot 2 \cdot 1 \cdot a_3$$

E, assim por diante, a derivada da função polinomial $f^{(r-1)}(x)$ é chamada função derivada-erreésima de f(x) e será denotada por $f^{(r)}(x)$.

$$f^{(r)}(x) = (f^{(r-1)}(x))'$$

Exemplo:

Calcular as derivadas sucessivas da função polinomial

$f(x) = x^4 + 2x^3 + 3x^2 + 4x + 5$.

Temos:

$f^{(1)}(x) = 4x^3 + 6x^2 + 6x + 4$

$f^{(2)}(x) = 12x^2 + 12x + 6$

$f^{(3)}(x) = 24x + 12$

$f^{(4)}(x) = 24$

$f^{(5)}(x) = f^{(6)}(x) = f^{(7)}(x) = \ldots = 0$

Observemos que a cada derivação o grau da função polinomial diminui em uma unidade. Assim, se f(x) tem grau *n*, então todas as derivadas de ordem superior a *n* são identicamente nulas.

EXERCÍCIOS

447. Determine a derivada-primeira das seguintes funções polinomiais:

a) $f(x) = 4x^3 - \frac{5}{2}x^2 + 11x + 3$

b) $f(x) = \frac{3}{4}x^4 + \frac{2}{3}x^3 + \frac{1}{2}x^2 + x + 2$

c) $f(x) = (2x - 7)(3x + 4)$

d) $f(x) = (x^2 - 3x + 4)(3x^2 + 5x - 1)$

e) $f(x) = (x + 1)(x + 2)(2x + 3)$

f) $f(x) = (3x^2 - 7x + 4)^5$

g) $f(x) = (3x - 5)^7$

h) $f(x) = (3 - 2x)^5$

i) $f(x) = (x^2 + 2x + 1)(x - 1)$

j) $f(x) = (x + 2)^2 (x + 1)^3$

k) $f(x) = (x^2 - 3x + 4)^3 (2x - 1)^2$

448. Calcule a derivada-terceira da função polinomial $f(x) = x^7$.

Solução

$f(x) = x^7 \Rightarrow f^{(1)}(x) = 7x^6 \Rightarrow f^{(2)}(x) = 42x^5 \Rightarrow f^{(3)}(x) = 210x^4$

Resposta: $f^{(3)}(x) = 210x^4$.

449. Calcule a derivada de ordem *p* da função $f(x) = x^n (p \leq n)$.

Solução

$f(x) = x^n \Rightarrow f^{(1)}(x) = nx_{n-1} \Rightarrow f^{(2)}(x) = n(n - 1)x^{n-2} \Rightarrow$

$\Rightarrow f^{(3)}(x) = n(n - 1)(n - 2)x^{n-3} \Rightarrow \ldots \Rightarrow$

$\Rightarrow f^{(p)}(x) = n(n - 1)(n - 2) \ldots (n - p + 1)x^{n-p}$

Resposta: $f^{(p)}(x) = n(n - 1)(n - 2) \ldots (n - p + 1)x^{n-p} = A_{n,p} \cdot x^{n-p}$.

450. Determine as derivadas sucessivas da função $f(x) = 7x^3 - 11x^2 + 5x - 3$.

451. Determine a derivada-oitava da função $f(x) = ax^5 + bx^4 + cx^3 + dx^2 + ex + f$.

452. Sendo $P(x) = 5x^3 + ax^2 + bx + c$,

a) obtenha *k* para que se tenha identicamente
$P(x) + k(x - 1) P'(x) + (x^2 + 1) P''(x) \equiv 0$;

b) calcule os coeficientes *a*, *b* e *c*;

c) mostre que P(x) é da forma (x − 1) Q(x) e calcule este polinômio Q(x).

453. Qual o valor numérico do polinômio derivado de $P(x) = 3x^4 + 12x - 7$ para $x = -1$?

454. Um polinômio P(x) é igual ao produto de seu polinômio derivado P'(x) por (x − a). Qual o grau de P(x)?

455. Um polinômio de coeficientes inteiros na variável *x* tem grau par, seu termo independente é ímpar e o coeficiente do termo de maior grau é 1. Assinale a resposta falsa.

a) O valor de P(x) para x = 0 é número ímpar.

b) O zero não é raiz de P(x).

c) O polinômio derivado tem grau ímpar.

d) O coeficiente do termo de maior grau do polinômio derivado é ímpar.

e) Nenhum número par pode ser raiz desse polinômio.

II. Raízes múltiplas

144. Vimos no item 91 que *r* é raiz da equação polinomial f(x) = 0, com multiplicidade *m*, se:

$$f(x) = (x - r)^m \cdot q(x) \text{ e } q(r) \neq 0$$

Vamos ver agora dois teoremas que facilitam a pesquisa das raízes múltiplas de uma equação polinomial.

145. Multiplicidade de uma raiz e função polinomial derivada

Teorema

Se *r* é raiz de multiplicidade *m* da equação f(x) = 0, então *r* é raiz de multiplicidade m − 1 da equação f'(x) = 0, em que f'(x) é a derivada-primeira de f(x).

Demonstração:

$$f(x) = (x - r)^m \cdot q(x) \Rightarrow f'(x) = m(x - r)^{m-1}q(x) + (x - r)^m q'(x)$$

portanto, temos:

$$f'(x) = (x - r)^{m-1}[m \cdot q(x) + (x - r) \cdot q'(x)]$$

e, como $m \cdot q(r) + (r - r) \cdot q'(r) = m \cdot q(r) \neq 0$, decorre que *r* é raiz de multiplicidade $m - 1$ de $f'(x) = 0$.

146. Corolário 1

Se *r* é raiz de multiplicidade *m* da equação $f(x) = 0$, então *r* é raiz de

$$f^{(1)}(x) = 0, \quad f^{(2)}(x) = 0, \; f^{(3)}(x) = 0, \; \ldots, \; f^{(m-1)}(x) = 0$$

com multiplicidades $m - 1, m - 2, m - 3, \ldots, 1$, respectivamente, e *r* não é raiz de $f^{(m)}(x) = 0$.

147. Corolário 2

Se *r* é raiz das equações

$$f(x) = 0, \quad f^{(1)}(x) = 0, \; f^{(2)}(x) = 0, \; \ldots, \; f^{(m-1)}(x) = 0$$

e *r* não é raiz da equação $f^{(m)}(x) = 0$, então a multiplicidade de *r* em $f(x) = 0$ é *m*.

148. Resumo

A condição necessária e suficiente para que um número *r* seja raiz com multiplicidade *m* de uma equação polinomial $f(x) = 0$ é que *r* seja raiz das funções $f(x)$, $f^{(1)}(x)$, $f^{(2)}(x)$, ..., $f^{(m-1)}(x)$ e não seja raiz de $f^{(m)}(x)$.

EXERCÍCIOS

456. Verifique se a equação $2x^3 - 9x^2 + 12x + 6 = 0$ tem alguma raiz dupla.

Solução

Toda eventual raiz dupla da equação dada $f(x) = 0$ também é raiz da derivada-primeira $f^{(1)}(x) = 6x^2 - 18x + 12$; portanto, temos:

$$6x^2 - 18x + 12 = 0 \Rightarrow x^2 - 3x + 2 = 0 \Rightarrow x = 1 \text{ ou } x = 2$$

Os "candidatos" a raiz dupla são o 1 e o 2. Façamos a verificação:

$f(1) = 2(1)^3 - 9(1)^2 + 12(1) + 6 = 11 \neq 0$

$f(2) = 2(2)^3 - 9(2)^2 + 12(2) + 6 = 10 \neq 0$

Resposta: Não há raiz dupla.

457. Resolva a equação $4x^3 - 20x^2 - 33x - 18 = 0$, sabendo que admite uma raiz dupla.

Solução

Fazendo $f(x) = 4x^3 - 20x^2 - 33x - 18$, temos:

$f^{(1)}(x) = 12x^2 - 40x + 33$.

A raiz dupla é necessariamente raiz de $f^{(1)}(x)$, portanto:

$$12x^2 - 40x + 33 = 0 \Rightarrow x = \frac{40 \pm \sqrt{1600 - 1584}}{24} = \frac{40 \pm 4}{24} \begin{cases} \frac{3}{2} \\ \frac{11}{6} \end{cases}$$

Pesquisando em f(x), temos: $f\left(\frac{3}{2}\right) = 0$ e $f\left(\frac{11}{6}\right) \neq 0$. Assim, a raiz dupla de f(x) é $\frac{3}{2}$. Aplicando Briot:

4	−20	33	−18	$\frac{3}{2}$
4	−14	12	0	$\frac{3}{2}$
4	−8	0		

recaímos em $4x - 8 = 0$; portanto a outra raiz é 2.

Resposta: $S = \left\{\frac{3}{2}, 2\right\}$.

458. Verifique se a equação $x^3 - 3x + 8 = 0$ tem raízes iguais.

459. Pesquise raízes múltiplas na equação $x^5 - 2x^4 + 3x^3 - 7x^2 + 8x - 3 = 0$.

460. Resolva a equação $x^3 - 5x^2 + 8x - 4 = 0$, sabendo que existem raízes múltiplas.

461. Obtenha as raízes múltiplas das equações:

a) $x^4 - 12x^3 + 52x^2 - 96x + 64 = 0$

b) $x^5 + x^4 - 5x^3 - x^2 + 8x - 4 = 0$

462. Resolva a equação $x^4 - x^3 - 3x^2 + 5x - 2 = 0$, sabendo que admite uma raiz de multiplicidade 3.

463. Determine *p* e *q* de modo que a equação $x^3 + x^2 + qx + p = 0$ admita uma raiz com multiplicidade 3.

Solução

Fazendo $f(x) = x^3 + x^2 + qx + p$, obtemos:

$f^{(1)}(x) = 3x^2 + 2x + q$

$f^{(2)}(x) = 6x + 2$

$f^{(3)}(x) = 6 \neq 0$

A condição do problema estará satisfeita se existir um número *r* tal que $f(r) = 0$, $f^{(1)}(r) = 0$ e $f^{(2)}(r) = 0$. Temos:

$$f^{(2)}(x) = 0 \Rightarrow 6x + 2 = 0 \Rightarrow x = -\frac{1}{3}$$

$$f^{(1)}\left(-\frac{1}{3}\right) = 3\left(-\frac{1}{3}\right)^2 + 2\left(-\frac{1}{3}\right) + q = 0 \Rightarrow q = \frac{1}{3}$$

$$f\left(-\frac{1}{3}\right) = \left(-\frac{1}{3}\right)^3 + \left(-\frac{1}{3}\right)^2 + \frac{1}{3}\left(-\frac{1}{3}\right) + p = 0 \Rightarrow p = \frac{1}{27}$$

Resposta: $p = \frac{1}{27}$ e $q = \frac{1}{3}$.

464. Determine *a* e *b* de modo que a equação $x^4 + 6x^2 + ax + b = 0$ admita uma raiz tripla.

Solução

Fazendo $f(x) = x^4 - 6x^2 + ax + b$, obtemos:

$f^{(1)}(x) = 4x^3 - 12x + a$, $f^{(2)}(x) = 12x^2 - 12$, $f^{(3)}(x) = 24x$.

A condição do problema estará satisfeita se existir um número *r* tal que $f(r) = f^{(1)}(r) = f^{(2)}(r) = 0$ e $f^{(3)}(r) \neq 0$. Temos:

$f^{(2)}(x) = 0 \Rightarrow 12x^2 - 12 = 0 \Rightarrow x = \pm 1$

1ª possibilidade: $x = 1$

$f^{(1)} = 0 \Rightarrow 1^4 - 6 \cdot 1^2 + a \cdot 1 + b = 0 \Rightarrow a + b = 5$

$f^{(1)}(1) = 0 \Rightarrow 4 \cdot 1^3 - 12 \cdot 1 + a = 0 \Rightarrow a = 8$

portanto $a = 8$ e $b = -3$.

2ª possibilidade: $x = -1$

$f(-1) = 0 \Rightarrow (-1)^4 - 6 \cdot (-1)^2 + a(-1) + b = 0 \Rightarrow b - a = 5$

$f^{(1)}(-1) = 0 \Rightarrow 4(-1)^3 - 12(-1) + a = 0 \Rightarrow a = -8$

portanto $a = -8$ e $b = -3$.

Resposta: $(a = 8$ e $b = -3)$ ou $(a = -8$ e $b = -3)$.

465. Determine *a*, *b*, c de modo que 1 seja raiz dupla da equação $x^3 - 3ax^2 + bx + c = 0$.

Solução

A condição do problema estará satisfeita se

$f(1) = f^{(1)}(1) = 0$ e $f^{(2)}(1) \neq 0$.

Fazendo $f(x) = x^3 - 3ax^2 + bx + c$, obtemos:

$f^{(1)}(x) = 3x^2 - 6ax + b$ e $f^{(2)}(x) = 6x - 6a$.

Impondo as condições, resulta:

$f(1) = 0 \Rightarrow 1^3 - 3a \cdot 1^2 + b \cdot 1 + c = 0 \Rightarrow b + c - 3a = -1$

$f^{(1)}(1) = 0 \Rightarrow 3 \cdot 1^2 - 6a \cdot 1 + b = 0 \Rightarrow b - 6a = -3$

Donde vem: $b = 6a - 3$ e $c = 2 - 3a$.

Como $f^{(2)}(1) \neq 0$, devemos ter $a \neq 1$.

Responda: $b = 6a - 3$, $c = 2 - 3a$ e $a \neq 1$.

466. É dada a equação $x^3 - 3x^2 - 9x + \lambda = 0$.

a) Quais os valores de λ para os quais a equação admite uma raiz dupla?

b) Para que valores de λ a equação tem três raízes reais distintas duas a duas?

467. Prove que a equação $x^4 + px^2 + q = 0$, $p \neq 0$ e $q \neq 0$, não pode ter três raízes iguais.

468. Determine a condição para que a equação $x^3 + px + q = 0$ tenha raízes múltiplas.

469. Determine a condição para que a equação $x^3 - px - q = 0$ tenha uma raiz dupla.

470. Determine *m* de modo que a equação $x^3 - 2x^2 + x + m - 1 = 0$ tenha uma raiz dupla.

471. Se a equação $x^3 + ax^2 + 3x + 1 = 0$ tem raiz tripla, qual o valor de *a*?

472. Determine a condição para que a equação $x^4 - px - q = 0$ tenha uma raiz dupla. Calcule essa raiz.

473. Determine *m* de modo que a equação $x^4 + mx^2 + 8x - 3 = 0$ admita uma raiz tripla e, em seguida, resolva a equação.

474. Determine *m* de modo que a equação $x^3 + mx - 2 = 0$ admita uma raiz dupla e resolva a equação.

475. Prove que as equações binomiais $ax^n + b = 0$, com $a \neq 0$ e $b \neq 0$, não têm raízes múltiplas.

476. Demonstre que, se a equação $x^3 - ax + b = 0$ ($ab \neq 0$, reais) tiver uma raiz dupla, então *a* será sempre positivo.

477. Determine *k* de modo que a equação $3x^4 - 8x^3 - 6x^2 + 24x + k = 0$ admita uma raiz dupla negativa e, em seguida, resolva a equação.

478. a) Defina raiz múltipla de um polinômio.

b) Para que valores de α a equação $2x^3 - 3\text{sen } ax^2 + \cos^3 \alpha = 0$ tem raízes múltiplas?

c) Mostre que a equação do item *b* possui uma raiz simples qualquer que seja α.

479. Parte A: Determine o número complexo $z = x + iy$ tal que os números z, $\frac{1}{z}$ e $1 - z$ tenham o mesmo módulo.

Parte B: Um polinômio $P(x) = x^3 + ax^2 + bx + c$ é divisível pelo seu polinômio derivado $P'(x)$ e esse é divisível por $x - 1$. Determine os coeficientes *a*, *b* e *c*.

480. Qual é a multiplicidade da raiz zero no polinômio

$x^{180} + (\text{sen } 1° + \cos 1°)x^{179} + (\text{sen } 1° + \cos 1°)(\text{sen } 2° + \cos 2°)x^{178} +$
$+ (\text{sen } 1° + \cos 1°)(\text{sen } 2° + \cos 2°)(\text{sen } 3° + \cos 3°)x^{177} + \ldots$?

III. Máximo divisor comum

149. Definição

Dados dois polinômios não nulos *f* e *g*, dizemos que o polinômio *h* é o **máximo divisor comum** de *f* e *g* se, e somente se, verificar as seguintes condições:

D1) *h* é unitário;

D2) *h* é divisor de *f* e de *g*;

D3) se qualquer outro polinômio h_1 também é divisor de *f* e de *g*, então h_1 é divisor de *h*.

Indicaremos o máximo divisor comum de dois polinômios com a notação:

$$h = \text{mdc}\ (f, g)$$

150. Exemplos:

1º) Se $f = (x - 1)(x - 2)^2 (x - 3)$ e $g = (x - 2)(x - 3)(x - 4)$, então $h = (x - 2)(x - 3)$ satisfaz as condições D1, D2, D3; portanto, $h = \text{mdc}\ (f, g)$.

2º) Se $f = x^4 - 1$ e $g = x^4 - 3x^3 + 3x^2 - 3x + 2$, então $h = x^3 - x^2 + x - 1$ satisfaz as condições D1, D2 e D3, portanto, $h = \text{mdc}\ (f, g)$.

Veremos como obter $h = \text{mdc}\ (f, g)$ no item seguinte.

151. mdc e resto da divisão de dois polinômios

Teorema

Se *f* e *g* são polinômios não nulos e *r* é o resto da divisão de *f* por *g*, então $\text{mdc}\ (f, g) = \text{mdc}\ (g, r)$.

Demonstração:

Seja $h = \text{mdc}\ (f, g)$. Por definição, *h* é divisor de *f* e de *g*, portanto:

(1) $f = q_1 \cdot h$ e (2) $g = q_2 \cdot h$

Por outro lado, se *r* é o resto da divisão de *f* por *g*, então:

(3) $r = f - q \cdot g$

Substituindo (1) e (2) em (3), resulta:

$$r = q_1 \cdot h - q \cdot q_2 \cdot h = (q_1 - q \cdot q_2) \cdot h$$

isto é, *h* é divisor de *r*.

Seja $h_1 = \text{mdc}\ (g, r)$. Como *h* é divisor de *g* e de *r*, resulta que *h* é divisor de h_1. Provemos que $h = h_1$, mostrando que h_1 também é divisor de *h*.

Por definição, h_1 é divisor de g e de r, portanto:

$g = q_3 \cdot h_1 \quad e \quad r = q_4 \cdot h_1$

e então:

$f = qg + r = q \cdot q_3 \cdot h_1 + q_4h_1 = (q \cdot q_3 + q_4)h_1$

isto é, h_1 é divisor de f e, como também é divisor de g, resulta que h_1 é divisor de h.

Conclusão: h é divisor de h_1 e h_1 é divisor de h; portanto, $h = h_1$.

$$\text{mdc }(f, g) = \text{mdc }(g, r)$$

152. Método das divisões sucessivas

Como principal aplicação do teorema anterior, temos o método das divisões sucessivas para obter o mdc (f, g), que se baseia nas seguintes observações:

a) dados dois polinômios não nulos f e g, com $\partial f \geqslant \partial g$, seja r_1 o resto da divisão de f por g, então mdc $(f, g) = $ mdc (g, r_1);

b) Se $r_1 = 0$, então $g = $ mdc (f, g) e o problema é imediato; se $r_1 \neq 0$, seja r_2 o resto da divisão de g por r_1, então mdc $(g, r_1) = $ mdc (r_1, r_2);

b) Se $r_2 = 0$, então $r_1 = $ mdc (f, g); se $r_2 \neq 0$, seja r_3 o resto da divisão de r_1 por r_2, entao mdc $(r_1, r_2) = $ mdc (r_2, r_3).

e assim por diante. Notemos que, após um certo número finito k de divisões sucessivas, atingimos necessariamente uma divisão exata (pois os graus dos restos diminuem ao menos uma unidade por vez até que atingimos um resto r_k constante, e a divisão de r_{k-1} por r_k é exata).

$$\begin{array}{r|l} f & g \\ \hline r_1 & q_1 \end{array} \qquad \begin{array}{r|l} g & r_1 \\ \hline r_2 & q_2 \end{array} \qquad \begin{array}{r|l} r_1 & r_2 \\ \hline r_3 & q_3 \end{array} \quad \dots \quad \begin{array}{r|l} r_{k-1} & r_k \\ \hline 0 & q_{k+1} \end{array}$$

O polinômio r_k (devidamente multiplicado pelo inverso do seu coeficiente dominante, para ser polinômio unitário) é o mdc (f, g).

Exemplo:

Obter o mdc dos polinômios

$f = x^4 - 3x^3 + 3x^2 - 3x + 2$ e $g = x^2 - 4x + 3$.

1º) Dividindo f por g obtemos $q_1 = x^2 + x + 4$ e $r_1 = 10x - 10$.

2º) Dividindo g por r_1 obtemos $q_2 = \frac{1}{10}x - \frac{3}{10}$ e $r_2 = 0$; portanto:

$$\text{mdc}\,(f, g) = \frac{1}{10} \cdot r_1 = x - 1$$

Algoritmo:

	q_1 → $x^2 + x + 4$	$\frac{1}{10}x - \frac{3}{10}$ ← q_2
f → $x^4 - 3x^3 + 3x^2 - 3x + 10$	$x^2 - 4x + 3$ ← g	$10x - 10$ ← r_1
r_1 → $10x - 10$	0 ↑ r_2	

153. Polinômios primos

Se mdc (f, g) − 1, então os polinômios *f* e *g* são chamados **polinômios primos** entre si.

Assim, por exemplo, $f = x^3 + x$ e $g = x^2 - 1$ são primos entre si.

	x	$\frac{1}{2}x$	$-2x$	
$x^3 + x$	$x^2 - 1$	$2x$	-1	
$2x$	-1	0		

$$\text{mdc}\,(f, g) = -1 \cdot \frac{1}{-1} = 1$$

EXERCÍCIOS

481. Determine o mdc dos polinômios:

$f = x^4 + 4x^3 + 3x^2 - 4x - 4$ e $g = x^3 - 2x^2 - 5x + 6$.

482. Determine o mdc dos polinômios:

$f = x^6 + 2x^5 + x^3 + 3x^2 + 3x + 2$ e $g = x^4 + 4x^3 + 4x^2 - x - 2$

483. Determine o mdc (f, g) se $f = (x^2 - 1)^2 (x + 1)^3$ e $g = (x^3 + 1)(x - 1)$.

484. Prove que, se *f* e *g* são polinômios divisíveis por $(x - a)^p$, então o resto da divisão de *f* por *g* também é divisível por $(x - a)^p$.

485. Determine o mdc dos polinômios:

$f = 5(x - 2)^2 (x - 4)^2 (x - 3)^4$ e $g = 4(x - 2)(x - 4)^4 (x + 1)$

486. Determine o mdc dos polinômios $f = (x^2 - 1)^3 (x + 1)^2$ e $g = (x - 1)^4 (x + 1)^4$.

IV. Raízes comuns

154. Vamos desenvolver uma teoria que permite estabelecer as **raízes comuns** a dois polinômios *f* e *g*, isto é, as raízes comuns a duas equações polinomiais $f(x) = 0$ e $g(x) = 0$.

155. Raízes comuns e resto da divisão

Teorema

Se α é uma raiz dos polinômios *f* e *g*, então α é uma raiz de *r*, resto da divisão de *f* por *g*.

Demonstração:

$$f = q \cdot g + r \Rightarrow r = f - q \cdot g \Rightarrow r(\alpha) = f(\alpha) - q(\alpha) \cdot g(\alpha) \Rightarrow$$
$$\Rightarrow r(\alpha) = 0 - q(\alpha) \cdot 0 = 0$$

156. Dividendo e raízes comuns ao divisor e ao resto

Recíproco

Se α é uma raiz dos polinômios *g* e *r*, então α é uma raiz de *f*.

Demonstração:

$$f = q \cdot g + r \Rightarrow f(\alpha) = q(\alpha) \cdot g(\alpha) + r(\alpha) = q(\alpha) \cdot 0 + 0 = 0$$

157. Raízes comuns e mdc

Teorema

Se α é uma raiz dos polinômios *f* e *g*, então α é uma raiz do mdc (f, g).

Demonstração:

Suponhamos aplicado o método das divisões sucessivas:

$$\begin{array}{r|l} f & g \\ \hline r_1 & q_1 \end{array} \qquad \begin{array}{r|l} g & r_1 \\ \hline r_2 & q_2 \end{array} \qquad \begin{array}{r|l} r_1 & r_2 \\ \hline r_3 & q_3 \end{array} \quad \cdots \quad \begin{array}{r|l} r_{k-1} & r_k \\ \hline 0 & q_{k+1} \end{array}$$

Se α é raiz de *f* e *g*, então α é raiz de r_1; se α é raiz de *g* e r_1, então α é raiz de r_2; se α é raiz de r_1 e r_2 então α é raiz de r_3; e assim por diante, α é raiz de r_k = mdc (f, g).

158. Raiz do mdc e raízes comuns

Recíproco

Se α é uma raiz do mdc (f e g) então α é uma raiz de *f* e de *g*.

Demonstração análoga à anterior.

159. Aplicação

1ª) Determinar as raízes comuns aos polinômios $f = x^3 - 2x^2 - 2x - 3$ e $g = x^2 - x - 6$.

Temos:

$$\begin{array}{rrrr|l} x^3 & -2x^2 & -2x & -3 & x^2 - x - 6 \\ \cline{5-5} -x^3 & +x^2 & +6x & & x - 1 \\ \cline{1-4} & -x^2 & +4x & -3 & \\ & x^2 & -x & -6 & \\ \cline{2-4} & & 3x & -9 & \end{array} \qquad \begin{array}{rrr|l} x^2 & -x & -6 & 3x - 9 \\ \cline{4-4} -x^2 & +3x & & \frac{1}{3}x + \frac{2}{3} \\ \cline{1-3} & 2x & -6 & \\ & -2x & +6 & \\ \cline{2-3} & & 0 & \end{array}$$

então mdc (f, g) = $x - 3$; portanto a única raiz comum a *f* e *g* é 3.

2ª) Obter as raízes comuns às equações polinomiais
$x^3 - 6x^2 + 5x + 12 = 0$ e $x^3 - 5x^2 - 2x + 24 = 0$.

$$\begin{array}{r|l} x^3 - 6x^2 + 5x + 12 & x^3 - 5x^2 - 2x + 24 \\ \hline -x^3 + 5x^2 + 2x - 24 & 1 \\ \hline -x^2 + 7x - 12 & \end{array}$$

$$\begin{array}{r|l} x^3 - 5x^2 - 2x + 24 & -x^2 + 7x - 12 \\ \hline -x^3 + 7x^2 - 12x & -x - 2 \\ \hline 2x^2 - 14x + 24 & \\ -2x^2 + 14x - 24 & \\ \hline 0 & \end{array}$$

então mdc (f, g) $= x^2 - 7x + 12$; portanto as raízes comuns a *f* e *g* são as raízes da equação $x^2 - 7x + 12 = 0$, isto é, 3 e 4.

160. Raízes comuns múltiplas e resto da divisão

Teorema

Se *f* e *g* são polinômios divisíveis por $(x - \alpha)^m$, então *r*, resto da divisão de *f* por *g*, também é divisível por $(x - \alpha)^m$.

Demonstração:

Por hipótese, temos:

$f = (x - \alpha)^m \cdot q_1$, $g = (x - \alpha)^m \cdot q_2$ e $f = qg + r$

Daí decorre:

$r = f - q \cdot g = (x - \alpha)^m \cdot q_1 - q \cdot (x - \alpha)^m \cdot q_2 = (x - \alpha)^m \cdot (q_1 - q \cdot q_2)$.

161. Raízes comuns múltiplas e mdc

Teorema

Se *f* e *g* são polinômios divisíveis por $(x - \alpha)^m$, então o mdc (f, g) também é divisível por $(x - \alpha)^m$.

Demonstração

Suponhamos aplicado o método das divisões sucessivas:

$$\begin{array}{r|l} f & g \\ \hline r_1 & q_1 \end{array} \qquad \begin{array}{r|l} g & r_1 \\ \hline r_2 & q_2 \end{array} \qquad \begin{array}{r|l} r_1 & r_2 \\ \hline r_3 & q_3 \end{array} \quad \dots \quad \begin{array}{r|l} r_{k-1} & r_k \\ \hline 0 & q_{k+1} \end{array}$$

Se *f* e *g* são divisíveis por $(x - \alpha)^m$, então r_1 é divisível por $(x - \alpha)^m$; se *g* e r_1 são divisíveis por $(x - \alpha)^m$, então o mesmo ocorre com r_2; se r_1 e r_2 são divisíveis por $(x - \alpha)^m$, então o mesmo ocorre com r_3; e assim por diante, r_k = mdc (f, g) é divisível por $(x - \alpha)^m$.

162. Corolário

Se α é raiz de *f* e de *g*, com multiplicidades m_1 e m_2, respectivamente, então α é raiz do mdc (f, g) com multiplicidade igual ao menor dos números m_1 ou m_2.

163. Suponhamos dados dois polinômios *f* e *g*, não nulos, já decompostos em fatores:

$$f = a_n(x - \alpha)^{n_1} (x - \beta)^{n_2} (x - \gamma)^{n_3} \dots$$

$$g = b_m(x - \alpha)^{m_1} (x - \beta)^{m_2} (x - \gamma)^{m_3} \dots$$

em que as bases das potências $x - \alpha$, $x - \beta$, $x - \gamma$, ... são duas a duas distintas.

Decorre do corolário anterior que o mdc (f, g) é o polinômio unitário produto dos fatores comuns a *f* e *g*, tomado cada fator com o menor dos expoentes com que aparece em *f* e *g*.

Exemplos:

$$f = 3(x - 1)^2 (x - 2)^3 (x - 5)^7 (x + 3)^5$$

$$g = 2(x - 1)^3 (x - 2)^2 (x - 5)^4 (x + 4)^7$$

Então:

$$\text{mdc}(f, g) = (x - 1)^2 (x - 2)^2 (x - 5)^4$$

Notemos que os fatores não comuns $(x + 3)$, que aparece só em *f*, e $(x + 4)$, que aparece só em *g*, não são fatores do mdc (f, g).

EXERCÍCIOS

487. Determine *a* e *b* de modo que os polinômios
$f = x^3 + x^2 + ax + b$ e $g = x^2 - x$ tenham duas raízes comuns.

Solução

Temos $g = x(x - 1)$; portanto, as raízes comuns a *f* e *g* são 0 e 1.

Vamos impor $f(0) = 0$ e $f(1) = 0$:

$f(0) = 0 \Rightarrow 0^3 + 0^2 + a \cdot 0 + b = 0 \Rightarrow b = 0$

$f(1) = 0 \Rightarrow 1^3 + 1^2 + a \cdot 1 + b = 0 \Rightarrow a + b = -2$

assim, temos $b = 0$ e $a = -2$.

Responda: $a = -2$ e $b = 0$.

488. Determineas raízes comuns e as não comuns às equações:
$x^4 + 4x^3 + 3x^2 - 4x - 4 = 0$ e $x^3 - 2x^2 - 5x + 6 = 0$.

489. Calcule as raízes comuns aos polinômios
$f = x^3 - ax^2 - b^2x + ab^2$ e $g = x^3 + bx^2 - a^2x - a^2b$.

490. Calcule as raízes comuns aos polinômios
$f = x^4 - 1$, $g = x^3 + x$ e $h = x^4 - x^3 + x^2 - x$.

491. Determine *a* de modo que as equações $x^3 - 3x^2 - 4x + a = 0$ e $x^2 - 3x + 2 = 0$ admitam uma raiz comum.

492. $(x - \alpha)$ é mdc de $P(x) = x^n + a_1x^{n-1} + \ldots + a_{n-1}x + a_n$ e de $Q(x) = nx^{n-1} + (n - 1)a_1x^{n-2} + \ldots + a_{n-1}$.
Qual pode ser uma raiz dupla de P(x)?

V. Mínimo múltiplo comum

164. Mínimo múltiplo comum de dois polinômios

Dados dois polinômios não nulos *f* e *g*, dizemos que *h* é o **mínimo múltipo comum** de *f* e *g* se, e somente se, verificar as seguintes condições:

M1) *h* é unitário;

M2) *h* é divisor de *f* e de *g*;

M3) se qualquer outro polinômio h_1 também é divisível por *f* e por *g*, então h_1 é divisível por *h*.

Indicaremos o mínimo múltiplo comum de dois polinômios com a notação:

$$h = \text{mmc}\ (f, g)$$

150. Exemplos:

1º) Se $f = (x - 1)\ (x - 2)^2(x - 3)$ e $g = (x - 2)(x - 3)(x - 4)$, então $h = (x - 1)(x - 2)^2(x - 3)(x - 4)$ satisfaz as condições M1, M2 e M3; portanto, $h = \text{mmc}\ (f, g)$.

2º) Se $f = x^2 - 1$ e $g = x^3 - 1$, então o mmc (f, g) é $h = x^4 + x^3 - x - 1$ por satisfazer as condições M1, M2 e M3.

Veremos como obter $h = \text{mmc}\ (f, g)$ no item seguinte.

166. Raízes múltiplas e mmc

Teorema

Se *f* e *g* são polinômios divisíveis por $(x - \alpha)^m$, então o mmc (f, g) também é divisível por $(x - \alpha)^m$.

Demonstração:

Seja $h = \text{mmc}\ (f, g)$.

Suponhamos, por exemplo, que *f* seja divisível por $(x - \alpha)^m$.

Então $f = (x - \alpha)^m q$, e como *h* é divisível por *f*, temos $h = fq_1 = (x - \alpha)^m qq_1$.

Portanto, *h* é divisível por $(x - \alpha)^m$.

Analogamente, se ao invés de *f* tomamos *g* como múltiplo de $(x - \alpha)^m$, concluímos que *h* é divisível por $(x - \alpha)^m$.

Como consequência desse teorema, concluímos que se α é raiz de *f* e de *g*, com multiplicidade m_1 e m_2, respectivamente, então α é raiz do mmc (f, g) com multiplicidade igual ao maior dos números m_1 ou m_2.

167. Suponhamos dados dois polinômios *f* e *g*, não nulos, já decompostos em fatores:

$$f = a_n(x - \alpha)^{n_1} (x - \beta)^{n_2} (x - \gamma)^{n_3} \ldots$$

$$f = b_m(x - \alpha)^{m_1} (x - \beta)^{m_2} (x - \alpha)^{m_3} \ldots$$

em que as bases das potências $x - \alpha$, $x - \beta$, $x - \gamma$ ... são duas a duas distintas.

Decorre do teorema anterior que o mmc (f, g) é o polinômio unitário produto dos fatores comuns e não comuns a *f* e *g*, tomando cada fator com o maior dos expoentes com que aparece em *f* e *g*.

Exemplo:

$$f = 3(x - 1)^2 (x - 2)^3 (x - 5)^7 (x + 3)^5$$

$$g = 2(x - 1)^3 (x - 2)^2 (x - 5)^4 (x + 4)^7$$

Então:

$$\text{mmc}(f, g) = (x - 1)^3 (x - 2)^3 (x - 5)^7 (x + 3)^5 (x + 4)^7$$

EXERCÍCIOS

493. Determine o mmc e o mdc dos polinômios $x^{14} - 2x^{13} + x^{12}$ e $x^2 - 1$.

494. Determine o mmc e o mdc dos polinômios
$f = x^2 - 1$, $g = (x - 1)^2$ e $h = x^3 - 1$.

495. Prove que, se *f* é divisível por $(x - \alpha)^3$ e *g* é divisível por $(x - \alpha)^2$, então mmc (f, g) é divisível por $(x - \alpha)^n$ com $n \geq 3$.

Solução

Devido às hipóteses feitas, temos:

$f = (x - \alpha)^3 \cdot q_1$ e $g = (x - \alpha)^2 \cdot q_2$.

Por definição de mmc (f, g), decorre que esse polinômio é divisível por *f*.

Portanto:

$\text{mmc}(f, g) = f \cdot q = (x - \alpha)^3 \cdot q_1 \cdot q$

então mmc (f, g) é divisível por $(x - \alpha)^n$, em que *n* é no mínimo 3 ($n \geq 3$).

Notemos que $n > 3$ se α é raiz de q_1.

496. Efetue a soma $\frac{1}{x+2} + \frac{2}{x-2} - \frac{3}{x^2-4}$.

Solução

Fazendo $f = x + 2$, $g = x - 2$ e $h = x^2 - 4$, resulta que

mmc $(f, g, h) = x^2 - 4 = (x + 2)(x - 2)$, então:

$$\frac{1}{x+2} + \frac{2}{x-2} - \frac{3}{x^2-4} = \frac{1 \cdot (x-2) + 2 \cdot (x+2) - 3}{(x+2)(x-2)} = \frac{3x-1}{(x+2)(x-2)}$$

Resposta: $\frac{3x-1}{x^2-4}$.

497. Reduza a uma só fração: $\frac{2}{x-1} + \frac{3}{x+1} - \frac{1}{x^2-1}$.

498. Simplifique a fração algébrica: $y = \frac{x^4 + 4x^3 + 3x^2}{x^6 + 5x^5 + 7x^4 + 3x^3}$.

Solução

Determinemos o mdc dos polinômios

$f = x^6 + 5x^5 + 7x^4 + 3x^3$ e $g = x^4 + 4x^3 + 3x^2$

	$x^2 + x$	
$x^6 + 5x^5 + 7x^4 + 3x^3$	$x^4 + 4x^3 + 3x^2$	
0		

mdc $(f, g) = x^4 + 4x^3 + 3x^2$

$$\text{portanto } y = \frac{\dfrac{x^4 + 4x^3 + 3x^2}{x^4 + 4x^3 + 3x^2}}{\dfrac{x^6 + 5x^5 + 7x^4 + 3x^3}{x^4 + 4x^3 + 3x^2}} = \frac{1}{x^2 + x}$$

Resposta: $y = \frac{1}{x^2 + x}$.

499. Simplifique a fração: $\frac{2x^4 + 2x^3 - 3x^2 - 2x + 1}{x^3 + 2x^2 + 2x + 1}$.

500. O que se obtém simplificando a expressão:

$$\frac{x^3 + x^2 - x - 1}{x^2 - 1} + \frac{x^3 + 8}{(x + 1)(x + 2)}?$$

Solução

$$\frac{x^3 + x^2 - x - 1}{x^2 - 1} + \frac{x^3 + 8}{(x + 1)(x + 2)} =$$

$$= \frac{\cancel{(x^2 - 1)}(x + 1)}{\cancel{(x^2 - 1)}} = \frac{\cancel{(x + 2)}(x^2 - 2x + 4)}{(x + 1)\cancel{(x + 2)}} = (x + 1) + \frac{x^2 - 2x + 4}{x + 1} =$$

$$= \frac{(x + 1)^2 + (x^2 - 2x + 4)}{(x + 1)} = \frac{2x^2 + 5}{x + 1}$$

Resposta: $\dfrac{2x^2 + 5}{x + 1}$.

501. Qual a expressão equivalente a

$$\frac{1}{x^2 + 2x + 1} + \frac{3x - 3}{x^2 - 1} - \frac{2x + 4}{x^2 + 3x + 2}?$$

502. Resolva a equação: $\dfrac{1}{(x - 1)^2 (x - 2)^3} + \dfrac{1}{(x - 1)^3 (x - 2)^2} = 0.$

503. Quais os valores de A e B tais que $\dfrac{1 + x}{x - x^2} = \dfrac{A}{x} + \dfrac{B}{1 - x}$?

Solução

$$\frac{1 + x}{x - x^2} = \frac{A}{x} + \frac{B}{1 - x} \Rightarrow \frac{1 + x}{x(1 - x)} = \frac{A(1 - x) + Bx}{x(1 - x)} \Rightarrow$$

$$\Rightarrow \frac{x + 1}{x(1 - x)} = \frac{(-A + B)x + A}{(1 - x)}$$

Portanto: $\begin{cases} -A + B = 1 \\ A = 1 \end{cases}$ e, portanto, B = 2.

Resposta: A = 1 e B = 2.

504. Calcule *a* e *b* na identidade:

$$\frac{x}{x^2 - 1} = \frac{a}{x - 1} + \frac{b}{x + 1} \quad (x \neq \pm 1).$$

505. Determine as constantes A, B e C de modo que se verifique a identidade:

$$\frac{1}{(x-1)(x^2+1)} \equiv \frac{A}{x-1} + \frac{Bx+C}{x^2+1}.$$

506. Determine α e β reais de modo que a igualdade

$$\frac{x}{(x+1)(x-1)} = \frac{\alpha}{x+1} + \frac{\beta}{x-1}$$

se verifique para todo $x \in \mathbb{R} - \{1, -1\}$.

507. $\dfrac{6-5x}{x^3-5x^2+6x} = \dfrac{A}{x-a} + \dfrac{B}{x-b} + \dfrac{C}{x-c}$, em que A, B e C são reais e *a*, *b* e *c* são raízes de $x^3 - 5x^2 + 6x = 0$. Qual a proposição verdadeira?

a) $A = -2; B = -1; C = 0$

b) $A = 1; B = -3; C = 2$

c) $A = 1; B = 2; C = -3$

508. Qual o valor de

$$\frac{1}{1 \cdot 3} + \frac{1}{3 \cdot 5} + \frac{1}{5 \cdot 7} + \frac{1}{7 \cdot 9} + \ldots + \frac{1}{(2n-1)(2n+1)} + \ldots?$$

Observação: Determine 2 constantes A e B, tais que

$$\frac{1}{(2n-1)(2n+1)} = \frac{A}{2n-1} + \frac{B}{2n+1}.$$

509. Dados os polinômios $f(x) = x^3 - 2x^2 + 1$ e $g(x) = x^2 + x - 2$, tem-se $f(x) = q(x) \cdot g(x) + r(x)$, em que $r(x)$ é linear. Calcule o valor de B na identidade:

$$\frac{f(x)}{g(x)} = q(x) + \frac{A}{x-1} + \frac{B}{x+2}$$

510. Dois trinômios do segundo grau

$P(x) = ax^2 + bx + c$ e

$Q(x) = a'x^2 + b'x + c'$

possuem uma raiz comum x_0, simples. Qual o mínimo múltiplo comum desses 2 trinômios?

511. Prove que, se *f* e *g* são polinômios unitários, então $f \cdot g = \text{mdc}(f, g) \cdot \text{mmc}(f, g)$.

LEITURA

Galois: nasce a Álgebra Moderna

Hygino H. Domingues

Em seu livro *Reflexões sobre a resolução algébrica de equações* (1770), Joseph Louis Lagrange chegou a um método para resolução de equações de grau dois, três e quatro baseado numa ideia central em que um dos componentes principais era a incipiente teoria das permutações. Como esse método, aplicado às equações de grau cinco, apresentasse dificuldades que não conseguiu vencer, Lagrange chegou a aventar a hipótese de que seria impossível uma solução geral por radicais (ver p. 146) dessas equações. Mas expressou a ideia de que a "verdadeira filosofia da questão" estava na teoria das permutações.

Em 1826 Abel (ver p. 147) se encarregou de confirmar a impressão de Lagrange. Cerca de cinco anos depois o jovem francês Evariste Galois (1811-1832) iria caracterizar, em termos da teoria das permutações, as condições de resolubilidade por radicais das equações algébricas.

Galois nasceu numa aldeia próxima a Paris da qual seu pai era o prefeito. Ao que parece, seu gosto pela matemática só irrompeu em 1827, no Colégio Louis-le-Grand de Paris, onde ingressara quatro anos antes: entusiasmou-se tanto com os *Elementos de Geometria* de Legendre que praticamente leu essa obra de um fôlego. Aos 16 anos de idade tentou ingressar na Escola Politécnica, desejoso de ser aluno dos excelentes matemáticos que lá lecionavam. Fracassou por falta de preparo sistemático, como fracassaria dois anos depois numa nova tentativa. Mais sucesso teve na Escola Normal Superior, na qual obteve uma vaga em outubro de 1829, mas foi excluído em janeiro de 1831, por sua atuação política, considerada subversiva pelo diretor. Em 30 de maio de 1832 foi atingido por uma bala num duelo provavelmente forjado pela polícia, que via nele um radical republicano perigoso. No dia seguinte, ainda sem completar 21 anos, morria de peritonite num hospital de Paris.

COLEÇÃO PARTICULAR. THE BRIDGEMAN LIBRARY/ GRUPO KEYSTONE

Evariste Galois (1811-1832).

Essas e outras atribulações, bem como o pouco tempo que viveu, não impediram que Galois produzisse uma obra que, embora pequena, seria das mais renovadoras da matemática em todos os tempos.

Assim é que, já em maio de 1829, enviou à Academia de Ciências seus resultados sobre a teoria das equações. Cauchy, designado para a avaliação, perdeu o material. Em fevereiro de 1830, volta à carga com outra versão de suas ideias. Fourier, que deveria examinar o trabalho, morreu antes de emitir seu parecer. E outra vez um manuscrito de Galois sumia. Em janeiro de 1831 bate às portas da Academia com o artigo "Uma memória sobre as condições de resolubilidade das equações por radicais". Depois de seis meses Poisson emitiu seu parecer: os argumentos não eram suficientemente claros com vistas a uma opinião definitiva. Nas vésperas do duelo, Galois fez o derradeiro esforço para ser entendido. Numa carta a um amigo descreveu o conteúdo da memória rejeitada por Poisson, solicitando empenho em fazer publicá-la — o que ocorreu no mesmo ano, porém sem repercussão. Só em 1843, graças a J. Liouville (1809-1882), suas ideias começaram a ser devidamente avaliadas.

Que ideias?

Galois introduziu a noção de *grupo* em matemática (e o próprio termo pelo qual é conhecida), dando assim, muito provavelmente, o primeiro passo na criação da álgebra moderna. Uma coleção G de permutações do conjunto das raízes de uma equação é um grupo se:

(i) $f, g \in G \Rightarrow g \circ f \in G$; (ii) $f \in G \Rightarrow f^{-1} \in G$.

A teoria de Galois associa a cada equação algébrica um conveniente grupo de permutações de suas raízes. E estabelece que a equação é resolúvel por radicais se, e somente se, esse grupo é de um certo tipo (definido na teoria). Por fim conseguia-se uma caracterização da resolubilidade por radicais! E como, para $n \geqslant 5$, sempre há equações de grau n, cujo grupo não é do tipo definido por Galois, o próprio teorema de Ruffini-Abel (p. 147) passava a ser uma consequência da teoria de Galois.

A título de ilustração, registramos que se p é um número primo positivo, então a equação $x^5 + px + p = 0$ não é resolúvel por radicais, o que se demonstra nos cursos ou textos da teoria de Galois. Mas há polinômios de grau > 5 que o são, por exemplo, $x^{11} - 1 = 0$, cuja solução (sobre a qual se infere a afirmação feita) encontra-se num escrito do matemático francês A. T. Vandermonde (1735-1796), editado em 1771, ou seja, décadas antes do nascimento de Abel e Galois.

Uma amostra de como Galois estava à frente de seu tempo é o fato de que só em 1870 suas ideias conseguiram ser plenamente elucidadas.

Respostas dos exercícios

Capítulo I

2. a) $5 - 3i$ b) $3 - 10i$ c) $2 - 2i$ d) $3 - 5i$

3. a) $17 + 7i$ b) $5i$ c) $36 - 2i$ d) 53

4. $26 + 7i$

5. a) $5 + 12i$ b) $24 - 10i$ c) $-2 + 2i$

6. $f(1 - i) = -i$

7. $f(1 + i) = 2(1 + i)$

9. a) 1 b) -1 c) i d) $-i$

10. $2^{48}(2 - i)$

11. zero

12. -5

13. 4

15. a) $x = -3; y = 3$
b) $x = 2; y = 1$
c) $x = 4; y = -3$
d) $x = 1; y = 1$ ou $x = -1; y = -1$
e) $x = 2; y = 0$
f) $x = 6; y = 2$

16. $x = 1 + i; y = i$

17. $ad + bc = 0$

18. $a \cdot b \neq 0$ e $a = \pm b$

20. a) $-i$
b) $\frac{1}{2} - \frac{1}{2}i$
c) $\frac{2}{5} + \frac{11}{5}i$
d) i
e) $-\frac{1}{2} - \frac{1}{2}i$
f) $\frac{3}{5} - \frac{4}{5}i$
g) $-1 + i$
h) $-\frac{1}{2} + \frac{1}{2}i$

22. $1 + i$

23. $-i$

24. $3 - 3i$

25. $v = 1 - i$

26. $1, i, -1, -i$

28. $\frac{1}{2}x - \frac{\sqrt{3}}{2}y$

29. $y = 0$ ou $x^2 + y^2 = 1$

30. $z_1 = \bar{z}_2$ ou z_1 e z_2 são reais

31. $x = -1$ ou $x = 1$

32. $a = 4$

33. impossível

34. $z = 3 + 2i$

36. $\text{Re}(z_1) = \dfrac{x - \sqrt{3}y}{2}$

$\text{Im}(z_1) = \dfrac{-(\sqrt{3}x + y)}{2}$

37. Demonstração

38. Demonstração

39. $z = 2 + 3i$ ou $z = -2 + 3i$

40. $z = 0$ ou $z = i$ ou $z = -i$ ou $z = 1$ ou $z = -1$

41. $z = \frac{\sqrt{2}}{2} + \frac{\sqrt{2}}{2} i$ ou $z = -\frac{\sqrt{2}}{2} - \frac{\sqrt{2}}{2} i$

42. $z = \frac{\sqrt{6}}{2} + \frac{\sqrt{2}}{2} i$ ou $z = -\frac{\sqrt{6}}{2} - \frac{\sqrt{2}}{2} i$

43. Demonstração

44. Demonstração

46. a) 5
b) 2
c) 13
d) 1
e) $|\sec \theta|$
f) 25

47. $\left| \frac{a + bi}{a - bi} \right| = 1$

48. $\left| \frac{1}{1 + i \operatorname{tg} x} \right| = \cos x$

49. a) $3\sqrt{2} \left(\cos \frac{\pi}{4} + i \cdot \operatorname{sen} \frac{\pi}{4} \right)$

b) $10 \left(\cos \frac{5\pi}{3} + i \cdot \operatorname{sen} \frac{5\pi}{3} \right)$

c) $8\sqrt{2} \left(\cos \frac{5\pi}{4} + i \cdot \operatorname{sen} \frac{5\pi}{4} \right)$

d) $11 (\cos 0 + i \cdot \operatorname{sen} 0)$

e) $2 \left(\cos \frac{\pi}{2} + i \cdot \operatorname{sen} \frac{\pi}{2} \right)$

f) $\cos \frac{3\pi}{2} + i \cdot \operatorname{sen} \frac{3\pi}{2}$

g) $2 \left(\cos \frac{5\pi}{6} + i \cdot \operatorname{sen} \frac{5\pi}{6} \right)$

h) $\sqrt{2} \left(\cos \frac{3\pi}{4} + i \cdot \operatorname{sen} \frac{3\pi}{4} \right)$

i) $2\sqrt{2} \left(\cos \frac{\pi}{4} + i \cdot \operatorname{sen} \frac{\pi}{4} \right)$

50. c) $2\sqrt{3} - 2i$
d) $-5i$

52. a) $2\sqrt{2}$
b) 4
c) 13
d) $16\sqrt{2}$
e) $\frac{1}{2}$
f) 1

54. $\frac{1}{2} + \frac{3}{2} i = \frac{\sqrt{10}}{2}$ [cos (arc tg 3) + i sen (arc tg 3)]

55. $\frac{1}{2} \left(\cos \frac{5\pi}{3} + i \operatorname{sen} \frac{5\pi}{3} \right)$

56. a) $\frac{5}{2} \left(\cos \frac{\pi}{2} + i \cdot \operatorname{sen} \frac{\pi}{2} \right)$

b) $2\sqrt{2} \left(\cos \frac{7\pi}{4} + i \cdot \operatorname{sen} \frac{7\pi}{4} \right)$

c) $8 \left(\cos \frac{\pi}{2} + i \cdot \operatorname{sen} \frac{\pi}{2} \right)$

57. real

58. real

59. $z_1 = \frac{1}{2} + \frac{\sqrt{3}}{2} i \qquad z_2 = \frac{1}{2} - \frac{\sqrt{3}}{2} i$

60. $z = \sqrt{2} \left(\cos \frac{3\pi}{4} + i \operatorname{sen} \frac{3\pi}{4} \right)$

61. a)

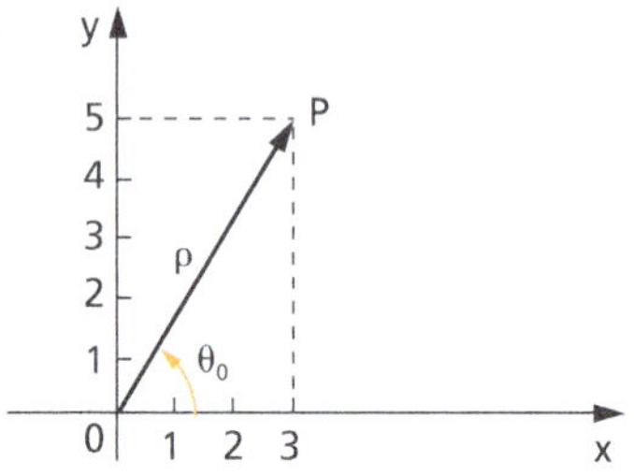

b)

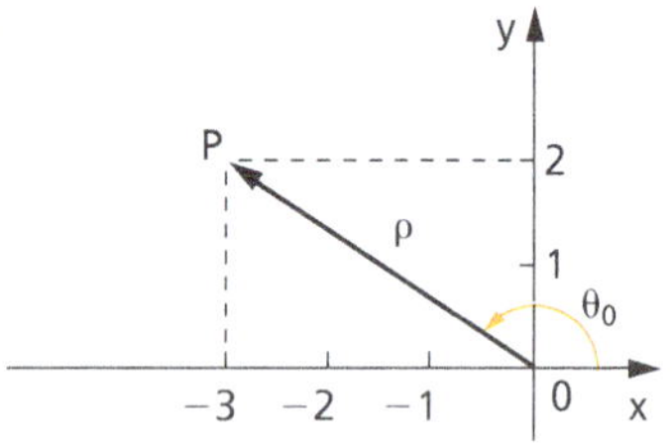

c)

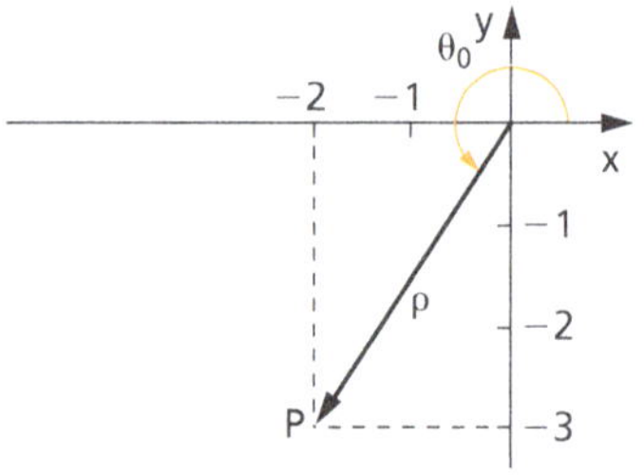

d)

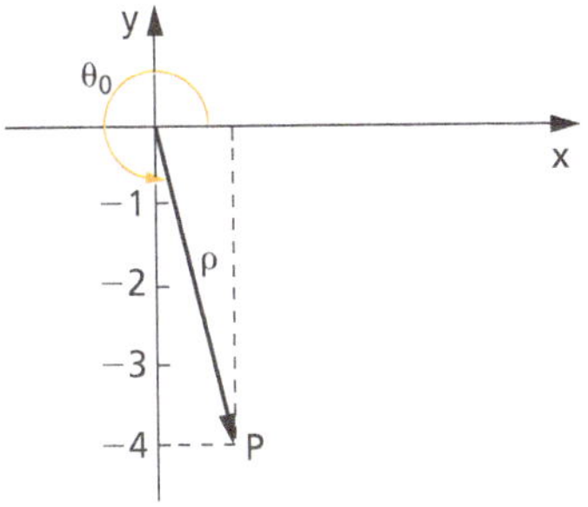

65. quadrado

66. a reta $y = -x$

67. uma reta que passa pela origem do sistema

68. a)

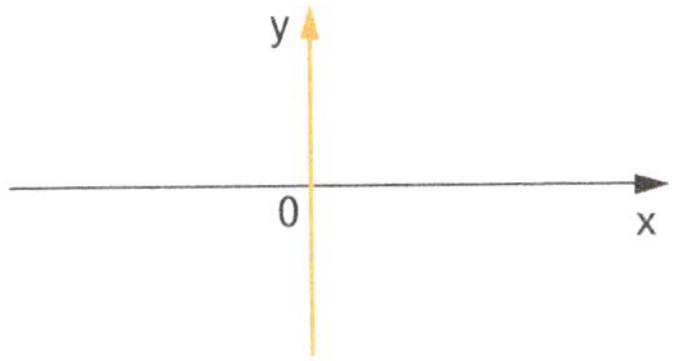

b)

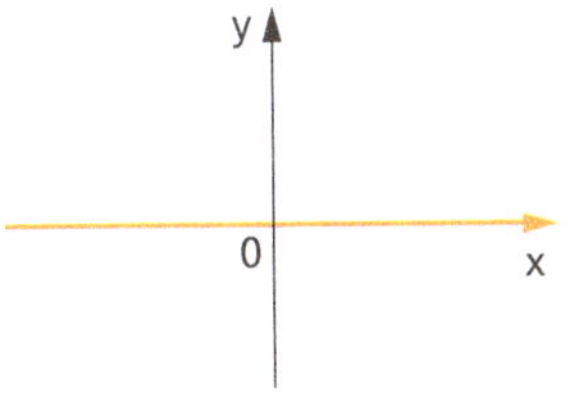

c)

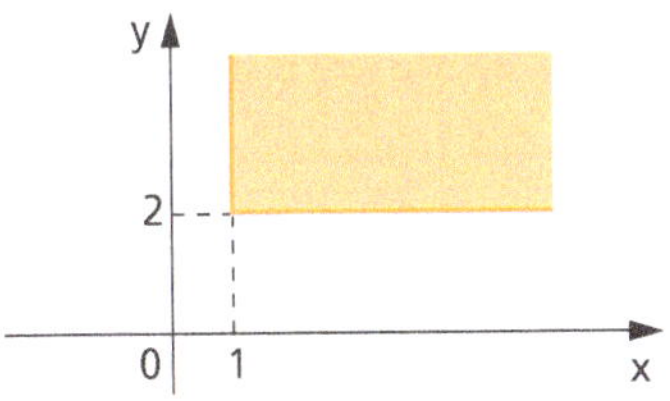

d)

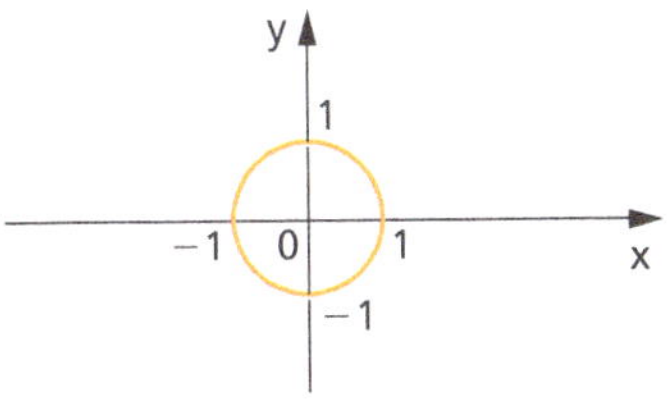

e)

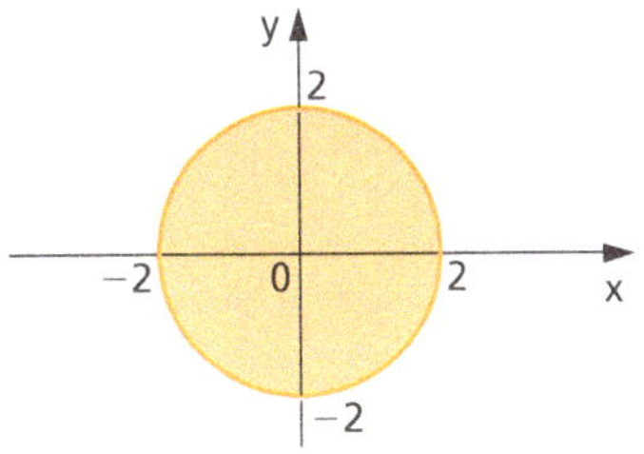

69.

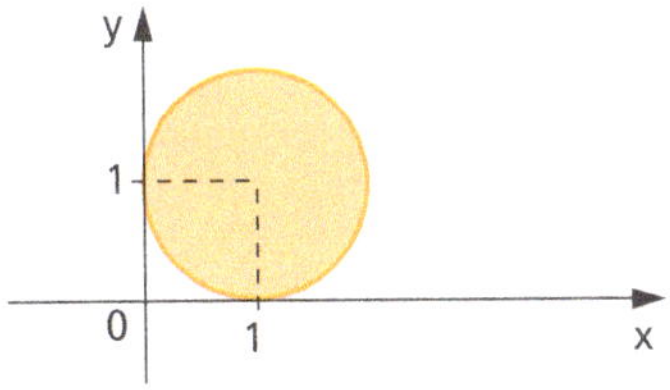

70.

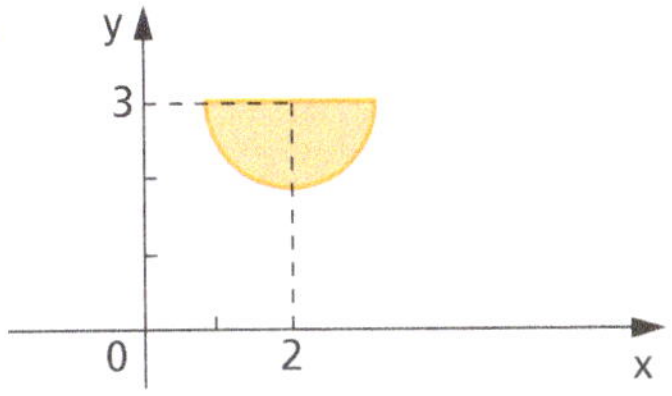

71.

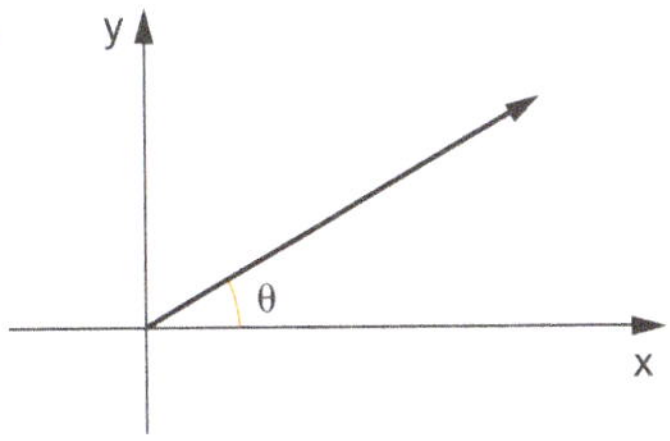

72. a) $u = \dfrac{x^2 + y^2 - x}{x^2 + y^2}$, $v = \dfrac{y}{x^2 + y^2}$

b) Q descreve a reta $v = 1 - u$, excluído (1, 0).

73.

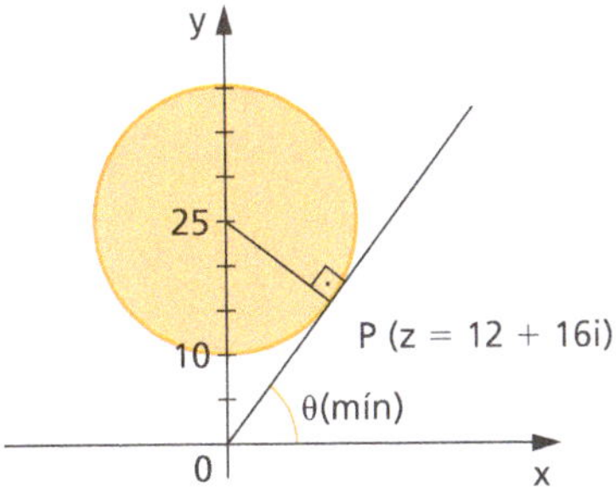

74. Demonstração

75. $a = 3$; $b = 4$; $c = -2$; $d = 3$

expressão $= \frac{82}{13} - \frac{28}{13}i$

76. módulo: $\rho = 4$
argumento: $\theta = \pi$

78. a) $-\frac{1}{2} - \frac{\sqrt{3}}{2}i$

b) $8i$

c) 256

d) $\frac{\sqrt{2}}{2} - \frac{\sqrt{2}-2}{2}i$

e) $\frac{1}{64} + \frac{\sqrt{3}}{64}i$

f) i

80. $\cos 3\theta = \cos^3\theta - 3\,\text{sen}^2\,\theta \cdot \cos\theta$
$\text{sen}\,3\theta = 3\cos^2\theta \cdot \text{sen}\,\theta - \text{sen}^3\,\theta$

82. a) $n = 0$ c) $n = 3$
b) $n = 6$

83. a) $z = -(1 + i)$

b) $|z| = \sqrt{2}$; $\theta = \frac{5\pi}{4}$

c) $z^{1004} = -2^{502}$

84. a) $3 + 4i$ ou $-3 - 4i$
b) $3 + 2i$ ou $-3 - 2i$
c) $1 + 2i$ ou

$-\frac{1 + 2\sqrt{3}}{2} + \frac{\sqrt{3} - 2}{2}i$ ou

$-\frac{1 - 2\sqrt{3}}{2} - \frac{\sqrt{3} - 2}{2}i$

d) $-3 + i$ ou $3 - i$ ou
$1 + 3i$ ou $-1 - 3i$

85. a) 1 ou i ou -1 ou $-i$

b) $\sqrt[6]{2} \cdot \left(\frac{\sqrt{6} + \sqrt{2}}{4} + i \cdot \frac{\sqrt{6} - \sqrt{2}}{4}\right)$

ou

$\sqrt[6]{2} \cdot \left(-\frac{\sqrt{2}}{2} + i\frac{\sqrt{2}}{2}\right)$ ou

$\sqrt[6]{2} \cdot \left(-\frac{\sqrt{6} - \sqrt{2}}{4} - i \cdot \frac{\sqrt{6} + \sqrt{2}}{4}\right)$

c) $-2\sqrt{2} + 2\sqrt{2}\,i$ ou $2\sqrt{2} - 2\sqrt{2}\,i$

d) $\frac{3\sqrt{3}}{2} + \frac{3}{2}i$ ou $3i$ ou $-\frac{3\sqrt{3}}{2} + \frac{3}{2}i$ ou

$\frac{-3\sqrt{3}}{2} - \frac{3}{2}i$ ou $-3i$ ou $\frac{3\sqrt{3}}{2} - \frac{3}{2}i$

e) $\frac{1}{2} + \frac{\sqrt{3}}{2}i$ ou $-\frac{1}{2} - \frac{\sqrt{3}}{2}i$

f) $2 + 2\sqrt{3}\,i$ ou -4 ou $2 - 2\sqrt{3}\,i$

g) 1 ou $\frac{1}{2} + \frac{\sqrt{3}}{2}i$ ou $-\frac{1}{2} + \frac{\sqrt{3}}{2}i$ ou -1

ou $-\frac{1}{2} - \frac{\sqrt{3}}{2}i$ ou $\frac{1}{2} - \frac{\sqrt{3}}{2}i$

h) $-\frac{\sqrt{2}}{4} - \frac{\sqrt{2}}{4}i$ ou $\frac{\sqrt{2}}{4} + \frac{\sqrt{2}}{4}i$

87. $-3 + 2i$ ou $3 - 2i$

89. i ou $-i$

90. 2 ou $1 + i\sqrt{3}$ ou $-1 + i\sqrt{3}$ ou
-2 ou $-1 - i\sqrt{3}$ ou $1 - i\sqrt{3}$

91.

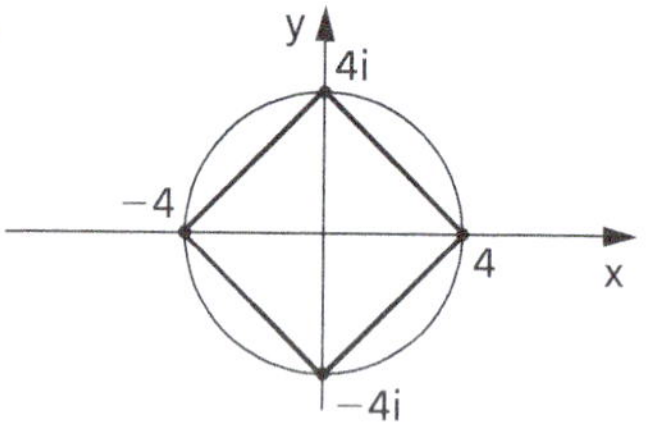

92. $\sqrt{3} + i$; $-\sqrt{3} + i$; $-\sqrt{3} - i$; $\sqrt{3} - i$; $-2i$

93.

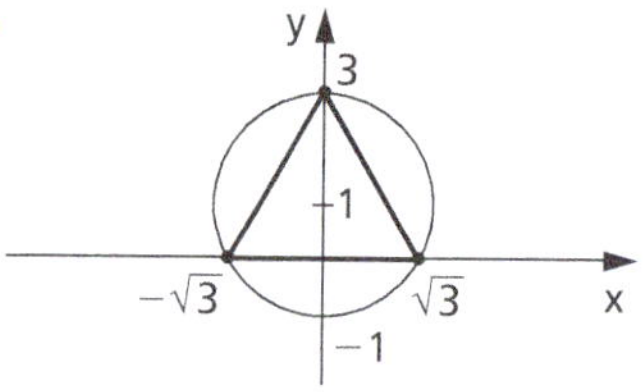

94.

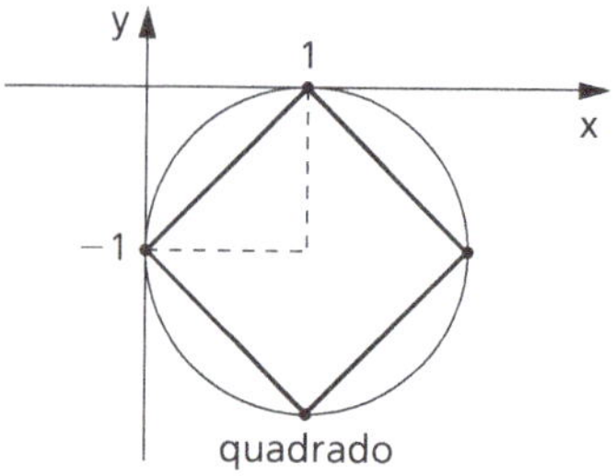

95. Demonstração

96. quatro

97. conjunto vazio

98. $-(1 + i)$

99. três

100. b

102. a) $S = \left\{\frac{\sqrt{2}}{2} + \frac{\sqrt{2}}{2}i, -\frac{\sqrt{2}}{2} - \frac{\sqrt{2}}{2}i\right\}$

b) $S = \left\{\frac{\sqrt{6}}{2} + \frac{\sqrt{2}}{2}i, \sqrt{2}\,i, -\frac{\sqrt{6}}{2} + \frac{\sqrt{2}}{2}i, \frac{\sqrt{6}}{2} - \frac{\sqrt{2}}{2}i, \sqrt{2}\,i, \frac{\sqrt{6}}{2} - \frac{\sqrt{2}}{2}i\right\}$

c) $x = \sqrt[8]{2} \cdot \left[\cos\left(\frac{7\pi}{16} + \frac{k\pi}{2}\right) + i \cdot \text{sen}\left(\frac{7\pi}{16} + \frac{k\pi}{2}\right)\right]$

em que $k \in \{0, 1, 2, 3\}$

d) $S = \left\{\frac{1}{2} + \frac{\sqrt{3}}{2}1, -1, \frac{1}{2} - \frac{\sqrt{3}}{2}i\right\}$

e) $x = \cos\left(\frac{3\pi}{8} + \frac{k\pi}{2}\right) + i\,\text{sen}\left(\frac{3\pi}{8} + \frac{k\pi}{2}\right)$

com $k = 0, 1, 2$ ou 3

f) $S = \left\{3, -\frac{3}{2} + \frac{3\sqrt{3}}{2}i, -\frac{3}{2} - \frac{3\sqrt{3}}{2}i\right\}$

103. a) $S = \{1, i, -1, -i, 2, 2i, -2, -2i\}$

b) $S = \left\{1 + i\sqrt{3}, -2, 1 - i\sqrt{3}, \frac{1}{2} + i\frac{\sqrt{3}}{2}, -1, \frac{1}{2} - i\frac{\sqrt{3}}{2}\right\}$

c) $x = \sqrt[4]{2}\,(\cos\theta + i \cdot \text{sen}\,\theta)$;

$\theta \in \left\{\frac{\pi}{8}, \frac{9\pi}{8}, \frac{7\pi}{8}, \frac{15\pi}{8}\right\}$

d) $S = \{1, -1, 2, -2\}$

e) $S = \left\{\frac{1}{2} + i\frac{\sqrt{3}}{2}, -1, \frac{1}{2} - i\frac{\sqrt{3}}{2}, \frac{1}{3} + i\frac{\sqrt{3}}{3}, -\frac{2}{3}, \frac{1}{3} - i\frac{\sqrt{3}}{3}\right\}$

f) $S = \left\{\frac{\sqrt{2}}{2} + \left(\frac{\sqrt{6}}{2} - 1\right)i, -\frac{\sqrt{2}}{2} - \left(\frac{\sqrt{6}}{2} + 1\right)i\right\}$

Capítulo II

104. a, b, c, e, g, h, i, k, l

106. $f(0) = 1$; $f(1) = 16$; $f(-1) = 0$

107. $P(1 + i) = -2$

108. $f(1 + i) = 2(1 + i)$

109. $(4 - 2 - 2 - 1)^{36} = 1$

110. $f(6) = 0$

111. $a = 2$; $b = -2$; $c = 3$

112. $a = -1$; $b = 6$; $c = 1$

113. $m = 2$; $n = 1$; $m^2 + n^2 = 5$

114. $a = -1$ e $b = c = 0$

116. $a = 9$; $b = -21$; $c = -\frac{5}{3}$

117. $a = -6$; $b = 16$; $a + b = 10$

118. $m = 1$; $n = 6$; $p = 9$

119. $(f + g)(x) = 12 - x + 5x^2 + 5x^3$
$(g - h)(x) = 3 + 4x + x^2 + 5x^3 - x^4$
$(h - f)(x) = -5 - x - 4x^2 + x^4$

120. $(fg)(x) = 14 + 21x - 26x^2 + 3x^3 - 4x^4$
$(gh)(x) = 14x - 21x^2 + 9x^3 - 3x^4 + x^5$
$(hf)(x) = 4x - 15x^3 + 15x^4 - 4x^5$

121. $h(x) = 2x^2 + 4$

122. $h(x) = 8x^3 - 11x^2 + 10x + 3$

124. $a = 8$; $b = -9$; $c = 3$

125. $a + b + c = -2$

126. $a = 2$; $b = 1$; $a - b = 1$

127. $p_1(x)$, $p_2(x)$ e $p_3(x)$ são L.I.

128. Demonstração

129. $p = q = 0$ ou $p = 1$ e $q = -2$

130. a) $a = b = c = 0$
b) $a = b = 1$; $c = 2$
c) $a = b = c = 6$

131. Demonstração

132. impossível

134. $ad = bc$

135. $p = 0$

136. $C = \frac{B^2}{3A}$; $D = \frac{B^3}{27A^2}$

137. $k = 1$

138. $-6x^2 + 36x - 56 = (x - 4)^3 - (x - 2)^3$

139. impossível

140. $\delta f = 0$

$\begin{cases} \text{se } a = 0 \Rightarrow \delta g = 1 \\ \text{se } a \neq 0 \Rightarrow \delta g = 2 \end{cases}$

$\begin{cases} \text{se } a = 2 \Rightarrow \delta g = 0 \\ \text{se } a = 3 \Rightarrow \delta g = 1 \\ \text{se } a \neq 2 \text{ e } a \neq 3 \Rightarrow \delta g = 2 \end{cases}$

141. $\delta(f + g) \leqslant g$
$\delta(fg) = 2n$

142. $\delta f = 1$

144. $P(x) = x^3 + 9x^2 - 34x + 24$
$P(-1) = 66$

145. $P(0) = 2$

146. $P(x) < 0$ para $x < 4$ ou $x > 5$

147. a) $p(x) = \alpha x^2 + \beta x + \gamma$
b) Demonstração

149. impossível

150. nenhum

151. $a_{30} = 2 + i$

152. a) $P(x) = \frac{x^3}{3} + \frac{x^2}{2} + \frac{x}{6} + d$

b) $S = \frac{n(n + 1)(2n + 1)}{6}$

154. 6 nos dois casos

155. $0 \leqslant p \leqslant n - 1$

156. $\delta R \leqslant p - q - 1$

157. a) $\begin{cases} q = 3x^2 - x + 8 \\ r = -5x^2 + 21x - 11 \end{cases}$

b) $\begin{cases} q = x^2 - x \\ r = -x + 13 \end{cases}$

c) $\begin{cases} q = 2x^3 - 2x \\ r = -x + 12 \end{cases}$

158. a) $\begin{cases} q = \frac{1}{2} \\ r = 3x + \frac{5}{2} \end{cases}$

b) $\begin{cases} q = x^2 + 2x - 1 \\ r = 0 \end{cases}$

c) $\begin{cases} q = 0 \\ r = 5x + 1 \end{cases}$

d) $\begin{cases} q = x + 2 \\ r = -x + 7 \end{cases}$

e) $\begin{cases} q = \frac{1}{2}x + \frac{1}{2} \\ r = -\frac{1}{2}x - \frac{1}{2} \end{cases}$

161. $a = \frac{1}{34}$; $b = \frac{93}{34}$

162. $p = \pm\sqrt{2}$; $q = 1$

163. $p = q = 2$

164. $p = 1$; $q = -10$

165. $Q(x) = x^2$

166. $p(x) = x^2 - 3x + 2$

167. $\begin{cases} \text{quociente} = x^2 + x + 1 \\ \text{resto} = 0 \end{cases}$

168. $F(x) = -x - 3$

169. $\frac{p(x)}{q(x)} = 2x + 1 + \frac{4}{x^2 - 4}$

170. $B(x)$

171. $m = -19$; $n = 23$

172. a) $\begin{cases} \text{quociente} = 2x + 6 \\ \text{resto} = Ax + 3B - 54 \end{cases}$

b) $A = 0$; $B = 18$

173. $a + b = -21$

174. $|a + b + c + d| = 96$

175. $m = \frac{5}{2}$

176. 6

177. $\begin{cases} \text{quociente} = \frac{Q}{2} \\ \text{resto} = R \end{cases}$

178. Demonstração

179. $b^3 = a^2d$ e $c^3 = ad^2$

181. Demonstração

182. $2x^3 + x^2 + 3x - 1$

183. $R(x) = 4$ **184.** n

185. $r = 1$ **186.** $r = 6$

187. $r = 1$

188. $r = 4k^3 - 2k - 1$

189. n par $\Rightarrow r = 8$
n ímpar $\Rightarrow r = -6$

190. $-a$ deve ser raiz de $P(x)$.

193. $a = 2$ **194.** $p = \frac{121}{25}$

195. $p = \frac{7}{3}$; $q = -\frac{14}{3}$

196. $a = 0$; $b = -2$

197. $a = \frac{1}{3}$ **198.** $r = 231$

199. $a + b + c + d + e + f = -13$

200. É sempre nulo.

201. $P(1) + D(1) = -1{,}466$

202. $r = 0$

204. $f = x^2 - 5x + 4$

205. $P(x) = x^3 + x^2 - 4x + 2$

209. $r = x + 3$ **210.** $a = 0$

211. $mm = -66$ **212.** $r = -x + 3$

213. Só se $a \neq b$. **214.** $r = 0$

215. $r = x^2 - 3x + 1$

216. $\begin{cases} P(x) = \frac{5}{2}x^3 + 10x^2 + \frac{5}{2}x - 5 \\ a = \frac{5}{2} \end{cases}$

217. $a = 3$; $b = -4$

218. $\begin{cases} p \text{ deve ser par} \\ q \text{ deve ser ímpar} \end{cases}$

219. $c = 0$

220. a) $a = 1$ b) $q(x) = 2x^3 - 2x$
$r(x) = -x + 12$

225. a) $\begin{cases} q = x^3 - 3x^2 + 9x - 27 \\ r = 0 \end{cases}$

b) $\begin{cases} q = x^3 + 3x^2 + 9x + 27 \\ r = 162 \end{cases}$

c) $\begin{cases} q = x^4 + 2x^3 + 4x^2 + 8x + 16 \\ r = 64 \end{cases}$

d) $\begin{cases} q = x^4 - 2x^3 + 4x^2 - 8x + 16 \\ r = -64 \end{cases}$

e) $\begin{cases} q = x^5 + x^4 + x^3 + x^2 + x + 1 \\ r = 0 \end{cases}$

f) $\begin{cases} q = x^5 - x^4 + x^3 - x^2 + x - 1 \\ r = 2 \end{cases}$

g) $\begin{cases} q = x^4 + 3x^3 + 9x^2 + 27x + 81 \\ r = 486 \end{cases}$

h) $\begin{cases} q = x^4 - 3x^3 + 9x^2 - 27x + 81 \\ r = 0 \end{cases}$

226. $(x - a)(x^4 + ax^3 + a^2x^2 + a^3x + a^4)$

227. $r = (n + 1)a^n$

228. $R(x) = 0$; $Q(0) = 1$

229. $a = -3$; $b = 2$ **230.** $R(1) = 11$

231. $\begin{cases} P(x) = (x - 2)^3(2x + 1) \\ P(3) = 7 \end{cases}$

232. $\forall n \in \mathbb{N}$

233. $Q(x) = 2x^3 - \frac{7}{2}x + \frac{37}{4}$

234. $K = -3$

235. $Q(x) = 2(x^4 - x^3 + x^2 + 2x - 1)$

236. $\begin{cases} (f + g)(f - g) = 4x^6 + 4x^5 - 7x^4 - 8x^3 - 2x^2 \\ f\colon g = -x^2 + 1 \end{cases}$

237. $p(x)\colon q(x) - r(x) = \frac{3}{2}x + 1$

238. $r = \frac{b}{a}$

239. a) $\begin{cases} q = 5x^3 - 27x^2 + 82x - 246 \\ r = 725 \end{cases}$

b) $\begin{cases} q = 81x^4 + 54x^3 + 36x^2 + 24x + 16 \\ r = \dfrac{128}{3} \end{cases}$

c) $\begin{cases} q = x^2 + \dfrac{3}{2}x + \dfrac{13}{4} \\ r = \dfrac{51}{4} \end{cases}$

d) $\begin{cases} q = 4x^2 - 4x + 10 \\ r = -18x + 21 \end{cases}$

240. $r = 257$

242. Demonstração

243. Demonstração

245. $p = -3$; $q = -2$

246. $a = b = c = 0$

247. Demonstração

248. Demonstração

249. $a = n$; $b = -n - 1$

250. $a = 2$; $b = 1$; $m = 3$

253. $\delta f \geqslant 3$

255. $R(x) = 3$

256. b) $R(z) = \dfrac{A(i) + A(-i)}{2} + \dfrac{A(-i) - A(i)}{2} \cdot iz$

257. $r = \dfrac{x^2}{8} + x + \dfrac{3}{2}$

258. $P(x) = x^4 - 3x^2 + x + 3$

Capítulo III

260. $m = 2$

261. a) $S = \left\{\dfrac{3 + i\sqrt{15}}{6}, \dfrac{3 - i\sqrt{15}}{6}\right\}$

b) $S = \mathbb{C}$

c) $S = \phi$

262. a) grau 2; $S = \{1, 7\}$

b) grau 5; $S = \left\{-4, \dfrac{5}{2}\right\}$

c) grau 10; $S = \{\sqrt{2}, -\sqrt{2}\}$

263. $5x_4^3 = 40$

264. $a = 16$

265. $S = \{-1, 5\}$

266. $\delta P(x) \geqslant 2$

268. $S = \left\{-1, -\dfrac{5}{3}, \dfrac{3}{2}\right\}$

269. 3; −3; 2; −2

270. $S = \left\{3, \dfrac{2}{3}, \dfrac{1}{3}\right\}$

271. a) $\sqrt{2i} = \pm(1 + i)$

b) $S = \{2 + 3i, 1 + 2i\}$

272. $x^3 - 6x^2 + 11x - 6 = 0$

273. $P(x) = -4x^3 + 12x^2 - 8x$

274. $(1 - x)(x + 2)(x - 5)$

275. a) $(2x - y)(3x - y)$

b) $(x + 1 - i)(x - 1 + i)(x + 1 + i)(x - 1 - i)$

276. 5

277. $S = \{0, 3\}$

278. Todas são verdadeiras.

279. a) −4 (simples)
i (simples)
−i (simples)

b) $\dfrac{3}{2}$ (dupla)
−1 (tripla)
5 (simples)

c) 10 (quíntupla)
2 (simples)

d) $\dfrac{-1 + i\sqrt{3}}{2}$ (tripla)
$\dfrac{-1 - i\sqrt{3}}{2}$ (tripla)
2i (quíntupla)

282. $x^4 - 2x^3 - 9x^2 + 2x + 8 = 0$

283. $x^4 - 5x^3 + 3x^2 + 15x - 18 = 0$

284. $x^5 - x^4 + 2x^3 - 2x^2 + x - 1 = 0$

286. $S = \{2, 2i, -2i\}$

288. d

289. 3

290. 1

291. c

292. $D = \{x \in \mathbb{R} \mid 1 < x < 6 \text{ e } x \neq 2\}$

293. $K = -4$

294. $a = 2; b = -2$

295. $m = \frac{5}{3}; n = 3$

296. $a + b = \frac{-35}{3}$

297. $m \neq 2$

298. $x_1 + x_2 + x_3 = 2$

299. a) soma $= 2$
produto $= 5$
b) soma $= -7$
produto $= 1$
c) soma $= -2$
produto $= -5i$

301. $\frac{1}{a} + \frac{1}{b} + \frac{1}{c} = \frac{3}{4}$

302. $\frac{1}{a} + \frac{1}{b} + \frac{1}{c} = 4$

303. $E = \frac{7}{2}$

305. $a^2 + b^2 + c^2 + d^2 = 47$

307. $\frac{q^2 - 2r}{t}$

308. zero

309. $a^3 + b^3 + c^3 = -60$

310. $S = \{-1, 2, 3\}$

311. $S = \{1, 2, 6\}$

312. $S = \{-1, 2, 4\}$

313. $a + b = 5$

314. $a - b + c = 4$

315. $a + 2b + c = -3$

316. $S = \{-5, -2, 3\}$

317. $S = \{-3, 1\}$

318. $S = \{2, 3, 5\}$

319. $S = \{-6, -2, 3\}$
ou $S = \left\{6, \frac{-11 + \sqrt{97}}{2}, \frac{-11 - \sqrt{97}}{2}\right\}$

320. $S = \left\{\frac{1}{3}, 2, 3\right\}$

321. $S = \left\{3 - \sqrt{7}, 3 + \sqrt{7}, \frac{-2 - 2\sqrt{6}}{5}, \frac{-2 + 2\sqrt{6}}{5}\right\}$

322. $r_3 = 0$

323. 9

324. $S = \{-6, -4, 3\}$

325. $S = \left\{\frac{12}{5}, 3, 2\right\}$

326. $a = 1; b = 2$
$a = \frac{-1 + i\sqrt{3}}{2}, b = \frac{-1 - i\sqrt{3}}{2}$
$a = \frac{-1 - i\sqrt{3}}{2}, b = \frac{-1 + i\sqrt{3}}{2}$

327. $m = -3$
ou $\frac{3}{2}(1 + i\sqrt{3})$ ou $\frac{3}{2}(-1 - i\sqrt{3})$

329. $S = \{1, 2, 3\}$

330. $a + b + 4c = -9$

332. $k = -24$

334. $S = \{\sqrt{3}, -\sqrt{3}, 1 + i\sqrt{6}, 1 - i\sqrt{6}\}$

335. $\gamma = \alpha\beta$

336. $S = \{2, -2, 3\}$

337. $h = -1$ ou $h = \frac{1}{2}$

338. $ab = c$

339. $\alpha = \sqrt{-q}; \beta = -\sqrt{-q}; \gamma = p$

342. $S = \left\{\frac{3}{2}, -1\right\}$

344. $p = 4; q = 3$

346. $m = 6$ e $S = \{1, 2, -3\}$ ou
$m = -6$ e $S = \{-1, -2, 3\}$

347. $q^2 + p + 1 = 0$

348. Demonstração

349. $x^3 + 2x^2 + 4x + 8 = 0$
$S = \{-2, 2i, -2i\}$

350. $p = -2$ e $q = 0$ ou
$p = -1$ e $q = 1$

351. $m = 1$ e $k = -8$

352. $-2 \log 2 - 4 \log 3$

353. Demonstração

355. $x^5 - 2x^4 + 3x^3 - 2x^2 + 2x = 0$

356. 4º grau

357. $ax^3 + ax\ (a \neq 0)$

358. É maior ou igual a 5.

359. $S = \{-i, i, -\sqrt{2i}, \sqrt{2i}\}$

361. $S = \{-1, 2 + 3i, 2 - 3i\}$

362. $x^6 - 3x^5 + 3x^4 - 3x^3 + 2x^2 = 0$

363. $a = b = c = 2$; $d = 1$

364. $m = -2$; $n = 0$

365. $a = -2$; $b = 15$ **366.** $S = \{1, i, -i\}$

367. $S = \{1 + 2i, 1 - 2i, 2\}$

368. $\begin{cases} P(x) = x^4 - 1 \\ S = \{1, -1, i, -i\} \end{cases}$

369. b **370.** a

371. uma **372.** a

373. Ambas são reais negativas.

374. $m \leq -6$ ou $m \geq 6$

375. Demonstração **376.** nenhuma

377.

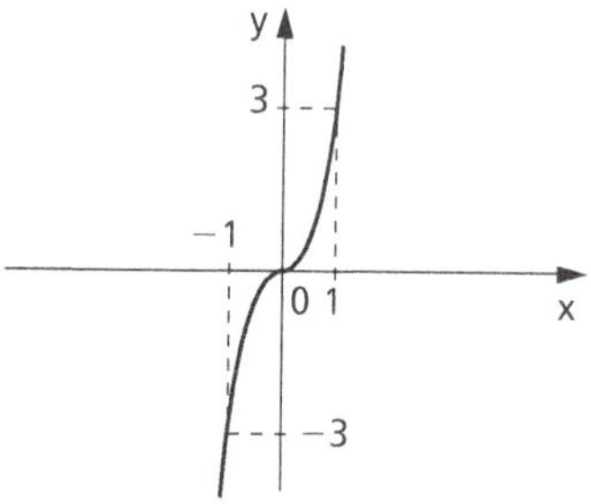

uma raiz real, $x = 0$

378. $0 < \alpha < 14$ **379.** $6 < k < 18$

380. $2 < k < 6$

381. $b > 4$ ou $b < -4$

382. b **383.** c

384. P tem três raízes reais: α, β, γ.
$-2 < \alpha < -1$; $-1 < \beta < 0$; $1 < \gamma < 2$

385. a) $D(12) = \{1, -1, 2, -2, 3, -3, 4, -4, 6, -6, 12, -12\}$
b) $D(5) = \{1, 5\}$
c) $1, -1, 2, -2, 3, -3, 4, -4, 6, -6, 12, -12, \frac{1}{5}, \frac{-1}{5}, \frac{2}{5}, \frac{-2}{5}, \frac{3}{5}, \frac{-3}{5}, \frac{4}{5}, \frac{-4}{5}, \frac{6}{5}, \frac{-6}{5}, \frac{12}{5}, \frac{-12}{5}$

386. $\frac{3}{4}$ e $\frac{5}{8}$

388. $1, -1, 2, -2, 4, -4$

389. Não, pois o coeficiente de x^m é 1. As eventuais raízes inteiras são os divisores de a_m.

390. $S = \{1, 3, 5\}$

392. $S = \{1, -1, 2\}$

393. $S = \{1, -1, 2, -3\}$

394. $S = \left\{1, -1, 2, \frac{1}{2}, \frac{-3 + \sqrt{5}}{2}, \frac{-3 - \sqrt{5}}{2}\right\}$

395. $S = \{1, -1, -4\}$

396. $S = \{2, 3, 4\}$ **397.** b

398. $S = \left\{1, 3, \frac{1}{3}\right\}$

399. $S = \left\{-1, \frac{1}{5}, \frac{1}{3}\right\}$

400. $S = \left\{11, -3, -6, \frac{-1 + i\sqrt{3}}{2}, \frac{-1 - i\sqrt{3}}{2}\right\}$

401. nenhuma

402. $S = \{-3, 1 + i, 1 - i\}$

403. $S = \left\{2, 3, \frac{12}{5}\right\}$

404. duas

405. As duas equações não podem ter raízes comuns, pois $S_1 = \{a, b\}$ com $a \in \mathbb{Q}$ e $b \in \mathbb{Q}$ e $S_2 = \{\sqrt{2}, -\sqrt{2}\}$.

406. $S = \{6\}$

407. $\{5\}$

408. a) $x^3 - 6x^2 + 6x - 5 = 0$
b) 3, 4, 5, 6

409. $S = \left\{\frac{1}{2}, \frac{3}{2}\right\}$

410. Demonstração

411. $x^4 - 5x^3 + 7x^2 - x - 2 = 0$

412. $S = \left\{-1, \frac{2}{3}, 1 + \sqrt{2}, 1 - \sqrt{2}\right\}$

413. $S = \left\{3, \frac{3 + i\sqrt{7}}{2}, \frac{3 - i\sqrt{7}}{2}\right\}$

Capítulo IV

415. $P(x) = 3(x + 2)^2 - 16(x + 2) + 22$

416. 3

417. $100y^2 + 151 = 0$

419. $5y^3 - 8y^2 + 28y - 16 = 0$

420. $y^3 - 4y^2 + 32y - 192 = 0$

422. $2y^3 + 11y^2 + 21y + 13 = 0$

423. *h* deve ser raiz da equação algébrica em x.

425. $y = x - 1$

426. Demonstração

428. $3x^4 - 5x + 2 = 0$

429. $2x^4 - 3x^3 - 7x^2 + x - 5 = 0$

434. $S = \left\{1, -1, 2, -2, \frac{1}{2}, -\frac{1}{2}\right\}$

435. $S = \left\{1, \frac{-3a + b + \sqrt{5a^2 - 6ab + b^2}}{2a}, \frac{-3a + b - \sqrt{5a^2 - 6ab + b^2}}{2a}\right\}$

436. $a = \frac{-1}{2}$; $b = 3$; $c = -1$
$S = \{1, -1, i, -i, 2 + \sqrt{3}, 2 - \sqrt{3}\}$

437. $S = \left\{1, \frac{3 + \sqrt{5}}{2}, \frac{3 - \sqrt{5}}{2}, \frac{1 + i\sqrt{3}}{2}, \frac{1 - i\sqrt{3}}{2}\right\}$

439. $S = \left\{-1, 2, \frac{1}{2}\right\}$

440. $S = \{-1, i, -i\}$

441. $S = \left\{\frac{-1}{2}, -2, \frac{-1}{3}, -3\right\}$

442. $S = \left\{\frac{-(1 - \sqrt{5}) \pm i\sqrt{10 + 2\sqrt{5}}}{4}, \frac{-(1 + \sqrt{5}) \pm i\sqrt{10 - 2\sqrt{5}}}{4}\right\}$

443. $S = \left\{-1, 2 + \sqrt{3}, 2 - \sqrt{3}, \frac{1 + i\sqrt{3}}{2}, \frac{1 - i\sqrt{3}}{2}\right\}$

444. $S = \{(1 + \sqrt{3}) \pm \sqrt{3 + 2\sqrt{3}}, (1 - \sqrt{3}) \pm i\sqrt{2\sqrt{3} - 3}\}$

445. (4, 12, 36, 108, 324) ou vice-versa

446. $S = \left\{i, -i, \frac{1 + i2\sqrt{3}}{3}, \frac{1 - i2\sqrt{3}}{3}\right\}$

Capítulo V

447. a) $f'(x) = 12x^2 - 5x + 11$
b) $f'(x) = 3x^3 + 2x^2 + x + 1$
c) $f'(x) = 12x - 13$
d) $f'(x) = 12x^3 - 12x^2 - 8x + 23$
e) $f'(x) = 6x^2 + 18x + 13$
f) $f'(x) = 5(3x^2 - 7x + 4)^4(6x - 7)$
g) $f'(x) = 21(3x - 5)^6$
h) $f'(x) = -10(3 - 2x)^4$
i) $f'(x) = 3x^2 + 2x - 1$
j) $f'(x) = (x + 1)^2(x + 2)(5x + 8)$
k) $f'(x) = (x^2 - 3x + 4)^2(2x - 1)(16x^2 - 36x + 25)$

450. $f'(x) = 21x^2 - 22x + 5$
$f''(x) = 42x - 22$
$f'''(x) = 42$
$f^{(n)}(x) = 0$, para $n > 3$

451. $f^{(8)}(x) = 0$

452. a) $k = -\frac{7}{3}$
b) $a = 21$; $b = 51$; $c = -77$
c) $Q(x) = 5x^2 + 26x + 77$ e
$P(x) = (x - 1)(5x^2 + 26x + 77)$

453. zero

454. $\delta P(x) = 1$

455. d

458. Não tem raízes iguais.

459. 1 é raiz tripla

460. $S = \{1, 2\}$ (2 com multiplicidade 2)

461. a) 2 é raiz dupla
4 é raiz dupla
b) 1 é raiz tripla
-2 é raiz dupla

462. $S = \{1, -2\}$ (1 é raiz tripla)

466. a) $\lambda = -5$ ou $\lambda = 27$
b) $-5 < \lambda < 27$

467. Demonstração

468. $p = q = 0$ (uma raiz tripla)
$4p^3 + 27q^2 = 0$ (uma raiz dupla)

469. $4p^3 - 27q^2 = 0$

470. $m = 1$ ou $m = \frac{23}{27}$

471. $a = 3$

472. $27p^4 + 256q^3 = 0$ é a condição e
$x = \sqrt[3]{\frac{p}{4}}$ é a raiz.

473. $m = -6$; $S = \{1, -3\}$

474. $m = -3$; $S = \{-1, 2\}$

475. Demonstração

476. Demonstração

477. $k = 19$
$S = \left\{-1, \frac{7 + 2i\sqrt{2}}{3}, \frac{7 - 2i\sqrt{2}}{3}\right\}$

478. a) Demonstração
b) $\alpha = \frac{\pi}{2} + k\pi$ ou $\alpha = \frac{\pi}{4} + k\pi$
c) Demonstração

479. (A) $z = \frac{1}{2} + i\frac{\sqrt{3}}{2}$ ou $z = \frac{1}{2} - i\frac{\sqrt{3}}{2}$
(B) $a = -3$; $b = 3$; $c = -1$

480. 46

481. mdc $(f, g) = x^2 + x - 2$

482. mdc $(f, g) = x^2 + 3x + 2$

483. mdc $(f, g) = (x + 1)(x - 1)$

484. Demonstração

485. mdc $(f, g) = (x - 2)(x - 4)^2$

486. mdc $(f, g) = (x - 1)^3 (x + 1)^4$

488. comuns: 1 e -2
não comuns: -1 de *f* e 3 de *g*

489. *a* e $-b$

490. *i* e $-i$

491. $a = 6$ ou $a = 12$

492. α

493. mmc $= x^{15} - x^{14} - x^{13} + x^{12}$
mdc $= x - 1$

494. mmc $= (x + 1)(x - 1)^2 (x^2 + x + 1)$
mdc $= x - 1$

497. $\frac{5x - 2}{x^2 - 1}$

499. $\frac{2x^3 - 3x + 1}{x^2 + x + 1}$

501. $\frac{x + 2}{(x + 1)^2}$

502. $S = \left\{\frac{3}{2}\right\}$

504. $a = \frac{1}{2}$; $b = \frac{1}{2}$

505. $A = \frac{1}{2}$; $B = C = -\frac{1}{2}$

506. $\alpha = \beta = \frac{1}{2}$

507. c

508. $\frac{1}{2}$

509. $B = 5$

510. mmc $= (x - x_0)\left(x + \frac{b + ax_0}{a}\right)\left(x + \frac{b' + a'x_0}{a'}\right)$

511. Demonstração

Questões de vestibulares

Números complexos

1. (UF-PE) Se *a* é um número real e o número complexo $\frac{a - 5i}{5 - i}$ é real, qual o valor de *a*?

2. (FGV-SP) Seja *i* a unidade imaginária. Se *n* é um inteiro positivo tal que $i^{(1 + 2 + 3 + 4 + 5 + \dots + n)} =$ $= 1$, então é correto afirmar que o produto $n(n + 1)$ é, necessariamente, um:
   a) múltiplo positivo de 12.
   b) múltiplo positivo de 8.
   c) divisor de 2^n.
   d) divisor de $2^{2n} + 1$.
   e) quadrado perfeito.

3. (FGV-SP) Sendo *i* a unidade imaginária, então $(1 + i)^{20} - (1 - i)^{20}$ é igual a
   a) -1024
   b) $-1024i$
   c) 0
   d) 1024
   e) $1024i$

4. (FEI-SP) Escrevendo o número complexo $z = \frac{3i^{48} + 10i^{73}}{3 + i}$ (onde $i^2 = -1$) na forma $z = a + bi$, pode-se afirmar que:
   a) $a = \frac{19}{8}$
   b) $a = \frac{19}{10}$
   c) $b = -\frac{27}{10}$
   d) $b = \frac{27}{8}$
   e) $a + b = \frac{46}{8}$

5. (UF-PI) Considere o número complexo $z = i$. Pode-se afirmar que o valor da soma $z^0 + z^1 + z^2 + \dots + z^{2008}$ é:
   a) -1
   b) 0
   c) 1
   d) i
   e) $-i$

6. (FGV-SP) Sendo $i = \sqrt{-1}$ a unidade imaginária do conjunto dos números complexos, o valor da expressão $(1 + i)^6 - (1 - i)^6$ é:

a) 0
b) 16
c) -16
d) $16i$
e) $-16i$

7. (UF-PR) Considere os números complexos $z = 1 + i$ e $\bar{z} = 1 - i$, sendo $i = \sqrt{-1}$ a unidade imaginária.

a) Escreva os números z^3 e $\bar{z}^4 = 1 - i$, na forma $x + iy$.

b) Sabendo que z, $\bar{z}$ e 2 são raízes do polinômio $P(x) = x^3 + ax^2 + bx + c$, calcule os valores de *a*, *b* e *c*.

8. (UF-PI) Analise as afirmativas abaixo e assinale V (verdadeira) ou F (falsa).

1. $\sqrt{2^{32}3^{34} + 2^{36}3^{32}} \in \mathbb{N}$
2. $\dfrac{\sqrt{3}}{\sqrt{4 + 2\sqrt{3}} + \sqrt{4 - 2\sqrt{3}}} \notin \mathbb{Z}$
3. $tg(10°)\, tg(20°)\, tg(30°)\, tg(40°)\, tg(50°)\, tg(60°)\, tg(70°)\, tg(80°) \in \mathbb{Q}$
4. $(1 + i)^8 \notin \mathbb{R}$, onde $i^2 = -1$

9. (Unesp-SP) Sendo *i* a unidade imaginária e Z_1 e Z_2 os números complexos

$Z_1 = i + i^2 + i^3 + \ldots + i^{22}$

$Z_2 = i + i^2 + i^3 + \ldots + i^{78}$,

o produto $(Z_1 \cdot Z_2)$ resulta em:

a) $(1 + i)$
b) $(1 - i)$
c) $(2i)$
d) $-2i$
e) 2

10. (UF-RS) Considere o número complexo $z = -\dfrac{\sqrt{2}}{2}(1 + i)$ e a sequência $z, z^2, z^3, z^4, \ldots$.

O número de termos distintos dessa sequência é:

a) 4
b) 5
c) 6
d) 7
e) 8

11. (ITA-SP) Determine o conjunto A formado por todos os números complexos *z* tais que

$$\frac{\bar{z}}{z - 2i} + \frac{2z}{\bar{z} + 2i} = 3 \text{ e } 0 < |z - 2i| \leq 1.$$

12. (UE-CE) Os números complexos *z* e *w*, escritos na forma $z = x + yi$ e $w = u + vi$ em que $x \neq 0$ e $u \neq 0$, são tais que $z \cdot w = 1$. A soma dos quadrados $u^2 + v^2$ é igual a:

a) $\dfrac{1}{x}$
b) $\dfrac{1}{u^2}$
c) $\dfrac{1}{x \cdot u}$
d) $\dfrac{u}{x}$

13. (Unesp-SP) Dada a expressão $A = \frac{(5 - ix)}{(5x - i^9)}$, em que $x \in \mathbb{R}$ e *i* é a unidade imaginária, quais são os valores de *x* que tornam A real? Para esses valores de *x*, quais são os resultados de A?

14. (FEI-SP) Sendo $z_1 = 4 - 2i$ e $z_2 = 4 - 1$, o módulo do número complexo $z = 2z_1 - z_2$ é:

a) 1 b) 7 c) 5 d) $\sqrt{41}$ e) $\sqrt{30}$

15. (FEI-SP) Sejam os complexos $z_1 = 3 + 2i$, $z_2 = 1 - i$ e $z_3 = 4i^{11}$. Se $z = \frac{z_1}{z_2} - z_3$, a forma algébrica de *z* é:

a) $z = \frac{1}{2} + \frac{9}{2}i$ c) $z = \frac{5}{2} + \frac{3}{2}i$ e) $z = \frac{1}{2} + \frac{13}{2}i$

b) $z = \frac{1}{2} - \frac{3}{2}i$ d) $z = \frac{5}{2} + \frac{13}{2}i$

16. (ITA-SP) Dado $z = \frac{1}{2}(-1 + \sqrt{3}i)$, então $\sum_{n=1}^{89} z^n$ é igual a:

a) $-\frac{89}{2}\sqrt{3}i$ c) 0 e) $\frac{89}{6}\sqrt{3}i$

b) -1 d) 1

17. (Fatec-SP) A solução da equação $|z| + z = 2 + i$ é um número complexo cujo módulo é:

a) $\frac{5}{4}$ b) $\sqrt{5}$ c) 1 d) $\frac{\sqrt{5}}{5}$ e) $\frac{5}{2}$

18. (UF-AM) Sejam os números complexos $z = \frac{5 - 12i}{5 + 12i}$ e $w = 1 - i$. Então o valor da expressão $|z| + w^8$ será:

a) 13 c) 17 e) 21

b) 15 d) 19

19. (UE-CE). Os números complexos $z = x + yi$ e $w = y + xi$ satisfazem às igualdades $|z| + |w| = 16$. Se $z\overline{w} - w\overline{z} = 0$, em que $\overline{z} = x - yi$ e $\overline{w} = y - xi$, então o valor da soma $|x| + |y|$ é:

a) $2\sqrt{2}$ b) $4\sqrt{2}$ c) $8\sqrt{2}$ d) $16\sqrt{2}$

20. (Unesp-SP) Considere os números complexos $w = 4 + 2i$ e $z = 3a + 4ai$, onde *a* é um número real positivo e *i* indica a unidade imaginária. Se, em centímetros, a altura de um triângulo é $|z|$ e a base é a parte real de $z \cdot w$, determine *a* de modo que a área do triângulo seja 90 cm².

21. (FGV-SP) O número complexo $z = a + bi$, com *a* e *b* reais, satisfaz $z + |z| = 2 + 8i$, com $|a + bi| = \sqrt{a^2 + b^2}$. Nessas condições, $|z|^2$ é igual a:

a) 68 c) 169 e) 289

b) 100 d) 208

22. (UFF-RJ) Dentre as alternativas a seguir, assinale aquela que indica uma afirmação incorreta.

a) O conjugado de $(1 + i)$ é $(1 - i)$.

b) $|1 + i| = \sqrt{2}$

c) $(1 + i)$ é raiz da equação $z^2 - 2z + 2 = 0$.

d) $(1 + i)^{-1} = (1 - i)$

e) $(1 + i)^2 = 2i$

23. (FEI-SP) O módulo do número complexo $z = i^4 - 3i^3 - 4$ é igual a:

a) $3\sqrt{2}$ b) $\sqrt{10}$ c) $4\sqrt{2}$ d) $6\sqrt{3}$ e) $2\sqrt{3}$

24. (Mackenzie-SP) Sendo $i^2 = -1$, o número complexo $\frac{-1 + i \operatorname{tg} x}{2}$, com *x* não nulo e $-\frac{\pi}{2} < x < \frac{\pi}{2}$, tem módulo igual a:

a) $\frac{1}{2} \operatorname{cotg} x$

b) $\frac{1}{\sqrt{2}} \sec x$

c) $\frac{1}{2} |\operatorname{cotg} x|$

d) $\frac{1}{2} |\sec x|$

e) $\frac{1}{\sqrt{2}} |\sec x|$

25. (FEI-SP) O módulo do número complexo $z = \cos(2a) - i \cdot \operatorname{sen}(2a)$, com $a \in \mathbb{R}$, é igual a:

a) $-i$ b) i^9 b) -1 d) i^8 e) 2

26. (ITA-SP) Assinale a opção que indica o módulo do número complexo $\frac{1}{1 + i \operatorname{cotg} x}$, $x \neq k\pi$, $k \in \mathbb{Z}$.

a) $|\cos x|$ b) $\frac{(1 + \operatorname{sen} x)}{2}$ c) $\cos^2 x$ d) $|\operatorname{cossec} x|$ e) $|\operatorname{sen} x|$

27. (UF-PI) Para todo $x \in \mathbb{R}$, a fórmula de Euler para exponencial de números complexos é dada por $e^{ix} = \cos(x) + i \operatorname{sen}(x)$. Analise as afirmativas abaixo, e assinale V (verdadeira) ou F (falsa).

1. O módulo do número complexo e^{ix} é igual a 1.
2. Existe $x \in \mathbb{R}$ tal que $e^{ix} = 0$.
3. $e^{ik\pi} = 1$, para todo número inteiro *k*.
4. $i^i = e^{\frac{\pi}{2}}$

28. (ITA-SP) Se para todo $z \in \mathbb{C}$, $|f(z)| = |z|$ e $|f(z) - f(1)| = |z - 1|$, então, para todo $z \in \mathbb{C}$, $\overline{f(1)} f(z) + f(1)\overline{f(z)}$ é igual a:

a) 1 b) $2z$ c) $2 \operatorname{Re} z$ d) $2 \operatorname{Im} z$ e) $2|z|^2$

29. (PUC-RS) Um número complexo $z = a + bi$, em sua forma trigonométrica, foi escrito como $z = r(\cos \alpha + i\operatorname{sen} \alpha)$. O módulo de *z* vale:

a) 1 b) a c) b d) α e) r

30. (UF-MT) Dados os números complexos não nulos $z = a + bi$ e $w = i \cdot z$. Sendo α e β os argumentos, respectivamente, de z e w, com $0 \leqslant \alpha < 2\pi$ e $0 \leqslant \beta < 2\pi$, pode-se afirmar que $\beta - \alpha$ é igual a:

a) $\frac{\pi}{4}$ b) π c) $\frac{\pi}{2}$ d) $\frac{3\pi}{2}$ e) $\frac{3\pi}{4}$

31. (UF-AM) Se $z_1 = \frac{1}{2} - \frac{\sqrt{3}}{2}i$ e $z_2 = -\frac{1}{\sqrt{2}} + \frac{1}{\sqrt{2}}i$ são números complexos, então:

a) $z_1 - z_2 = \cos\frac{\pi}{3} - i\text{sen}\,\frac{\pi}{3}$

b) $z_1 \cdot z_2 = \cos\frac{11\pi}{12} - i\text{sen}\,\frac{11\pi}{12}$

c) $\frac{z_1}{z_2} = \cos\frac{5\pi}{9} + i\text{sen}\,\frac{5\pi}{9}$

d) $z_1 + z_2 = \cos\frac{\pi}{2} + i\text{sen}\,\frac{\pi}{2}$

e) $z_1 \cdot z_2 = \cos\frac{5\pi}{12} - i\text{sen}\,\frac{5\pi}{12}$

32. (FEI-SP) Considere os números complexos $z_1 = 8 \cdot \left(\cos\frac{7\pi}{6} + i\text{sen}\,\frac{7\pi}{6}\right)$ e $z_2 = 2 \cdot \left(\cos\frac{\pi}{6} + i\text{sen}\,\frac{7\pi}{6}\right)$. Calculando $\frac{z_1}{z_2}$, obtém-se, na forma algébrica, o número complexo:

a) -4 b) $4\sqrt{3} + 4i$ c) $4 + 4i$ d) $4 - 4\sqrt{3}i$ e) $2 + i$

33. (UE-CE) Se *i* é a unidade imaginária $(i^2 = -1)$, a forma trigonométrica do número complexo $z = \frac{3}{1 - i} - \frac{i}{1 + i}$, considerando o argumento principal, é:

a) $\sqrt{2}\left(\cos\frac{\pi}{4} + i \cdot \text{sen}\,\frac{\pi}{4}\right)$

b) $\sqrt{2}\left(\cos\frac{3\pi}{4} + i \cdot \text{sen}\,\frac{3\pi}{4}\right)$

c) $\sqrt{3}\left(\cos\frac{\pi}{4} + i \cdot \text{sen}\,\frac{\pi}{4}\right)$

d) $\sqrt{3}\left(\cos\frac{3\pi}{4} + i \cdot \text{sen}\,\frac{3\pi}{4}\right)$

34. (PUC-SP) Seja $S_n = \frac{n \cdot (n - 1)}{2} + \frac{n \cdot (3 - n) \cdot i}{2}$, em que $n \in \mathbb{N}^*$ e *i* é a unidade imaginária, a expressão da soma dos *n* primeiros termos de uma progressão aritmética. Se a_n é o enésimo termo dessa progressão aritmética, então a forma trigonométrica da diferença $a_{15} - a_{16}$ é:

a) $2\sqrt{2}\left(\cos\frac{3\pi}{4} + i \cdot \text{sen}\,\frac{3\pi}{4}\right)$

b) $2\sqrt{2}\left(\cos\frac{5\pi}{4} + i \cdot \text{sen}\,\frac{5\pi}{4}\right)$

c) $2\sqrt{2}\left(\cos\frac{7\pi}{4} + i \cdot \text{sen}\,\frac{7\pi}{4}\right)$

d) $\sqrt{2}\left(\cos\frac{5\pi}{4} + i \cdot \text{sen}\,\frac{5\pi}{4}\right)$

e) $\sqrt{2}\left(\cos\frac{3\pi}{4} + i \cdot \text{sen}\,\frac{3\pi}{4}\right)$

35. (UF-RS) O menor número inteiro positivo *n* para o qual a parte imaginária do número complexo $\left(\cos\frac{\pi}{8} + i \cdot \text{sen}\,\frac{\pi}{8}\right)^n$ é negativa é:

a) 3 b) 4 c) 6 d) 8 e) 9

36. (UF-PB) O fator de potência de uma unidade consumidora de energia elétrica é definido pelo número $\cos \phi$, em que ϕ é o argumento de um número complexo $S = P + Qi$, denominado potência aparente. O fator de potência é uma medida importante, pois indica se uma unidade consumidora está utilizando a energia elétrica de forma eficiente e econômica. Se uma unidade consumidora tem potência aparente $S = 40 + 30i$, o seu fator de potência é:

a) 0,75 b) 0,80 c) 0,85 d) 0,90 e) 0,95

37. (ITA-SP) Sejam $\alpha, \beta \in \mathbb{C}$ tais que $|\alpha| = |\beta| = 1$ e $|\alpha - \beta| = \sqrt{2}$. Então $\alpha^2 + \beta^2$ é igual a:

a) -2 b) 0 c) 1 d) 2 e) $2i$

38. (ITA-SP) Sejam $z = n^2(\cos 45° + i\text{sen } 45°)$ e $w = n(\cos 15° + i\text{sen } 15°)$, em que n é o menor inteiro positivo tal que $(1 + i)^n$ é real. Então, $\frac{z}{w}$ é igual a:

a) $\sqrt{3} + i$ b) $2(\sqrt{3} + i)$ c) $2(\sqrt{2} + i)$ d) $2(\sqrt{2} - i)$ e) $2(\sqrt{3} - i)$

39. (FGV-SP) A figura indica a representação dos números z_1 e z_2 no plano complexo.

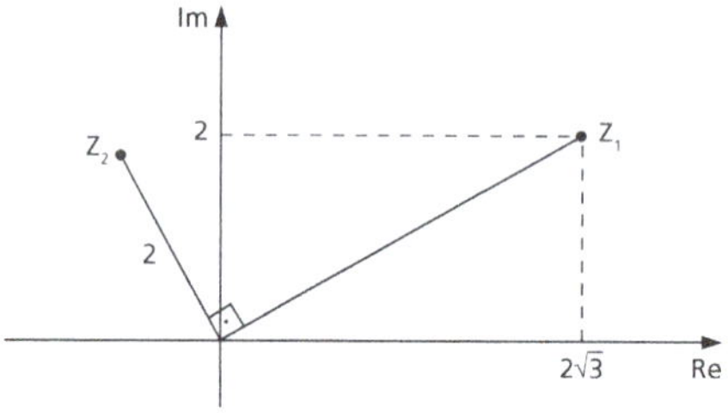

Se $z_1 \cdot z_2 = a + bi$, então $a + b$ é igual a:

a) $4(1 - \sqrt{3})$ b) $2(\sqrt{3} - 1)$ c) $2(1 + \sqrt{3})$ d) $8(\sqrt{3} - 1)$ e) $4(\sqrt{3} + 1)$

40. (Unesp-SP) O número complexo $z = a + bi$ é vértice de um triângulo equilátero, como mostra a figura.

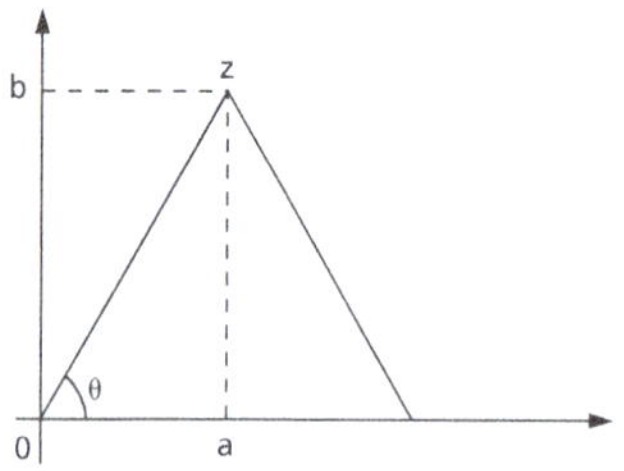

Sabendo que a área desse triângulo é igual a $36\sqrt{3}$, determine z^2.

41. (FGV-SP) Os quatro vértices de um quadrado no plano Argand-Gauss são números complexos, sendo três deles $1 + 2i$, $-2 + i$ e $-1 - 2i$. O quarto vértice do quadrado é o número complexo:

a) $2 + i$ b) $2 - i$ c) $1 - 2i$ d) $-1 + 2i$ e) $-2 - i$

42. (Unifesp-SP) Quatro números complexos representam, no plano complexo, vértices de um paralelogramo. Três dos números são $z_1 = -3 - 3i$, $z_2 = 1$ e $z_3 = -1 + \left(\frac{5}{2}\right)i$.

O quarto número tem as partes real e imaginária positivas. Esse número é:

a) $2 + 3i$ b) $3 + \left(\frac{11}{2}\right)i$ c) $3 + 5i$ d) $2 + \left(\frac{11}{2}\right)i$ e) $4 + 5i$

43. (PUC-SP) No plano complexo, seja o triângulo cujos vértices U, V e W são as respectivas imagens dos números complexos $u = 4 \cdot (\cos 60° + i \cdot \text{sen}\, 60°)^2$, $v = u \cdot i$ e $w = 4 \cdot i^{147}$. A área do triângulo UVW, em unidades de superfície, é:

a) $4(\sqrt{3} - 1)$
b) $4(\sqrt{3} + 1)$
c) $2(2 - \sqrt{3})$
d) $2(2 + \sqrt{3})$
e) $\frac{1}{2}(2\sqrt{3} - 1)$

44. (UE-CE) O conjugado, $\bar{z}$, do número complexo $z = x + iy$, com *x* e *y* número reais, é definido por $\bar{z} = x - iy$. Identificando o número complexo $z = x + iy$ com o ponto (x, y) no plano cartesiano, podemos afirmar corretamente que o conjunto dos números complexos *z* que satisfazem a relação $z\bar{z} + z + \bar{z} = 0$ estão sobre:

a) uma reta.
b) uma circunferência.
c) uma parábola.
d) uma elipse.

45. (PUC-SP) Dado o número complexo $z = \cos \frac{\pi}{6} + i \cdot \text{sen}\, \frac{\pi}{6}$, então

se $P_1 \cdot P_2$ e P_3 são as respectivas imagens de $z \cdot z^2$ e z^3 no plano complexo, a medida do maior ângulo interno do triângulo $P_1P_2P_3$ é:

a) 75° b) 100° c) 120° d) 135° e) 150°

46. (UF-CE) Os números complexos distintos *z* e *w* são tais que $z + w = 1$ e $z \cdot w = 1$.

a) Calcule $|z|$.

b) Calcule o valor $z^4 + w^4$ sabendo-se que *z* está no primeiro quadrante do plano complexo.

47. (FGV-RJ)

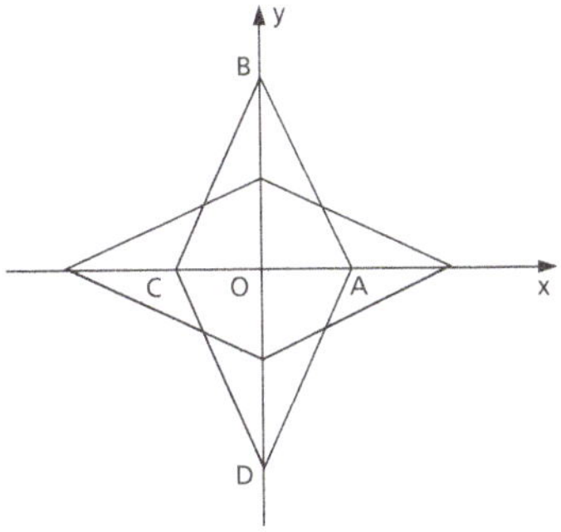

a) Calcule a área do losango ABCD, cujos vértices são os afixos dos números complexos: 3, 6i, −3 e −6i, respectivamente.

b) Quais são as coordenadas dos vértices do losango A'B'C'D' que se obtém girando 90° o losango ABCD, em torno da origem do plano cartesiano, no sentido anti-horário?

c) Por qual número devemos multiplicar o número complexo cujo afixo é o ponto B para obter o número complexo cujo afixo é o ponto B'?

48. (ITA-SP) Sejam $x, y \in \mathbb{R}$ e $w = x^2(1 + 3i) + y^2(4 - i) - x(2 + 6i) + y(-16 + 4i) \in \mathbb{C}$. Identifique e esboce o conjunto $\Omega = \{(x, y) \in \mathbb{R}^2;\ \text{Re } w \leqslant -13 \text{ e Im } w \leqslant 4\}$.

49. (ITA-SP) Se $\arg z = \frac{\pi}{4}$, então um valor para $\arg(-2iz)$ é:

a) $-\frac{\pi}{2}$　b) $\frac{\pi}{4}$　c) $\frac{\pi}{2}$　d) $\frac{3\pi}{4}$　e) $\frac{7\pi}{4}$

50. (ITA-SP) Determine o número complexo z, sabendo que $\begin{cases} \arg(z - 1) = \frac{2\pi}{3} \\ \arg(z + 1) = \frac{\pi}{6} \end{cases}$

Obs.: $\arg(w)$ é o argumento do número complexo w.

51. (FEI-SP) Se o número complexo z é tal que $z = -1 + i$, uma forma trigonométrica de z^2 é:

a) $z^2 = 2 \cdot \left(\cos \frac{3\pi}{2} + i\text{sen } \frac{3\pi}{2}\right)$

b) $z^2 = 4 \cdot \left(\cos \frac{3\pi}{2} + i\text{sen } \frac{3\pi}{2}\right)$

c) $z^2 = 2 \cdot \left(\cos \frac{\pi}{2} + i\text{sen } \frac{\pi}{2}\right)$

d) $z^2 = 4 \cdot \left(\cos \frac{\pi}{2} + i\text{sen } \frac{\pi}{2}\right)$

e) $z^2 = \sqrt{2} \cdot \left(\cos \frac{3\pi}{2} + i\text{sen } \frac{3\pi}{2}\right)$

52. (UF-CE) O valor do número complexo $\left(\frac{1 + i^9}{1 + i^{27}}\right)^{20}$ é:

a) 1　b) i　c) $-i$　d) -1　e) 2^{20}

53. (UF-AM) Simplificando o número complexo $\left(\frac{\sqrt{2}}{2} - \frac{\sqrt{2}}{2}i\right)^{2010}$ obtemos:

a) $2i$　b) i　c) $-i$　d) 1　e) -1

54. (ITA-SP) Se $a = \cos \frac{\pi}{5}$ e $b = \text{sen } \frac{\pi}{5}$, então o número complexo $\left(\cos \frac{\pi}{5} + i\text{sen } \frac{\pi}{5}\right)^{54}$ é igual a:

a) $a + bi$

b) $-a + bi$

c) $(1 - 2a^2b^2) + ab(1 + b^2)i$

d) $a - bi$

e) $1 - 4a^2b^2 + 2ab(1 - b^2)i$

55. (Unesp-SP) Considere o número complexo $z = \cos \frac{\pi}{6} + i\text{sen } \frac{\pi}{6}$. O valor de $z^3 + z^6 + z^{12}$ é:

a) $-i$

b) $\frac{1}{2} + \frac{\sqrt{3}}{2}i$

c) $i - 2$

d) i

e) $2i$

56. (Fatec-SP) Seja o número complexo $z = \cos\alpha + i \cdot \text{sen}\,\alpha$, em que *i* é a unidade imaginária. Se $\frac{z^4}{i}$ é um número real e $\alpha \in \left]\frac{\pi}{4}; \frac{\pi}{2}\right[$, então α é:

a) $\frac{4\pi}{15}$ b) $\frac{\pi}{3}$ c) $\frac{3\pi}{8}$ d) $\frac{2\pi}{5}$ e) $\frac{5\pi}{12}$

57. (Fatec-SP) Relativamente ao número complexo $z = \cos 1 + i \cdot \text{sen}\,1$ é verdade que:

a) $z^2 = 1 + i \cdot \text{sen}\,2$

b) no plano de Argand-Gauss, os afixos de z^{10} são pontos de uma circunferência de centro na origem e raio $\frac{\pi}{2}$.

c) no plano de Argand-Gauss, os afixos de z, z^2 e z^3 pertencem, respectivamente, ao primeiro, segundo e terceiro quadrantes.

d) no plano de Argand-Gauss, o afixo de z^{100} pertence ao quarto quadrante.

e) o argumento de *z* está compreendido entre 30° e 55°.

58. (ITA-SP) Das afirmações abaixo sobre os números complexos z_1 e z_2:

I. $|z_1 - z_2| \leq \big||z_1| - |z_2|\big|$

II. $|\bar{z}_1 \cdot z_2| = \big||\bar{z}_2| \cdot |\bar{z}_2|\big|$

III. Se $z_1 = |z_1|(\cos\theta + i\,\text{sen}\,\theta) \neq 0$, então $z_1^{-1} = |z_1|^{-1}(\cos\theta + i\,\text{sen}\,\theta)$ é(são) sempre verdadeira(s):

a) apenas I. c) apenas III. e) todas.

b) apenas II. d) apenas II e III.

59. (ITA-SP) Se $\alpha \in (0, 2\pi)$ é o argumento de um número complexo $z \neq 0$ e *n* é um número natural tal que $\left(\frac{z}{|z|}\right)^n = i\,\text{sen}\,(n\alpha)$, então é verdade que:

a) $2n\alpha$ é múltiplo de 2π.

b) $2n\alpha - \pi$ é múltiplo de 2π.

c) $n\alpha - \frac{\pi}{4}$ é múltiplo de $\frac{\pi}{2}$.

d) $2n\alpha - \pi$ é múltiplo não nulo de 2.

e) $n\alpha - 2\pi$ é múltiplo de π.

60. (PUC-RS) A superfície e os parafusos de afinação de um tímpano da Orquestra da PUC-RS estão representados no plano complexo de Argand-Gauss por um disco de raio 1, centrado na origem, e por oito pontos uniformemente distribuídos, respectivamente, como mostra a figura ao lado:

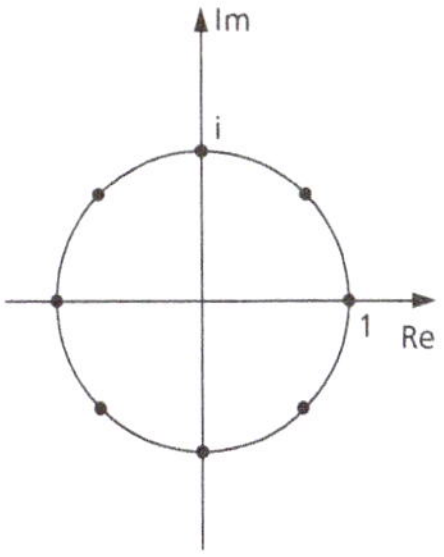

Nessa representação, os parafusos de afinação ocupam os lugares dos números complexos *z* que satisfazem a equação:

a) $Z^8 = i$ d) $Z^8 = -1$

b) $Z^8 = -i$ e) $Z^8 = 1 + i$

c) $Z^8 = 1$

61. (Vunesp-SP) As soluções da equação $z^3 = i$, onde *z* é um número complexo e $i^2 = -1$, são:

a) $z = \pm\frac{\sqrt{2}}{2} + \frac{1}{2}i$ ou $z = -i$

b) $z = \pm\frac{\sqrt{3}}{2} - \frac{1}{2}i$ ou $z = -i$

c) $z = \pm\frac{\sqrt{3}}{2} + \frac{1}{2}i$ ou $z = -i$

d) $z = \pm\frac{\sqrt{2}}{2} - \frac{1}{2}i$ ou $z = -i$

e) $z = \pm\frac{1}{2} - \frac{\sqrt{3}}{2}i$ ou $z = -i$

62. (U.E. Ponta Grossa-PR) As representações gráficas dos complexos *z* tais que $z^3 = 1$ são os vértices de um triângulo. Em relação a esse triângulo assinale o que for correto.

01. É um triângulo equilátero de lado igual a $\sqrt{3}$ u.c.

02. É um triângulo isósceles de altura igual a $\frac{3}{4}$ u.c.

04. Um de seus vértices pertence ao 2º quadrante.

08. Seu perímetro é $3\sqrt{3}$ u.c.

16. Sua área é $\frac{3\sqrt{3}}{4}$ u.a.

63. (UF-MT) A imagem do número complexo $z = 5 + i\sqrt{3}$ é um vértice de um hexágono regular com centro na origem. O outro vértice desse hexágono, que também está localizado no primeiro quadrante, é a imagem do número complexo:

a) $2 + 3i\sqrt{3}$

b) $1 + 2i\sqrt{3}$

c) $2 + 2i\sqrt{3}$

d) $3 + 3i\sqrt{3}$

e) $1 + 3i\sqrt{3}$

64. (UE-CE) Os números complexos z_1, z_2, z_3 e z_4 são representados, no plano complexo, por quatro pontos, os quais são vértices de um quadrado com lados paralelos aos eixos e inscritos em uma circunferência de centro na origem e raio *r*. O produto $z_1 \cdot z_2 \cdot z_3 \cdot z_4$ é:

a) um número real positivo.

b) um número real negativo.

c) um número complexo cujo módulo é igual a $\frac{r}{2}$.

d) um número complexo, não real.

65. (Vunesp-SP) As raízes de $x^4 - a = 0$ são os vértices de um quadrado no plano complexo. Se uma raiz é $1 + i$ e o centro do quadrado é $0 + 0i$, determine o valor de *a*.

66. (UF-BA) Sendo z_1 e z_2 números complexos tais que

- z_1 é a raiz cúbica de 8i que tem afixo no segundo quadrante,
- z_2 satisfaz a equação $x^4 + x^2 - 12 = 0$ e $\text{Im}(z_2) > 0$,

calcule $\left|\sqrt{3}\frac{z_1}{z_2} + \bar{z}_2\right|$.

67. (UF-SE) Considerando que *a* e *b* são números reais, use os números complexos $u = \dfrac{4 - ai}{1 - i}$, $v = 3 - (b + 1) \cdot i$ e $w = \cos 18° + i \operatorname{sen} 18°$ para analisar a veracidade das afirmações seguintes.

a) Se *u* é um imaginário puro, então $u^5 = 1024i$.

b) Considerando que, no plano de Argand-Gauss, o afixo de *v* pertence ao quadrante, então, se $|v| = 5$, o argumento principal de *v* é: $\dfrac{11\pi}{6}$ rad.

c) Se $a = -2$ e $b = 3$, então $3 < \left|\dfrac{v}{u}\right| < 5$.

d) Se $a = b = 0$, o conjugado de $(u - v)^2$ é igual a $-1 + i$.

e) Uma das raízes sextas de w^{10} é igual a $-\dfrac{\sqrt{3}}{2} + \dfrac{1}{2}i$.

68. (UF-BA) Na figura, tem-se uma circunferência de centro na origem dos eixos coordenados e raio igual a 2 u.c. O comprimento do menor arco de origem em A e extremidade em P_1 é igual a $\dfrac{\pi}{3}$ u.c. Considere os pontos P_1, P_2 e P_3 vértices de um triângulo equilátero inscrito na circunferência e representados, nessa ordem, no sentido anti-horário. Sendo P_1, P_2 e P_3, respectivamente, afixos dos números complexos z_1, z_2 e z_3, calcule $|\bar{z}_1 + z_2^5 + z_3|$.

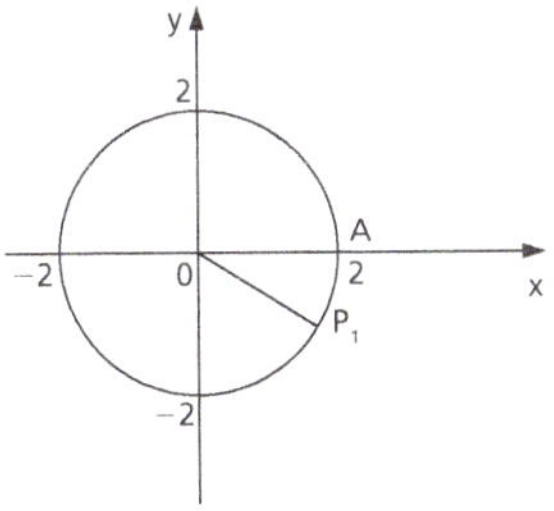

69. (Unifesp-SP) No plano de Argand-Gauss (figura), o ponto A é chamado afixo do número complexo $z = x + yi$, cujo módulo (indicado por $|z|$) é a medida do segmento $\overline{OA}$ e cujo argumento (indicado por θ) é o menor ângulo formado com $\overline{OA}$, no sentido anti-horário, a partir do eixo Re (z). O número complexo $z = i$ é chamado "unidade imaginária".

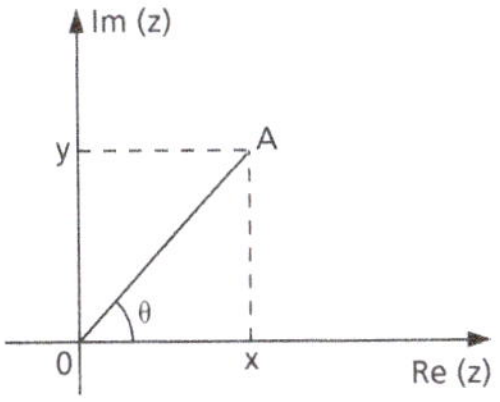

a) Determinar os números reais *x* tais que $z = (x + 2i)^4$ é um número real.

b) Se uma das raízes quartas de um número complexo *z* é o complexo z_0, cujo afixo é o ponto (0, a), $a > 0$, determine $|z|$.

70. (ITA-SP) Sejam $n \geq 3$ ímpar, $z \in \mathbb{C} - \{0\}$ e $z_1, z_2, ..., z_n$ as raízes de $z^n = 1$. Calcule o número de valores $|z_i - z_j|$, $i, j = 1, 2, ..., n$, com $i \neq j$, distintos entre si.

71. (ITA-SP) Determine as raízes em $\mathbb{C}$ de $4z^6 + 256 = 0$, na forma $a + bi$, com a e $b \in \mathbb{R}$, que pertençam a $S = \{z \in \mathbb{C}; 1 < |z + 2| < 3\}$.

Polinômios

72. (FEI-SP) Se $p(x) = 5x^2 + 2x - 4$, pode-se afirmar que $p(1)$ é igual a:

a) 4 b) 11 c) 8 d) 10 e) 3

73. (PUC-RS) Em relação aos polinômios $p(x) = ax^2 + bx + c$ e $q(x) = dx^2 + ex + f$, considerando que $p(1) = q(1)$, $p(0) = q(0) = 0$, concluímos que $(a + b) - (d + e)$ vale:

a) 0 b) 1 c) 2 d) $a + b$ e) $d + e$

74. (PUC-MG) A igualdade $uv - 2v + 5u - 10 = 0$ é verdadeira qualquer que seja o valor de *v*. Então o valor de *u*, necessariamente, é:

a) -5 b) -2 c) 2 d) 5

75. (Mackenzie-SP) Qualquer que seja *x* não nulo, tal que $|x| \neq 1$, a expressão $\dfrac{\dfrac{x+1}{x-1} - \dfrac{x-1}{x+1}}{\dfrac{1}{x+1} + \dfrac{1}{x-1}}$ é sempre igual a:

a) $\dfrac{1}{x}$ b) $2x$ c) $x + 2$ d) 1 e) 2

76. (FEI-SP) Se $x \neq 0$ e se $(x + y - z)^2 = (x - y + z)^2$, então pode-se afirmar que:

a) $y + z = 0$
b) $y - z = 0$
c) $x - y = 0$
d) $x - z = 0$
e) $x + z = 0$

77. (UF-CE) Se a identidade $\dfrac{3x + 2}{x^2 - 4} = \dfrac{a}{x - 2} + \dfrac{b}{x + 2}$ é verdadeira para todo número real *x* diferente de 2 e -2, então os valores de *a* e *b* são, respectivamente:

a) 1 e -1 b) 2 e -1 c) 2 e 1 d) 3 e 2 e) 3 e 3

78. (Unifesp-SP) Se $\dfrac{x}{x^2 - 3x + 2} = \dfrac{a}{x - 1} + \dfrac{b}{x - 2}$ é verdadeira para todo *x* real, $x \neq 1, x \neq 2$, então o valor de $a \cdot b$ é:

a) -4 b) -3 c) -2 d) 2 e) 6

79. (UF-PE) Sabendo que $\dfrac{x^2 - 2x + 4}{x^3 + x^2 - 2x} = \dfrac{A}{x} + \dfrac{B}{x + 2} + \dfrac{C}{x - 1}$, calcule $A + B + 2C$.

80. (UF-PR) Um resultado bastante útil em matemática é que toda função racional (quociente de funções polinomiais reais) pode ser escrita como soma de funções mais simples. Por exemplo, a função $r(x) = \frac{x + 1}{x(x - 1)^2}$ pode ser escrita na forma $\frac{A}{x} + \frac{B}{x - 1} + \frac{C}{(x - 1)^2}$.

a) Aplicando os conhecimentos sobre operações com frações e igualdade de polinômios, calcule os números reais A, B e C tais que $\frac{x + 1}{x(x - 1)^2} = \frac{A}{x} + \frac{B}{x - 1} + \frac{C}{(x - 1)^2}$.

b) Examinando a expressão de r(x) como soma de frações, descreva o que ocorre com o valor r(x) quando *x* assume valores arbitrariamente grandes e quando *x* assume valores positivos arbitrariamente próximos de zero.

81. (UF-CE) Considere a função polinomial $P(x) = x^{20} + x^{12} + ax^4 + bx + 1$. Sabendo-se que *a* e *b* são números reais, ambos não nulos, e que $P(1 + i) = 4 + 3i$, então $P\left(\frac{2}{1 + i}\right)$ é igual a:

a) $\frac{2}{1 + i}$ b) $\frac{2}{1 - i}$ c) $\frac{1}{2 + i}$ d) $4 + 3i$ e) $4 - 3i$

82. (Unicamp-SP) Seja $f(x) = a_n x^n + a_{n-1}x^{n-1} + \ldots + a_1 x + a_0$ um polinômio de grau *n* tal que $a_n \neq 0$ e $a_j \in \mathbb{R}$ para qualquer *j* entre 0 e *n*. Seja $g(x) = na_n x^{n-1} + (n - 1)a_{n-1}x^{n-2} + \ldots + 2a_2 x + a_1$ o polinômio de grau $n - 1$ em que os coeficientes $a_1, a_2, \ldots, a_n$ são os mesmos empregados na definição de f(x).

a) Supondo que n = 2, mostre que $g\left(x + \frac{h}{2}\right) = \frac{f(x + h) - f(x)}{h}$, para todo $x, h \in \mathbb{R}, h \neq 0$.

b) Supondo que n = 3 e que $a_3 = 1$, determine a expressão do polinômio f(x), sabendo que $f(1) = g(1) = f(-1) = 0$.

83. (UF-AM) Sejam $p, q: \mathbb{R} \to \mathbb{R}$ dois polinômios quaisquer. Se grau (p) = n e grau (q) = m, então é sempre correto afirmar que:

a) grau $(p^3 \cdot q^2) = \min\{n^3, m^2\}$

b) grau $(p^2 \cdot q^3) = 2n + 3m$

c) grau $(p + q) = n + m$

d) grau $(p^3 \cdot q) = n^3 \cdot m$

e) grau $(p + q) = \max\{n, m\}$

84. (UF-GO) Considere o polinômio: $p(x) = (x - 1)(x - 3)^2(x - 5)^3(x - 7)^4(x - 9)^5(x - 11)^6$.
O grau de p(x) é igual a:

a) 1080 b) 720 c) 36 d) 21 e) 6

85. (ITA-SP) Um polinômio P é dado pelo produto de 5 polinômios cujos graus formam uma progressão geométrica. Se o polinômio de menor grau igual a 2 e o grau de P é 62, então o de maior grau tem grau igual a:

a) 30 b) 32 c) 34 d) 36 e) 38

86. (FGV-SP) Fatorando completamente o polinômio $x^9 - x$ em polinômios e monômios com coeficientes inteiros, o número de fatores será:

a) 7 b) 5 c) 4 d) 3 e) 2

87. (Unesp-SP) Transforme o polinômio $P(x) \equiv x^5 + x^2 - x - 1$ em um produto de dois polinômios, sendo um deles do 3º grau.

88. (UF-PE) Ao efetuarmos o produto dos polinômios abaixo
$(1 + x + x^2 + ... + x^{100}) \cdot (1 + x + x^2 + ... + x^{50})$
qual o coeficiente de x^{75}? (Observação: os polinômios têm graus 100 e 50 e todos os coeficientes iguais a 1.)

89. (FGV-SP) O quociente da divisão do polinômio $P(x) = (x^2 + 1)^4 \cdot (x^3 + 1)^3$ por um polinômio de grau 2 é um polinômio de grau:

a) 5 b) 10 c) 13 d) 15 e) 18.

90. (PUC-RS) O resto da divisão de $x^{500} - 1$ por $x - 1$ é:

a) -1 b) 0 c) 1 d) $-x$ e) x

91. (PUC-RS) O polinômio $p(x) = ax^4 + bx^3 + cx^2 + dx + e$, com coeficientes em $\mathbb{R}$, é divisível por x. O valor de "e" é:

a) 4 b) 3 c) 2 d) 1 e) 0

92. (Fatec-SP) Se o polinômio $p(x) = 2x^3 + 5x^2 + mx + 12$ é divisível por $h(x) = x + 3$, então o parâmetro m é igual a:

a) 2 b) 1 c) 3 d) -1 e) -3

93. (UF-AL) Ao dividirmos o polinômio $x^{2010} + x^{1005} + 1$ pelo polinômio $x^3 + x$, qual o resto da divisão?

a) 0
b) $x^2 + x + 1$
c) $x^2 - x + 1$
d) $x^2 - x - 1$
e) $x^2 + x - 1$

94. (UF-PR) Considere o polinômio $p(x) = x^3 - ax^2 + x - a$ e analise as seguintes afirmativas:

1. $i = \sqrt{-1}$ é uma raiz desse polinômio.
2. Qualquer que seja o valor de a, $p(x)$ é divisível por $x - a$.
3. Para que $p(-2) = -10$, o valor de a deve ser 0.

Assinale a alternativa correta.

a) Somente a afirmativa 2 é verdadeira.
b) Somente as afirmativas 1 e 2 são verdadeiras.
c) Somente as afirmativas 1 e 3 são verdadeiras.
d) Somente as afirmativas 2 e 3 são verdadeiras.
e) As afirmativas 1, 2 e 3 são verdadeiras.

95. (UF-RN) A respeito do polinômio $P(x) = x^3 - 4x^2 + 2x - 1$, é correto afirmar:

a) É divisível por $(x - 1)$.
b) Possui uma raiz real.
c) O produto de suas raízes é igual a 2.
d) Quando dividido por $(x + 2)$, deixa resto igual a -5.

96. (UF-AM) Dividindo o polinômio $P(x) = 2x^4 - x^3 - 7x^2 + 31x - 10$ pelo polinômio $Q(x) = x^2 - 3x + 5$ obtemos o polinômio:

a) $2x^2 - 5x + 2$
b) $2x^2 + 5x - 2$
c) $2x^2 - 5x - 2$
d) $2x^3 + 5x - 2$
e) $-2x^2 + 5x - 2$

97. (UF-CE) Se a divisão do polinômio $x^3 + 2x^2 + x + m$ pelo polinômio $x^2 + 1$ possui resto zero, então o valor de *m* é:

a) 1 b) 2 c) 3 d) 4 e) 5

98. (UF-PI) Considerem-se os polinômios $p(x) = (x - 1)(x - 2)(x - 3) \dots (x - 100)$ e $d(x) = x$. O resto da divisão de $p(x)$ por $d(x)$ é:

a) -1 b) 0 c) 100 d) 10! e) 100!

99. (UF-PR) Sabendo que o polinômio $p(x) = x^4 - 3x^3 + ax^2 + bx - a$ é divisível pelo polinômio $q(x) = x^2 + 1$, é correto afirmar:

a) $a - b = -1$
b) $2a + b = -2$
c) $a + 2b = \frac{1}{2}$
d) $a - 2b = 0$
e) $2a - b = \frac{3}{4}$

100. (UF-GO) Determine o valor de $k \in \mathbb{R}$, para que o polinômio $p(x) = kx^3 + (k + 1)x^2 + 2kx + 6$ seja divisível por $x^2 + 2$.

101. (FEI-SP) Se o polinômio $p(x) = x^4 - 6x^3 + 7x^2 + mx + n$ é divisível por $x^2 - 9x + 8$, podemos afirmar que $m + n$ é igual a:

a) 2 b) 4 c) -4 d) -2 e) 9

102. (UE-CE) Se os polinômios $p(x) = x^3 + mx^2 + nx + k$ e $g(x) = x^3 + ux^2 + vx + w$ são divisíveis por $x^2 - x$, então o resultado da soma $m + n + u + v$ é:

a) -2 b) -1 c) 0 d) 1

103. (UE-CE) Se o polinômio $P(x) = x^4 + \alpha x^3 - 5x^2 + 2x + \beta$ é divisível por $x^2 + 1$, então $\frac{\beta}{\alpha}$ é igual a:

a) 3 b) -3 c) $\frac{5}{2}$ d) $-\frac{5}{2}$

104. (Fuvest-SP) O polinômio $p(x) = x^3 + ax^2 + bx$, em que *a* e *b* são números reais, tem restos 2 e 4 quando dividido por $x - 2$ e $x - 1$, respectivamente. Assim, o valor de *a* é:

a) -6 b) -7 c) -8 d) -9 e) -10

105. (Fatec-SP) Sejam *a* e *b* números reais tais que o polinômio $P(x) = x^4 + 2ax + b$ é divisível pelo polinômio $(x - 1)^2$. O resto da divisão de $P(x)$ pelo monômio $D(x) = x$ é:

a) -2 b) -1 c) 1 d) 3 e) 4

106. (UE-PB) O resto da divisão do polinômio $P(x) = 3x^{2n+3} - 5x^{2n+2} + 8$ por $x + 1$ com *n* natural é:

a) -1 b) 1 c) zero d) 2 e) 6

107. (UF-PE) Indique o valor do natural *n*, $n > 0$, para o qual o polinômio $n^2x^{2n+1} - 25nx^{n+1} + 150x^{n-1}$ é divisível pelo polinômio $x^2 - 1$.

108. (UF-PI) Um polinômio p(x) é divisível por $x - 1$ e, quando dividido por $x^2 + 2$, deixa quociente $x^2 + 1$ e resto r(x). Se $r(-1) = 2$, pode-se afirmar que p(x) é igual a:

a) $x^4 + 3x^2 - 4x$
b) $x^4 + 3x^2 - 4$
c) $-x^4 + x^2$
d) $x^4 + x^2 - 2$
e) $x^4 - 1$

109. (FGV-SP) Seja $P(x) = x^2 + bx + c$, com *b* e *c* inteiros. Se P(x) é fator de $T(x) = x^4 + 6x^2 + 25$ e de $S(x) = 3x^4 + 4x^2 + 28x + 5$, então P(1) é igual a:

a) 0 b) 1 c) 2 d) 3 e) 4

110. (ITA-SP) Determine os valores de *k* e α, $k \in \mathbb{R}$ e $\alpha \in [0, 2\pi]$, para que o polinômio $p(x) = kx^2 - x\cos^2\alpha + \operatorname{sen}\alpha$ seja divisível pelo produto $(x - 1)(x - 2)$.

111. (FGV-SP) Sejam Q(x) e R(x) o quociente e o resto da divisão de $5x^3 + (m - 12)x^2 + (m^2 - 2m)x - 2m^2 + p + 9$ por $x - 2$, respectivamente. Permutando-se os coeficientes de Q(x) obtém-se o polinômio Q'(x) tal que $Q'(x) = R(x)$ para qualquer $x \in \mathbb{R}$. Se *m* e *p* são constantes reais positivas, então $m + p$ é igual a:

a) 8 b) 7 c) 6 d) 5 e) 4

112. (UF-PI) Suponha que $p_1(x)$ e $p_2(x)$ sejam polinômios, não nulos, com coeficientes reais. Para cada afirmação abaixo, coloque V (verdadeira) ou F (falsa).

1. O grau do produto $p_1(x)$ e $p_2(x)$ é a soma dos graus de $p_1(x)$ e $p_2(x)$.
2. Se $p_2(x)$ é um divisor de $p_1(x)$, então $p_2(x)$ é um máximo divisor comum de $p_1(x)$ e $p_2(x)$.
3. O grau da soma $p_1(x) + p_2(x)$ não excede o maior dos graus de $p_1(x)$ e $p_2(x)$.
4. Se p(x) é um polinômio divisível pelos polinômios $p_1(x)$ e $p_2(x)$, então p(x) é divisível pelo produto $p_1(x)p_2(x)$.

113. (ITA-SP) Sendo *c* um número real a ser determinado, decomponha o polinômio $9x^2 - 63x + c$, numa diferença de dois cubos $(x + a)^3 - (x - b)^3$.
Neste caso, $|a + |b| - c|$ é igual a:

a) 104 b) 114 c) 124 d) 134 e) 144

114. (ITA-SP) Seja Q(z) um polinômio do quinto grau, definido sobre o conjunto dos números complexos, cujo coeficiente de z^5 é igual a 1. Sendo $z^3 + z^2 + z + 1$ um fator de Q(z), $Q(0) = 2$ e $Q(1) = 8$, então, podemos afirmar que a soma dos quadrados dos módulos das raízes de Q(z) é igual a:

a) 9 b) 7 c) 5 d) 3 e) 1

115. (ITA-SP) Considere o polinômio $p(x) = \sum_{n=0}^{15} a_n x^n$ com coeficientes $a_0 = -1$ e $a_n = 1 + ia_{n-1}$, $n = 1, 2, ..., 15$. Das afirmações:

I. $p(-1) \notin \mathbb{R}$,

II. $|p(x)| \leq 4(3 + \sqrt{2} + \sqrt{5})$, $\forall x \in [-1, 1]$,

III. $a_8 = a_4$,

é(são) verdadeira(s) apenas:

a) I b) II c) III d) I e II e) II e III

116. (Unifesp-SP) Considere as funções quadráticas $q_1(x)$ e $q_2(x)$ cujos gráficos são exibidos na figura.

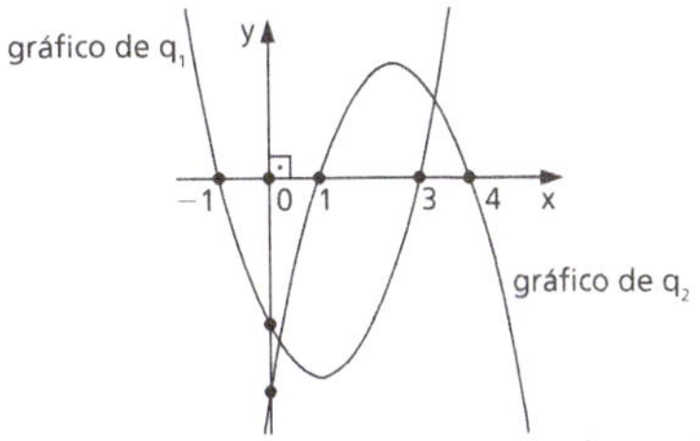

a) Faça o esboço de um possível gráfico da função produto $q(x) = q_1(x)q_2(x)$.

b) Calcule o quociente do polinômio $h(x) = xq(x)$ pelo polinômio $k(x) = x + 1$ e exiba suas raízes.

117. (FGV-SP) P é uma função polinomial de coeficientes reais e diferentes de zero. Substituindo cada coeficiente de P pela média aritmética de seus coeficientes originais, formamos o polinômio Q. Dos gráficos indicados a seguir, os únicos que poderiam ser de $y = P(x)$ e $y = Q(x)$ no intervalo $[-2, 2]$ estão representados em:

a)

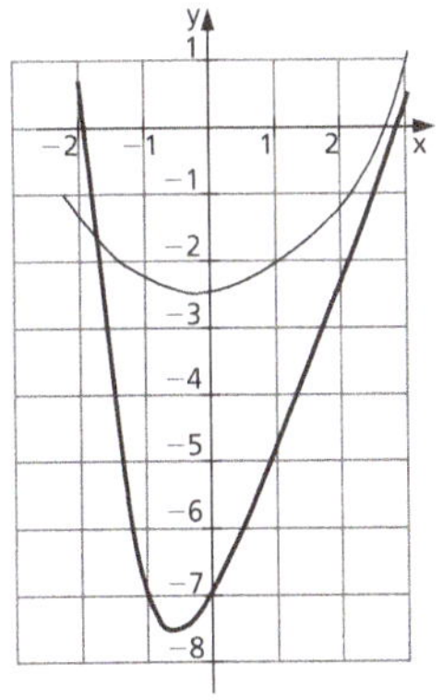

b)

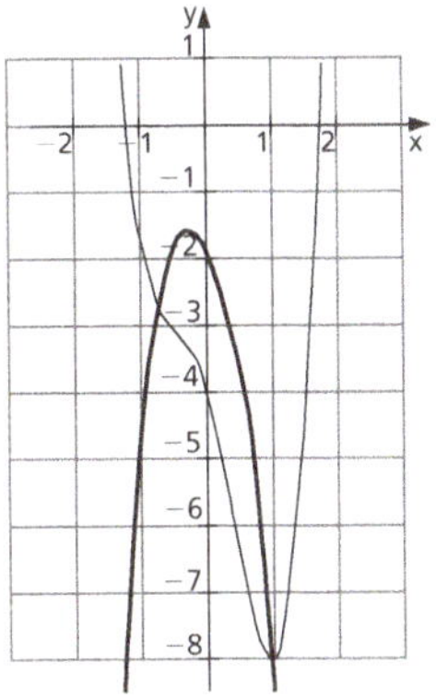

c)

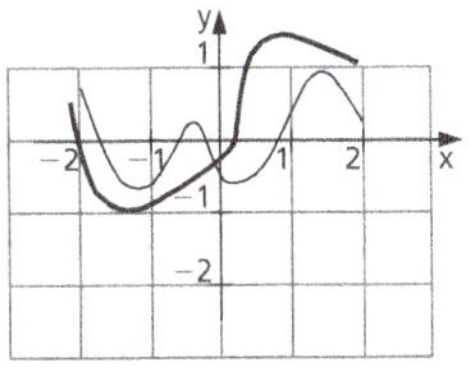

d)

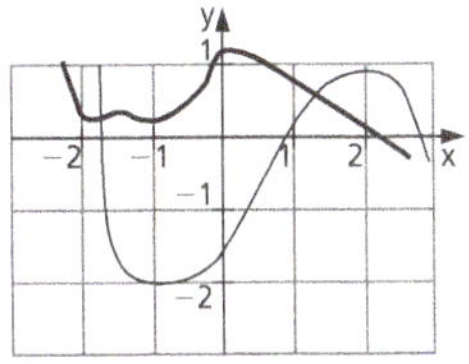

e)

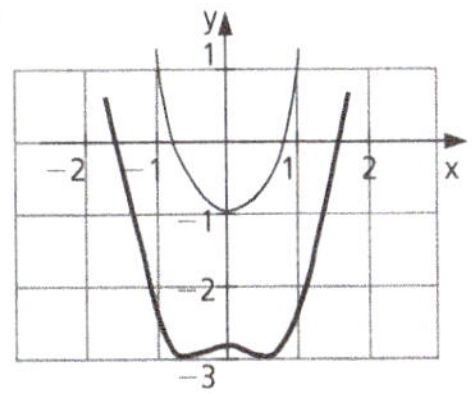

Equações polinomiais

118. (PUC-RS) Um polinômio tem tantas raízes imaginárias quantas são as consoantes da palavra Coimbra, e o número de raízes reais é no máximo igual ao número de vogais. Então, o grau deste polinômio é um número *n* tal que:

a) $4 \leqslant n < 7$
b) $4 \leqslant n \leqslant 7$
c) $4 < n \leqslant 7$
d) $4 < n < 7$
e) $n \leqslant 7$

119. (FGV-SP) Se três das raízes da equação polinomial $x^4 + mx^2 + nx + p = 0$ na incógnita *x* são 1, 2 e 3, então $m + p$ é igual a:

a) 35 b) 24 c) -12 d) -61 e) -63

120. (UF-PE) Se o número complexo $3 + 2i$ é raiz da equação $x^3 - 23x + c$, com *c* sendo uma constante real, qual o valor de *c*?

121. (UE-CE) Os números $-2, -1, 0, 1$ e 2 são as soluções da equação polinomial $p(x) = 0$, as quais são todas simples. Se o polinômio $p(x)$ é tal que $p\left(\sqrt{2}\right) = 2\sqrt{2}$, então o valor de $p\left(\sqrt{3}\right)$ é igual a:

a) $2\sqrt{3}$ b) $3\sqrt{2}$ c) $3\sqrt{3}$ d) $6\sqrt{2}$

122. (Fuvest-SP) A soma dos valores de *m* para os quais $x = 1$ é raiz da equação $x^2 + (1 + 5m - 3m^2)x + (m^2 + 1) = 0$ é igual a:

a) $\frac{5}{2}$ b) $\frac{3}{2}$ c) 0 d) $-\frac{3}{2}$ e) $-\frac{5}{2}$

123. (FEI-SP) As raízes da equação $x^2 - 5x + 6 = 0$ são dois números:

a) pares.
b) ímpares.
c) cuja soma é igual a 6.
d) cujo produto é igual a -6.
e) primos.

124. (ITA-SP) Os argumentos principais das soluções da equação em *z*, $iz + 3\bar{z} + (z + \bar{z})^2 - i = 0$, pertencem a:

a) $\left]\frac{\pi}{4}, \frac{3\pi}{4}\right[$
b) $\left]\frac{3\pi}{4}, \frac{5\pi}{4}\right[$
c) $\left[\frac{5\pi}{4}, \frac{3\pi}{2}\right[$
d) $\left]\frac{\pi}{4}, \frac{\pi}{2}\right[\cup \left]\frac{3\pi}{2}, \frac{7\pi}{4}\right[$
e) $\left]0, \frac{\pi}{4}\right[\cup \left]\frac{7\pi}{4}, 2\pi\right[$

125. (UE-CE) O número de soluções da equação $\frac{x}{5 - x^2} = \frac{x}{x^2 + 3}$ é:

a) 0 b) 1 c) 2 d) 3

126. (UF-RS) Sabendo-se que um polinômio $p(x)$ de grau 2 satisfaz $p(1) = -1$, $p(2) = -2$ e $p(3) = -1$, é correto afirmar que a soma de suas raízes é:

a) 0 b) 1 c) 2 d) 3 e) 4

127. (UE-CE) O número real positivo *x* que satisfaz a condição $x^2 = x + 1$ é chamado de número de ouro. Para este número *x*, temos que x^5 é igual a:

a) $3x + 1$ b) $4x + 2$ c) $5x + 3$ d) $6x + 4$

128. (UF-MG) Sejam $p(x) = ax^2 + (a - 15)x + 1$ e $q(x) = 2x^2 - 3x + \frac{1}{b}$ polinômios com coeficientes reais. Sabe-se que esses polinômios possuem as mesmas raízes.

Então, é correto afirmar que o valor de $a + b$ é:

a) 3 b) 6 c) 9 d) 12

129. (FGV- SP) O menor valor inteiro de *k* para que a equação algébrica $2x(kx - 4) - x^2 + 6 = 0$ em *x* não tenha raízes reais é:

a) -1 b) 2 c) 3 d) 4 e) 5

130. (ITA-SP) Determine todos os valores de $m \in \mathbb{R}$ tais que a equação $(2 - m)x^2 + 2mx + m + 2 = 0$ tenha duas raízes reais distintas e maiores que zero.

131. (ITA-SP) Determine as raízes da equação $\frac{1}{y^2 + 10y - 14} + \frac{1}{y^2 + 10y - 30} = \frac{2}{y^2 + 10y - 54}$, $y \in \mathbb{R}$.

132. (Unicamp-SP) O número áureo é uma constante real irracional, definida como a raiz positiva da equação quadrática obtida a partir de $\frac{x + 1}{x} = x$.

a) Reescreva a equação acima como uma equação quadrática e determine o número áureo.

b) A sequência 1, 1, 2, 3, 5, 8, 13, 21, ... é conhecida como sequência de Fibonacci, cujo n-ésimo termo é definido recursivamente pela fórmula

$$F(n) = \begin{cases} 1, & \text{se } n = 1 \text{ ou } 2; \\ F(n - 1) + F(n - 2), & \text{se } n > 2. \end{cases}$$

Podemos aproximar o número áureo, dividindo um termo da sequência de Fibonacci pelo termo anterior. Calcule o 10º e o 11º termos dessa sequência e use-os para obter uma aproximação com uma casa decimal para o número áureo.

133. (ITA-SP) Determine os valores do número complexo Z, diferente de zero, que satisfazem a equação

$$\begin{vmatrix} i^8 & Z & i^2 \\ 0 & i^7 & Z \\ i^5 & 0 & -\overline{Z} \end{vmatrix} = 1.$$

Obs.: $\overline{Z}$ é o complexo conjugado de Z; *i* é a unidade imaginária.

134. (UE-CE) Um estudante aplicou a fórmula $x = \dfrac{(-b \pm \sqrt{\Delta})}{(2a)}$ para encontrar raízes x_1 e x_2 da equação $x^2 - 3x + (3 + i) = 0$, e, ao calcular o termo $\Delta = b^2 - 4ac$, obteve $-3 - 4i$. Para extrair a raiz quadrada deste número procurou números reais *r* e *s* de modo que $(r + is)^2 = -3 - 4i$. Após resolver o sistema real gerado por essa equação complexa, obteve como solução:

a) $r + is = \pm(1 + 2i)$, $x_1 = 2 + i$, $x_2 = 1 + i$

b) $r + is = \pm(2 - i)$, $x_1 = 2 - i$, $x_2 = 1 + i$

c) $r + is = \pm(1 - 2i)$, $x_1 = 1 + i$, $x_2 = 2 - i$

d) $r + is = \pm(1 + 2i)$, $x_1 = 2 + i$, $x_2 = 1 - i$

e) $r + is = \pm(2 - 2i)$, $x_1 = 2 - i$, $x_2 = 1 + i$

135. (FGV-RJ) Ao tentar encontrar a interseção do gráfico de uma função quadrática com o eixo *x*, um aluno encontrou as soluções: $2 + i$ e $2 - i$. Quais são as coordenadas do vértice da parábola? Sabe-se que a curva intercepta o eixo *y* no ponto (0, 5).

136. (FGV-SP) Sejam A e B as raízes da equação $x^2 - mx + 2 = 0$. Se $A + \dfrac{1}{B}$ e $B + \dfrac{1}{A}$ são raízes da equação $x^2 - px + q = 0$, então *q* é igual a:

a) $\dfrac{9}{2}$ b) 4 c) $\dfrac{7}{2}$ d) $\dfrac{5}{2}$ e) 2

137. (Fatec-SP) Se $x = 2$ é uma das raízes da equação $x^3 - 4x^2 + mx - 4 = 0$, $m \in \mathbb{R}$, então as suas outras raízes são números:

a) negativos.

b) inteiros.

c) racionais não inteiros.

d) irracionais.

e) não reais.

138. (FEI-SP) Se $x = 1$ é uma das raízes de $p(x) = x^3 - 3x^2 - 13x + 15$, o módulo da diferença das outras duas raízes é igual a:

a) 2 b) 8 c) 6 d) 5 e) 7

139. (UF-PR) Sabendo-se que $x = 2$ é um zero do polinômio $p(x) = 9x^3 - 21x^2 + 4x + 4$, é correto afirmar que a soma das outras duas raízes é igual a:

a) $\dfrac{1}{3}$ b) $\dfrac{3}{7}$ c) 1 d) $\dfrac{4}{21}$ e) $\dfrac{4}{9}$

140. (Unesp-SP) Uma raiz da equação $x^3 - (2a - 1)x^2 - a(a + 1)x + 2a^2(a - 1) = 0$ é $(a - 1)$. Quais são as outras duas raízes dessa equação?

141. (FEI-SP) Seja $p(x) = x^3 + mx - 20$, com *m* pertencente a $\mathbb{R}$, um polinômio divisível por $q(x) = x - 2$. É correto afirmar que p(x) possui:

a) apenas uma raiz real.

b) três raízes reais e iguais.

c) duas raízes reais opostas.

d) duas raízes reais iguais.

e) três raízes reais e distintas entre si.

142. (FEI-SP) Se $x_1 = 1$ e $x_2 = 2$ são raízes do polinômio $p(x) = x^3 - mx^2 + nx$, então o resto da divisão de p(x) por $(x - 4)$ é igual a:

a) 32 b) 18 c) 24 d) 12 e) 30

143. (UF-MS) Sabendo-se que o número complexo $(1 - i)$ é raiz do polinômio P(x) de coeficientes reais dado por $P(x) = x^3 + ax^2 + 8x + b$, então a soma do(s) valor(es) da(s) raiz(es) real(is) do referido polinômio é:

144. (PUC-RJ) Sejam $f(x) = x^2 + 1$ e $g(x) = x^2 - 1$. Então a equação $f(g(x)) - g(f(x)) = -2$ tem duas soluções reais. O produto das duas soluções é igual a:

a) -2 b) -1 c) 0 d) 1 e) 2

145. (ITA-SP) Determine todos os valores $\alpha \in \left]-\frac{\pi}{2}, \frac{\pi}{2}\right[$ tais que a equação (em x) $x^4 - 2\sqrt[4]{3}x^2 + \operatorname{tg} \alpha = 0$ admita apenas raízes reais simples.

146. (PUC-RS) Na implementação de um sintetizador em *software*, relacionam-se os coeficientes de um polinômio com os controles deslizantes numa interface gráfica. Portanto, polinômios estão ligados à geração de notas musicais. A soma das raízes da equação polinomial $x^3 - 6x^2 + 11x - 6 = 0$ é:

a) -6 b) 0 c) 3 d) 6 e) 11

147. (UE-CE) Se *u* e *v* são as soluções da equação $6x + x^{-1} - 5 = 0$, então a expressão $u + v - uv$ é igual a:

a) $\frac{2}{3}$ b) $\frac{3}{2}$ c) $\frac{5}{6}$ d) $\frac{6}{5}$

148. (UE-CE) Se *x*, *y*, *z* e *w* são as raízes da equação $x^4 + 2x^2 + 1 = 0$, então $\log_2|x| + \log_2|y| + \log_2|z| + \log_2|w|$ é igual a:

a) 0 b) 1 c) -1 d) 2

149. (UE-CE) Se os números *m*, *p* e *q* são as soluções da equação $x^3 - 7x^2 + 14x - 8 = 0$ então o valor da soma $\log_2 m + \log_2 p + \log_2 q$ é:

a) 1 b) 2 c) 3 d) 4

150. (UE-GO) João gosta de brincar com números e fazer operações com eles. Em determinado momento, ele pensou em três números naturais e, em relação a esse números, observou o seguinte:

- a soma desses números é 7;
- o produto deles é 8;
- a soma das três parcelas resultantes dos produtos desses números tomados dois a dois é 14.

Assim, os três números pensados por João são raízes da equação:

a) $x^3 - 7x^2 + 14x - 8 = 0$
c) $x^3 - 7x^2 - 14x - 8 = 0$
b) $x^3 + 7x^2 - 14x + 8 = 0$
d) $x^3 + 7x^2 - 14x - 8 = 0$

151. (Unesp-SP) Se *m*, *p*, mp são as três raízes reais não nulas da equação $x^3 + mx^2 + mpx + p = 0$, a soma das raízes dessa equação será:

a) 3 b) 2 c) 1 d) 0 e) −1

152. (Mackenzie-SP) A equação $3x^3 - 4x - 1 = 0$ apresenta 3 raízes x_1, x_2 e −1. O valor de $x_1^2 + x_2^2$ é:

a) $\frac{5}{3}$ b) $\frac{8}{3}$ c) $\frac{2}{5}$ d) $\frac{1}{7}$ e) $\frac{2}{3}$

153. (FGV-RJ) O polinômio $P(x) = x^4 - 5x^3 + 3x^2 + 5x - 4$ tem o número 1 como raiz dupla. O valor absoluto da diferença entre as outras raízes é igual a:

a) 5 b) 4 c) 3 d) 2 e) 1

154. (Mackenzie-SP) Se *a*, *b* e *c* são as raízes da equação $x^3 - 2x^2 + 3x - 4 = 0$, então $\frac{1}{a} + \frac{1}{b} + \frac{1}{c}$ vale:

a) $\frac{2}{3}$ b) $\frac{4}{3}$ c) $\frac{7}{3}$ d) $\frac{3}{4}$ e) $\frac{1}{4}$

155. (Unifesp-SP) Sejam *p*, *q*, *r* as raízes distintas da equação $x^3 - 2x^2 + x - 2 = 0$. A soma dos quadrados dessas raízes é igual a:

a) 1 b) 2 c) 4 d) 8 e) 9

156. (Unesp-SP) A altura *h* de um balão em relação ao solo foi observada durante certo tempo e modelada pela função $h(t) = t^3 - 30t^2 + 243t + 24$ com h(t) em metros e *t* em minutos. No instante t = 3 min o balão estava a 510 metros de altura. Determine em que outros instantes *t* a altura foi também de 510 m.

157. (ITA-SP) O polinômio de grau 4 $(a + 2b + c)x^4 + (a + b + c)x^3 - (a - b)x^2 + (2a - b + c)x + 2(a + c)$, com $a, b, c \in \mathbb{R}$, é uma função par. Então, a soma dos módulos de suas raízes é igual a:

a) $3 + \sqrt{3}$ c) $2 + \sqrt{2}$ e) $2 + 2\sqrt{2}$

b) $2 + 3\sqrt{3}$ d) $1 + 2\sqrt{2}$

158. (UF-PB) Mestre Laureano, técnico e professor de Eletrônica, em uma das suas aulas práticas, escolheu três resistores e propôs aos seus alunos que calculassem o valor da resistência do resistor equivalente aos três resistores escolhidos, associados em paralelo. Para isso ele informou aos alunos que:

- os valores R_1, R_2 e R_3 das resistências dos três resistores escolhidos, medidos em ohms, são raízes do polinômio $p(x) = x^3 - 7x^2 + 16x - 12$.
- o valor R da resistência, medido em ohms, do resistor equivalente aos três resistores escolhidos, associados em paralelo, satisfaz a relação $\frac{1}{R} = \frac{1}{R_1} + \frac{1}{R_2} + \frac{1}{R_3}$.

Com base nessas informações, é correto afirmar que o valor de R, em ohms, é igual a:

a) 0,55 b) 0,65 c) 0,75 d) 0,85 e) 0,95

159. (FGV-SP) O polinômio $P(x) = x^4 - 5x^3 + 3x^2 + 5x - 4$ tem o número 1 como raiz dupla. O valor absoluto da diferença entre as outras raízes é igual a:

a) 5 b) 4 c) 3 d) 2 e) 1

160. (FGV-SP) Se *m*, *n* e *p* são raízes distintas da equação algébrica $x^3 - x^2 + x - 2 = 0$, então $m^3 + n^3 + p^3$ é igual a:

a) -1 b) 1 c) 3 d) 4 e) 5

161. (ITA-SP) A soma de todas as soluções da equação em $\mathbb{C}$: $z^2 + |z|^2 + iz - 1 = 0$ é igual a:

a) 2 b) $\frac{i}{2}$ c) 0 d) $-\frac{1}{2}$ e) $-2i$

162. (FGV-SP) Considere a equação $x^3 - 6x^2 + mx + 10 = 0$ de incógnita *x* e sendo *m* um coeficiente real. Sabendo que as raízes da equação formam uma progressão aritmética, o valor de *m* é:

a) -5 b) -3 c) 3 d) 4 e) 5

163. (ITA-SP) Considere o polinômio $p(x) = a_5x^5 + a_4x^4 + a_3x^3 + a_2x^2 - a_1$, em que uma das raízes é $x = -1$. Sabendo-se que a_1, a_2, a_3, a_4 e a_5 são reais e formam, nesta ordem, uma progressão aritmética com $a_4 = \frac{1}{2}$, então $p(-2)$ é igual a:

a) -25 b) -27 c) -36 d) -39 e) -40

164. (Unesp-SP) Dado que as raízes da equação $x^3 - 3x^2 - x + k = 0$, onde *k* é uma constante real, formam uma progressão aritmética, o valor de *k* é:

a) -5 b) -3 c) 0 d) 3 e) 5

165. (Fatec-SP) Considere a equação polinomial $x^3 - 9x^2 + kx + 21 = 0$, com *k* real. Se suas raízes estão em progressão aritmética, o valor de $\log_2(3k - 1)^2$ é:

a) 8 b) 10 c) 12 d) 16 e) 20

166. (U.F. Juiz de Fora-MG) Seja $p(x) = x^3 + ax^2 + bx + c$ um polinômio com coeficientes reais. Sabe-se que as três raízes desse polinômio são o quarto, o sétimo e o décimo sexto termos de uma progressão aritmética, cuja soma de seus vinte primeiros termos é igual a $\frac{80}{3}$ e o seu décimo terceiro termo é igual a 3. Encontre os valores de *a*, *b* e *c*.

167. (Fuvest-SP) Um polinômio de grau 3 possui três raízes reais que, colocadas em ordem crescente, formam uma progressão aritmética em que a soma dos termos é igual a $\frac{9}{5}$.

A diferença entre o quadrado da maior raiz e o quadrado da menor raiz é $\frac{24}{5}$.

Sabendo-se que o coeficiente do termo de maior grau do polinômio é 5, determine:

a) a progressão aritmética.

b) o coeficiente do termo de grau 1 desse polinômio.

168. (UF-BA) Considere o polinômio com coeficientes reais $P(x) = 3x^5 - 7x^4 + mx^3 + nx^2 + tx + 6$. Sabendo que P(x) é divisível por $x^2 + 2$ e possui três raízes reais que formam uma progressão geométrica, determine o resto da divisão de P(x) por $x + 2$.

169. (UF-PE) Se as raízes da equação $x^3 - 7x^2 - 28x + k = 0$ são termos de uma progressão geométrica, determine o valor do termo constante *k*.

170. (FGV-SP) A equação $3x^3 - 13x^2 + mx - 3 = 0$, na incógnita *x*, tem três raízes reais que formam uma progressão geométrica, quando colocadas em ordem crescente. A maior raiz da equação é:

a) 2 b) 3 c) 1 d) $\frac{1}{3}$ e) $\frac{1}{2}$

171. (UF-PI)Seja o polinômio $p(x) = x^3 - 3x^2 + ax + b$, com coeficientes reais. Sabe-se que p(x) possui três raízes reais, distintas e que estão em Progressão Geométrica. Sabendo-se que p(x) é divisível por $x - 4$, pode-se afirmar que o valor do coeficiente *a* é:

a) −6 b) −3 c) 0 d) 3 e) 6

172. (Fuvest-SP) As raízes da equação do terceiro grau $x^3 - 14x^2 + kx - 64 = 0$ são todas reais e formam uma progressão geométrica. Determine:

a) as raízes da equação;

b) o valor de *k*.

173. (ITA-SP) Se as soluções da equação algébrica $2x^3 - ax^2 + bx + 54 = 0$, com coeficientes $a, b \in \mathbb{R}$, $b \neq 0$, formam, numa determinada ordem, uma progressão geométrica, então $\frac{a}{b}$ é igual a:

a) −3 b) $-\frac{1}{3}$ c) $\frac{1}{3}$ d) 1 d) 3

174. (ITA-SP) Considere a equação algébrica $\sum_{k=1}^{3} (x - a_k)^{4-k} = 0$. Sabendo que $x = 0$ é uma das raízes e que (a_1, a_2, a_3) é uma progressão geométrica com $a_1 = 2$ e soma 6, pode-se afirmar que:

a) a soma de todas as raízes é 5.

b) o produto de todas as raízes é 21.

c) a única raiz real é maior que zero.

d) a soma das raízes não reais é 10.

e) todas as raízes são reais.

175. (UF-PR) Considere o polinômio $p(x) = \begin{bmatrix} 3 & x & -x \\ 3 & x & -4 \\ x & 3 & -3 \end{bmatrix}$. Calcule as raízes de p(x). Justifique sua resposta, deixando claro se utilizou propriedades de determinantes ou algum método para obter as raízes do polinômio.

176. (ITA-SP) As raízes x_1, x_2 e x_3 do polinômio $p(x) = 16 + ax - (4 + \sqrt{2})x^2 + x^3$ estão relacionadas pelas equações: $x_1 + 2x_2 + \frac{x_3}{2} = 2$ e $x_1 - 2x_2 - \sqrt{2}x_3 = 0$. Então, o coeficiente *a* é igual a:

a) $2(1 - \sqrt{2})$
b) $\sqrt{2} - 4$
c) $2(2 + \sqrt{2})$
d) $4 + \sqrt{2}$
e) $4(\sqrt{2} - 1)$

177. (UE-RJ) Uma sequência de três números não nulos (*a*, *b*, *c*) está em progressão harmônica se seus inversos $\left(\frac{1}{a}, \frac{1}{b}, \frac{1}{c}\right)$, nesta ordem, formam uma progressão aritmética. As raízes da equação a seguir, de incógnita *x*, estão em progressão harmônica. $x^3 + mx^2 + 15x - 25 = 0$. Considerando o conjunto dos números complexos, apresente todas as raízes dessa equação.

178. (Fatec-SP) Escrevendo em ordem crescente de valores as três raízes da equação $3x^3 - 10x^2 - 27x + 10 = 0$, verifica-se que a soma das duas menores é $-\frac{5}{3}$ e o produto das duas maiores é $\frac{5}{3}$. Relativamente às raízes dessa equação, é verdade que:

a) somente uma é negativa.
b) todas são negativas.
c) duas são maiores que 1.
d) duas não são inteiras.
e) uma é um número quadrado perfeito.

179. (U.F. Uberlândia-MG) Sabe-se que o número complexo $2 + i$, em que *i* é a unidade imaginária, e o número real 3 são raízes do polinômio de terceiro grau $p(z)$, cujos coeficientes são números reais. Sabendo-se também que $p(0) = 30$, calcule $|p(i)|$.

180. (UF-MS) Sabe-se que o polinômio $P(x)$, definido a seguir, tem duas raízes reais opostas e que $P(1 - i) = 0$. $P(x) = 9x^4 + ax^3 + bx^2 + cx - 90$. Então qual é o valor da soma $(a + b + c)$?

181. (ITA-SP) Sabe-se que o polinômio $p(x) = x^5 - ax^3 + ax^2 - 1$, $a \in \mathbb{R}$, admite a raiz $-i$. Considere as seguintes afirmações sobre as raízes de *p*:

I. Quatro das raízes são imaginárias puras.
II. Uma das raízes tem multiplicidade dois.
III. Apenas uma das raízes é real.

Destas, é (são) verdadeira(s) apenas:

a) I
b) II
c) III
d) I e II
e) II e III

182. (Mackenzie-SP) O produto das raízes não reais do polinômio $P(x) = x^3 + x - 10$ é:

a) 1
b) 2
c) 3
d) 4
e) 5

183. (UF-BA) Sendo A(x) e B(x) polinômios com coeficientes reais tais que

- $A(x) = x^3 + 2x^2 + a_2x + a_3$ é divisível por $x^2 + x + 1$;
- $B(x) = x^5 + b_1x^4 + b_2x^3 + b_3x^2 + b_4x + b_5$ tem uma raiz em comum com A(x);
- $B(i) = 0$;
- $B(1 + i) = 0$,

calcule A(0) + B(1).

184. (ITA-SP) Sobre a equação polinomial $2x^4 + ax^3 + bx^2 + cx - 1 = 0$, sabendo que os coeficientes *a*, *b*, *c* são reais, duas de suas raízes são inteiras e distintas e $\frac{1}{2} - \frac{i}{2}$ também é sua raiz. Então, o máximo de *a*, *b*, *c* é igual a:

a) -1 b) 1 c) 2 d) 3 e) 4

185. (ITA-SP) Considere um polinômio p(x), de grau 5, com coeficientes reais. Sabe-se que $-2i$ e $i - \sqrt{3}$ são duas de suas raízes. Sabe-se, ainda, que dividindo-se p(x) pelo polinômio $q(x) = x - 5$ obtém-se resto zero e $p(1) = 20(5 + 2\sqrt{3})$. Então $P(-1)$ é igual a:

a) $5(5 - 2\sqrt{3})$
b) $15(5 - 2\sqrt{3})$
c) $30(5 - 2\sqrt{3})$
d) $45(5 - 2\sqrt{3})$
e) $50(5 - 2\sqrt{3})$

186. (Unesp-SP) Seja a função $f(x) = x^3 + 2x^2 + kx + \theta$. Os valores de *k* e θ para que $1 + i$ seja raiz da função f(x) são, respectivamente,

a) 10 e -6
b) 2 e 0
c) 1 e 1
d) 0 e 1
e) -6 e 8

187. (FEI-SP) Se *i* é raiz da equação $x^4 + kx^3 + 3x^2 - 2x + 2 = 0$, então a soma das demais raízes dessa equação é:

a) $2 - i$
b) $2i$
c) $2 + i$
d) 2
e) $3i$

188. (UF-CE) Considere a expressão $x^4 - x^3 - 5x^2 - x - 6$. Pede-se:

a) encontrar o valor numérico da expressão para $x = -2$;

b) obter todas as raízes complexas do polinômio $p(x) = x^4 - x^3 - 5x^2 - x - 6$.

189. (Fuvest-SP) O polinômio $p(x) = x^4 + ax^3 + bx^2 + cx - 8$, em que *a*, *b*, *c* são números reais, tem o número complexo $1 + i$ como raiz, bem como duas raízes simétricas.

a) Determine *a*, *b*, *c* e as raízes de p(x).

b) Subtraia 1 de cada uma das raízes de p(x) e determine todos os polinômios com coeficientes reais, de menor grau, que possuam esses novos valores como raízes.

190. (FGV-SP) Um polinômio P(x) do terceiro grau tem o gráfico dado abaixo.

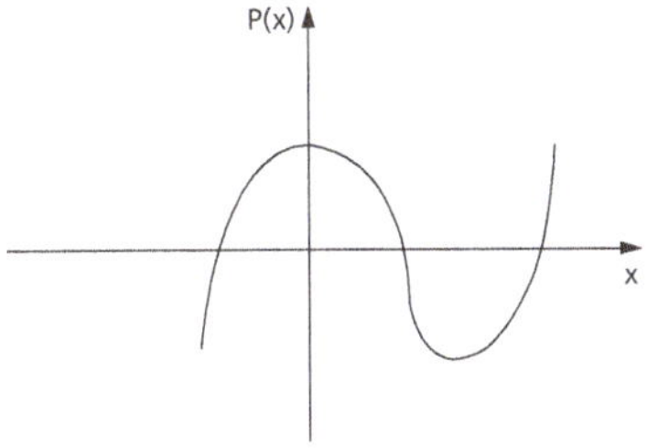

Os pontos de intersecção com o eixo das abscissas são (− 1, 0), (1, 0) e (3, 0). O ponto de intersecção com o eixo das ordenadas é (0, 2). Portanto, o valor de P(5) é:

a) 24
b) 26
c) 28
d) 30
e) 32

191. (FGV-RJ) A figura mostra o gráfico da função $f(x) = 1 + x - 2x^3$.

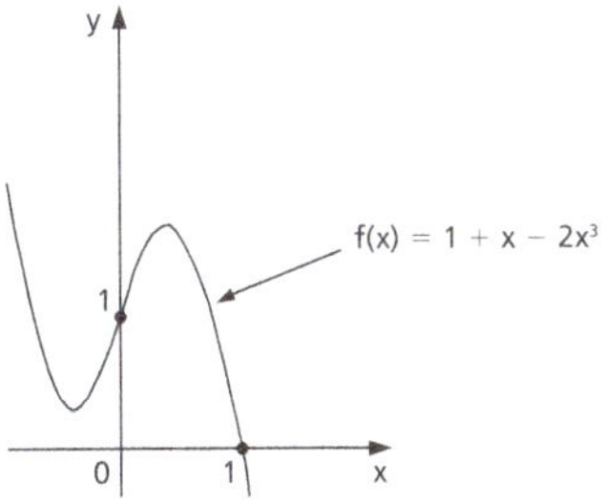

a) Determine as soluções que não são números reais da equação $f(x) = 0$.

b) Resolva a inequação: $f(x) \geqslant 1$.

192. (Unesp-SP) Considere as funções polinomiais $f(x) = x^3 + x^2 + 2x - 1$ e $g(x) = x^3 + 3x + 1$, cujos gráficos se interceptam em dois pontos como esboçado na figura (não em escala).

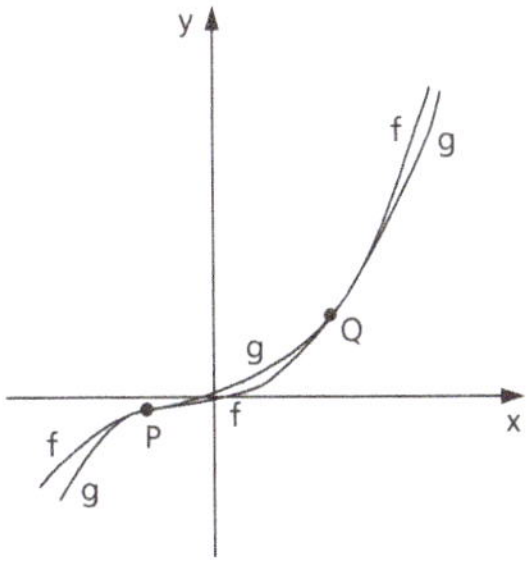

Determine para quais valores reais $f(x) \geqslant g(x)$, isto é, determine o conjunto $S = \{x \in \mathbb{R} \mid f(x) \geqslant g(x)\}$.

193. (UF-PE) O gráfico da função real *f* dada por $f(x) = x^4 + ax^3 + bx^2 + cx + d$ com *a*, *b*, *c* e *d* constantes reais está esboçado a seguir.

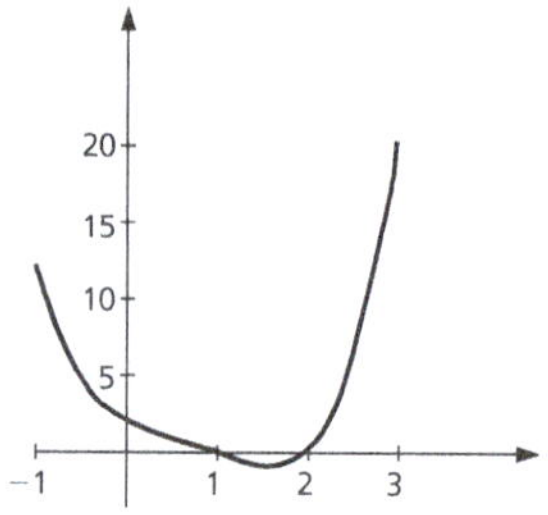

Se o gráfico passa pelos pontos (1, 0), (2, 0), (0, 2) e (−1, 12) é correto afirmar que:

0-0) f(x) é divisível por $x^2 - 3x + 2$.

1-1) f(x) é múltiplo de $x^2 + 1$.

2-2) f(x) admite quatro raízes reais.

3-3) A soma das raízes de f(x) é 3.

4-4) O produto das raízes de f(x) é 2.

194. (UF-PE) Seja p(x) um polinômio com coeficientes reais, com coeficiente líder 1, de grau 4, satisfazendo: $p(x) = p(-x)$ para todo *x* real, $p(0) = 4$ e $p(1) = -1$. Parte do gráfico de p(x) está esboçado a seguir.

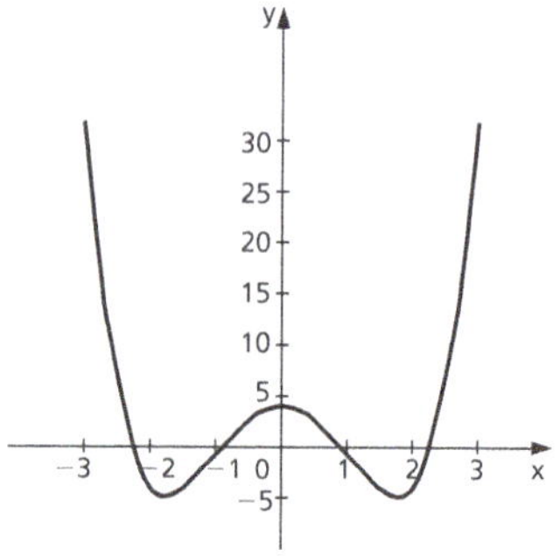

Analise as afirmações a seguir, acerca de p(x).

0-0) $p(x) = x^4 + 6x^2 + 4$

1-1) As raízes de p(x) são $\pm\sqrt{3 \pm \sqrt{5}}$, para qualquer escolha dos sinais positivos e negativos.

2-2) As raízes de p(x) são $\dfrac{\pm\sqrt{10} \pm \sqrt{2}}{2}$, para qualquer escolha dos sinais positivos e negativos.

3-3) $p(x) = (x^2 - 3)^2 + 5$

4-4) O valor mínimo de p(x) ocorre em $x = \pm\sqrt{3}$.

195. (FGV-SP) Considere a função polinomial definida por $P(x) = ax^3 + bx^2 + cx + d$, com *a*, *b*, *c*, *d* sendo números reais, e cuja representação gráfica é dada na figura.

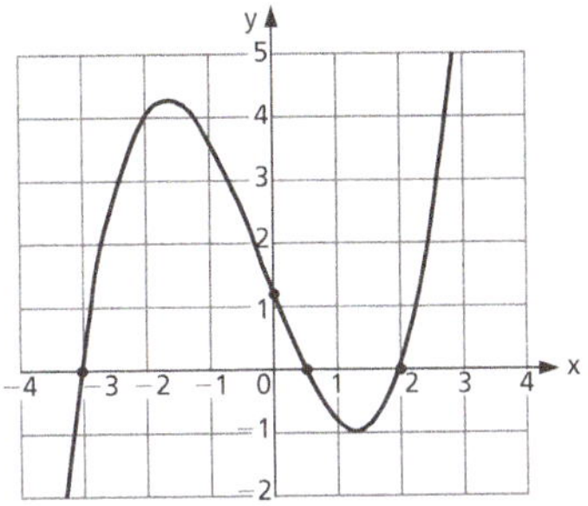

É correto afirmar que:

a) $-1 < a + b + c + d < 0$

b) $0 < d < 1$

c) para $-1 \leqslant x \leqslant 1$, $P(x) > 0$

d) o produto de suas raízes é menor que -6.

e) há uma raiz de multiplicidade 2.

196. (UE-CE) Sejam f, g: $\mathbb{R} \to \mathbb{R}$ funções definidas por $f(x) = x^3 - 25x$ e $g(x) = mx$, onde *m* é um número real. Os gráficos de *f* e de *g*, no plano cartesiano usual, possuem três pontos de interseção para a totalidade dos valores de *m* que satisfazem a condição.

a) $m < -25$ b) $m > -25$ c) $m < 25$ d) $m > 25$

197. (FGV-SP) A função polinomial $P(x) = x^3 + (1 + \sqrt{2})x^2 + (4 + \sqrt{2})x + 4\sqrt{2}$ é crescente em todo o conjunto dos números reais. Podemos afirmar que:

a) a soma das raízes vale $1 + \sqrt{2}$.

b) o polinômio tem uma única raiz real negativa.

c) o polinômio tem três raízes complexas não reais.

d) o polinômio tem três raízes reais distintas.

e) o produto das raízes vale $4\sqrt{2}$.

198. (UF-PI) Seja a função f: $\mathbb{R} \to \mathbb{R}$, definida por $f(x) = x^3 + ax^2 + bx$, onde *a* e *b* são números reais. Analise as afirmativas abaixo e assinale V (verdadeira) ou F (falsa).

1. Se $a^2 > 4b$, então *f* possui três raízes reais.
2. Se $a > 0$ e $b = 0$, então $x = 0$ é ponto de mínimo local.
3. Se *f* for divisível por $x - 1$, então $-a - 1$ é raiz de *f*.
4. Se $a^2 > 3b$, então *f* é decrescente em algum intervalo $\mathbb{I} \subset \mathbb{R}$.

199. (UF-GO) Dados dois polinômios p(x) e q(x), as abscissas dos pontos de intersecção dos seus gráficos são as soluções da equação algébrica $p(x) = q(x)$. Considere os polinômios $p(x) = x^3 + a_2x^2 + a_1x + a_0$ e $q(x) = 3 - 2x$. Determine os valores de a_0, a_1 e a_2 para que os polinômios p(x) e q(x) se intersectem nos pontos de abscissa -2, 3 e 4.

200. (FGV-SP) A função polinomial $P(x) = x^3 + ax^2 + bx + c$ tem a propriedade de que a média aritmética dos seus zeros, produto dos seus zeros e a soma dos seus coeficientes são todos iguais. Se o intercepto do gráfico de $y = P(x)$ com o eixo *y* ocorre no ponto de coordenadas $(0, 2)$, *b* é igual a:

a) 5
b) 1
c) -9
d) -10
e) -11

201. (Unifesp-SP) Considere o polinômio $p(x) = x^3 + ax^2 + bx + c$, sabendo que *a*, *b* e *c* são números reais e que o número 1 e o número complexo $1 + 2i$ são raízes de *p*, isto é, que $p(1) = p(1 + 2i) = 0$. Nestas condições existe um polinômio $q(x)$ para o qual $p(x) = (1 - x) \cdot q(x)$. Uma possível configuração para o gráfico de $y = q(x)$ é:

a)
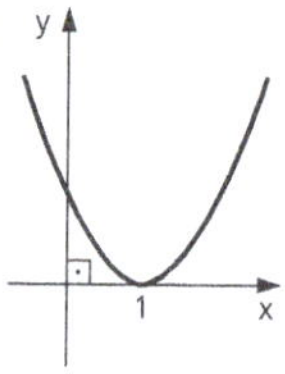

b)
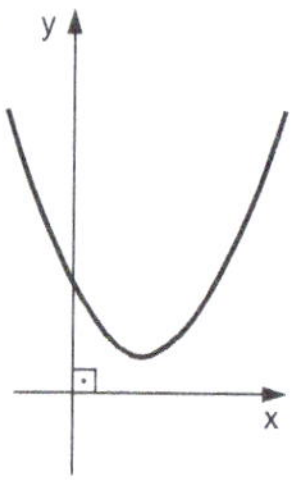

c)
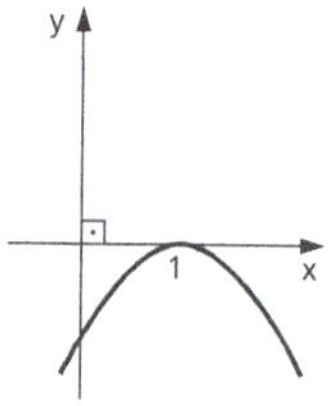

d)
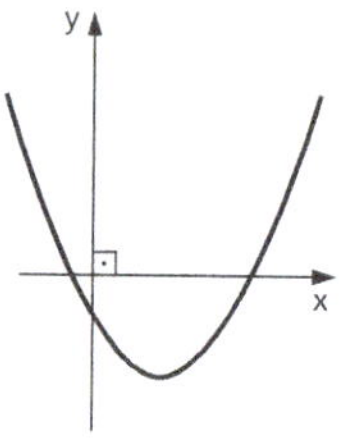

e)
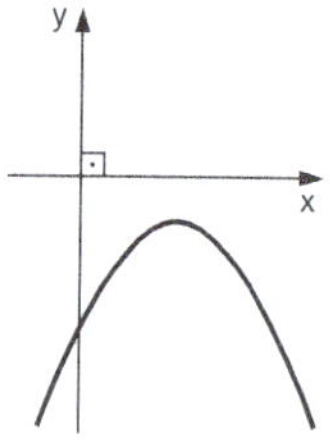

202. (UF-MT) A divisão de um polinômio de coeficientes reais $P(x)$ por $(x + 1)$ apresenta como quociente um polinômio $Q(x)$ de grau 3 com o coeficiente do termo de maior grau igual a -1 e, como resto, $(x - 3)$. O gráfico de $Q(x)$ é mostrado na figura abaixo.

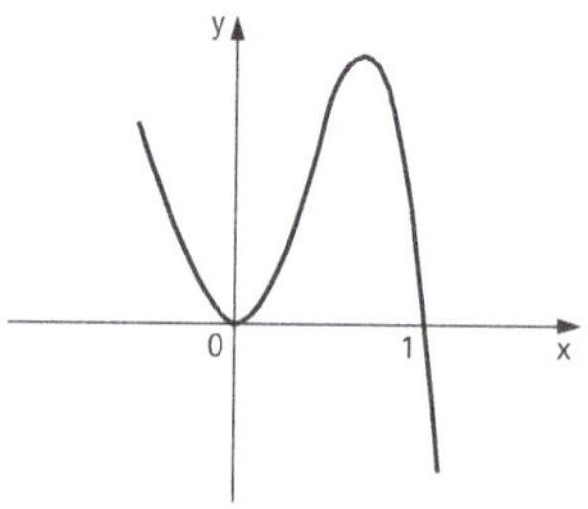

A partir dessas informações, qual é a soma dos coeficientes de $P(x)$?

a) -2
b) -1
c) 0
d) 1
e) 2

203. (UF-GO) Considere o polinômio $p(x) = x^3 - 9x^2 + 25x - 25$. Sabendo-se que o número complexo $z = 2 + i$ é uma raiz de p, o triângulo, cujos vértices são as raízes de p, pode ser representado, no plano complexo, pela seguinte figura:

a)

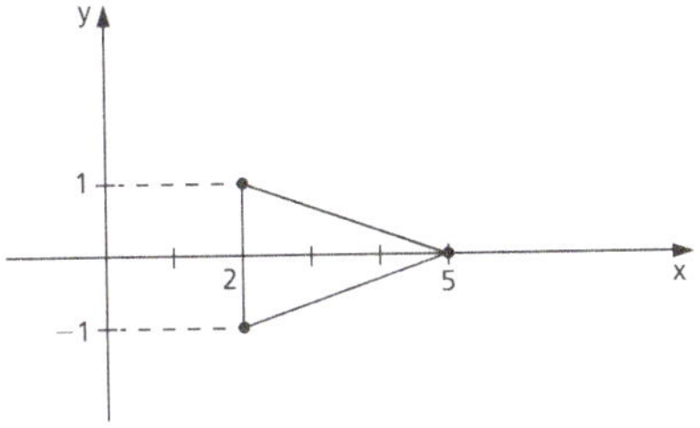

b)

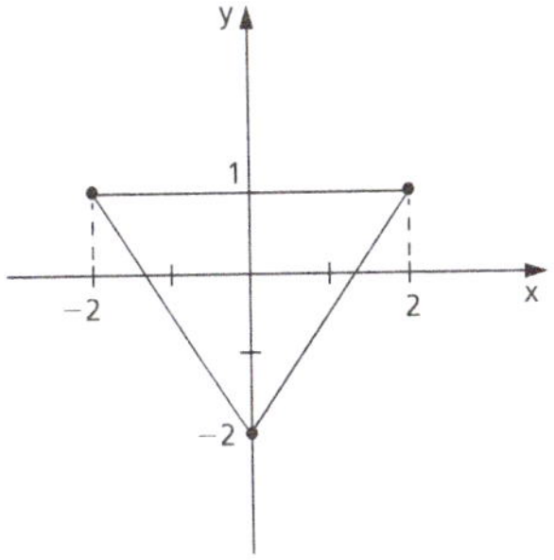

c)

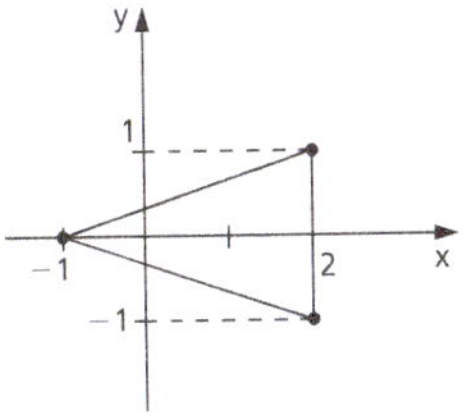

d)

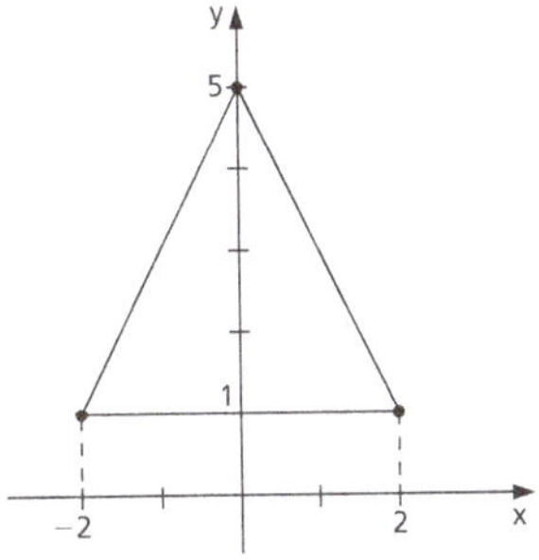

e)

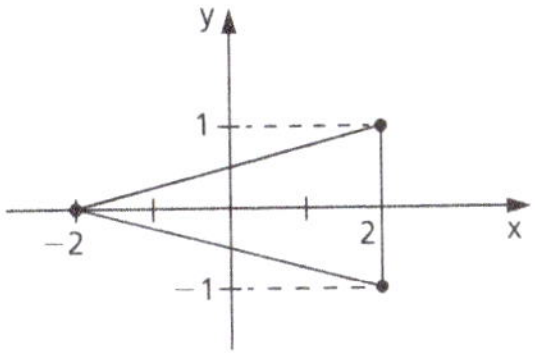

204. (Unifesp-SP) Seja $x = \sqrt[3]{2 + \sqrt{5}} + \sqrt[3]{2 - \sqrt{5}}$. Elevando ambos os termos ao cubo, teremos $x^3 = 4 - 3x$. Seja $p(x) = x^3 + 3x - 4$. Como $p(1) = 0$, $p(x)$ é divisível por $x - 1$ e, então, $p(x) = (x - 1) \cdot q(x)$, onde q é um polinômio.

a) Mostre que $q(x)$ possui como zeros somente números complexos não reais e, portanto, que o número $x = 1$ é o único zero real de $p(x)$.

b) Mostre que $\sqrt[3]{2 + \sqrt{5}} + \sqrt[3]{2 - \sqrt{5}}$ é um número inteiro.

205. (ITA-SP) Considere o polinômio $p(x) = x^3 - (a + 1)x + a$, onde $a \in \mathbb{Z}$. O conjunto de todos os valores de a, para os quais o polinômio $p(x)$ só admite raízes inteiras, é:

a) $\{2n, n \in \mathbb{N}\}$

b) $\{4n^2, n \in \mathbb{N}\}$

c) $\{6n^2 - 4n, n \in \mathbb{N}\}$

d) $\{n(n + 1), n \in \mathbb{N}\}$

e) $\mathbb{N}$

206. (FGV-SP) Sendo *p* e *q* as raízes irracionais da equação $2x^4 + 3x^3 - 6x^2 - 6x + 4 = 0$, $p \cdot q$ é igual a:

a) $-\frac{\sqrt{2}}{2}$ b) $-\sqrt{3}$ c) -2 d) $-\sqrt{6}$ e) $-\frac{5}{2}$

207. (ITA-SP) Com respeito à equação polinomial $2x^4 - 3x^3 - 3x^2 + 6x - 2 = 0$ é correto afirmar que:

a) todas as raízes estão em $\mathbb{Q}$.

b) uma única raiz está em $\mathbb{Z}$ e as demais estão em $\mathbb{Q} - \mathbb{Z}$.

c) duas raízes estão em $\mathbb{Q}$ e as demais têm parte imaginária não nula.

d) não é divisível por $2x - 1$.

e) uma única raiz está em $\mathbb{Q} - \mathbb{Z}$ e pelo menos uma das demais está em $\mathbb{R} - \mathbb{Q}$.

208. (FGV-SP) Ao copiar da lousa uma equação polinomial de 3º grau e de coeficientes inteiros, Carlos escreveu errado o termo em *x* e o termo que não tem fator *x*. Resolvendo-a, duas das raízes que encontrou foram $-i$ e 2. A professora já havia adiantado que uma das raízes da equação original era $2i$.

a) Qual é a equação original?

b) Quais são as outras raízes da equação original?

209. (ITA-SP) Mostre que um polinômio de 4º grau e coeficientes inteiros não possui raízes inteiras se $p(0)$ e $p(1)$ forem ímpares.

210. (FGV-SP) Sendo *m* um número inteiro, considere a equação polinomial $3x^4 + 2x^3mx^2 - 4x = 0$, na incógnita *x*, que possui uma raiz racional entre $-\frac{4}{5}$ e $-\frac{1}{2}$. Nessas condições, a menor raiz irracional da equação é igual a:

a) $-\sqrt{3}$ b) $-\sqrt{2}$ c) $-\frac{\sqrt{2}}{2}$ d) $\sqrt{2}$ e) $\sqrt{3}$

211. (ITA-SP) Sobre o polinômio $p(x) = x^5 - 5x^3 + 4x^2 - 3x - 2$ podemos afirmar que:

a) $x = 2$ não é raiz de *p*.

b) p só admite reais, sendo uma delas inteira, duas racionais e duas irracionais.

c) p admite uma única raiz real, sendo ela uma raiz inteira.

d) p só admite raízes reais sendo duas delas inteiras.

e) p admite somente três raízes reais, sendo uma delas inteira e duas irracionais.

212. (PUC-SP) Sabe-se que a equação $x^4 + x^3 - 4x^2 + x + 1 = 0$ admite raízes inteiras. Se *m* é a maior das raízes não inteiras dessa equação, então o valor de $m + \frac{1}{m}$ é:

a) -6 b) -3 c) 0 d) $\sqrt{5}$ e) $2\sqrt{5}$

213. (ITA-SP) Considere o polinômio $p(x) = \sum_{n=0}^{6} a_n x^n$, com coeficientes reais, sendo $a_0 \neq 0$ e $a_6 = 1$. Sabe-se que se *r* é raiz de *p*, $-r$ também é raiz de *p*. Analise a veracidade ou falsidade das afirmações:

I. Se r_1 e r_2, $|r_1| \neq |r_2|$, são raízes reais e r_3 é raiz não real de *p*, então r_3 é imaginário puro.

II. Se *r* é raiz dupla de *p*, então *r* é real ou imaginário puro.

III. $a_0 < 0$.

214. (ITA-SP) Considere a equação:

$$16\left(\frac{1 - ix}{1 + ix}\right)^3 = \left(\frac{1 + i}{1 - i} - \frac{1 - i}{1 + i}\right)^4$$

Sendo *x* um número real, a soma dos quadrados das soluções dessa equação é:

a) 3 b) 6 c) 9 d) 12 e) 15

215. (ITA-SP) Se *z* é uma solução da equação em $\mathbb{C}$,

$z - \bar{z} + |z|^2 = -\left[(\sqrt{2} + i)\left(\frac{\sqrt{2} - 1}{3} - i\frac{\sqrt{2} + 1}{3}\right)\right]^{12}$, pode-se afirmar que:

a) $i(z - \bar{z}) < 0$

b) $i(z - \bar{z}) > 0$

c) $|z| \in [5, 6]$

d) $|z| \in [6, 7]$

e) $\left|z + \frac{1}{\bar{z}}\right| > 8$

216. (UF-PR) Um modo de procurar soluções de uma equação $ax^3 + bx^2 + cx + d = 0$ é fazer uma substituição da forma $x = y + r$, escolher o número *r* de modo que o coeficiente de y^2 seja nulo, resolver a nova equação na variável *y* e determinar as soluções da equação original. Nesta questão, você deverá aplicar esse método à equação $8x^3 + 12x^2 - 66x - 35 = 0$.

a) Faça a substituição $x = y + r$ e encontre o número *r* que anula o coeficiente de y^2.

b) Resolva a equação obtida no item (a) e encontre as soluções da equação original.

Transformações

217. (FGV-SP) Sendo *x* um número positivo tal que $x^2 + \frac{1}{x^2} = 14$, o valor de $x^3 + \frac{1}{x^3}$ é:

a) 52

b) 54

c) 56

d) 58

e) 60

218. (ITA-SP) É dada a equação polinomial $(a + c + 2)x^3 + (b + 3c + 1)x^2 + (c - a)x + (a + b + 4) = 0$ com *a*, *b*, *c* reais. Sabendo-se que esta equação é recíproca de primeira espécie e que 1 é uma raiz, então o produto abc é igual a:

a) -2

b) 4

c) 6

d) 9

e) 12

Raízes múltiplas e raízes comuns

219. (ITA-SP) Seja p um polinômio com coeficientes reais, de grau 7, que admite $1 - i$ como raiz de multiplicidade 2. Sabe-se que a soma e o produto de todas as raízes de p são, respectivamente, 10 e -40. Sendo afirmado que três raízes de p são reais e distintas e formam uma progressão aritmética, então, tais raízes são:

a) $\frac{3}{2} - \frac{\sqrt{193}}{6}, 3, \frac{3}{2} + \frac{\sqrt{193}}{6}$

b) $2 - 4\sqrt{13}, 2, 2 + 4\sqrt{13}$

c) $-4, 2, 8$

d) $-2, 3, 8$

e) $-1, 2, 5$

220. (ITA-SP) Sejam $\alpha, \beta, \gamma \in \mathbb{R}$. Considere o polinômio $p(x)$ dado por
$x^5 - 9x^4 + (\alpha - \beta - 2\gamma)x^3 + (\alpha + 2\beta + 2\gamma - 2)x^2 + (\alpha - \beta - \gamma + 1)x + (2\alpha + \beta + \gamma - 1)$.
Encontre todos os valores de α, β e γ de modo que $x = 0$ seja uma raiz com multiplicidade 3 de $p(x)$.

221. (ITA-SP) Um polinômio real $\frac{p}{(x)} = \sum_{n=0}^{5} a_n x^n$, com $a_5 = 4$, tem três raízes reais distintas, a, b e c, que satisfazem o sistema

$$\begin{cases} a + 2b + 5c = 0 \\ a + 4b + 2c = 6 \\ 2a + 2b + 2c = 5 \end{cases}$$

Sabendo que a maior das raízes é simples e as demais têm multiplicidade dois, pode-se afirmar que $p(1)$ é igual a:

a) -4 b) -2 c) 2 d) 4 e) 6

222. (ITA-SP) Se 1 é uma raiz de multiplicidade 2 da equação $x^4 + x^2 + ax + b = 0$, com a, $b \in \mathbb{R}$, então $a^2 - b^3$ é igual a:

a) -64 b) -36 c) -28 d) 18 e) 27

223. (UF-RS) Se $x = 1$ é raiz de multiplicidade 3 do polinômio $x^3 + ax^2 + bx + c$, então

a) $a = -3, b = 3, c = -1$

b) $a = -3, b = -3, c = 1$

c) $a = 0, b = 0, c = -1$

d) $a = -1, b = 1, c = -1$

e) $a = -1, b = -1, c = 1$

224. (ITA-SP) Calcule os números reais a e b para que as equações $x^3 + ax^2 + 18 = 0$ e $x^3 + bx + 12 = 0$ tenham duas raízes em comum.

225. (ITA-SP) Considere as funções $f(x) = x^4 + 2x^3 - 2x - 1$ e $g(x) = x^2 - 2x + 1$. A multiplicidade das raízes não reais da função composta $f \circ g$ é igual a:

a) 1 b) 2 c) 3 d) 4 e) 5

226. (UF-ES) Considere os polinômios $p(x) = 2x^3 - x^2 - 10x + 5$ e $q(x) = p(x)p(-x)$. Determine:

a) as raízes de $p(x)$;

b) as raízes de $q(x)$ e suas respectivas multiplicidades;

c) os valores reais de x para os quais $q(x) > 0$.

227. (ITA-SP) Suponha que os coeficientes reais a e b da equação $x^4 + ax^3 + bx^2 + ax + 1 = 0$ são tais que a equação admite solução não real r com $|r| \neq 1$. Das seguintes afirmações:

I. A equação admite quatro raízes distintas, sendo todas não reais.

II. As raízes podem ser duplas.

III. Das quatro raízes, duas podem ser reais.

é (são) verdadeira(s):

a) apenas I.
b) apenas II.
c) apenas III.
d) apenas II e III.
e) nenhuma.

Respostas das questões de vestibulares

1. 25
2. b
3. c
4. b
5. c
6. b
7. a) $z^3 = -2 + 2i$ e
   $\overline{z}^4 = -4 + 0i$

   b) $a = -4$, $b = 6$,
   $c = -4$
8. V, F, V, F
9. d
10. e
11. $A = \{i\}$
12. d
13. $x = 3$ ou -3;
    $A = \frac{1}{3}$ ou $-\frac{1}{3}$
14. c
15. e
16. b
17. a
18. c
19. d
20. $a = 3$ cm
21. e
22. d
23. a
24. d
25. d
26. e
27. V, F, F, V
28. c
29. e
30. c
31. e
32. a
33. a
34. e
35. e
36. b
37. b
38. b
39. a
40. $z^2 = -72 + 72\sqrt{3}i$
41. b
42. b
43. b
44. b
45. e
46. a) $|z| = 1$

    b) $z^4 + w^4 = -1$
47. a) 36 u.a.

    b) A'(0, 3), B'(−6, 0),
    C'(0, −3), D'(6, 0)

    c) *i*
48.

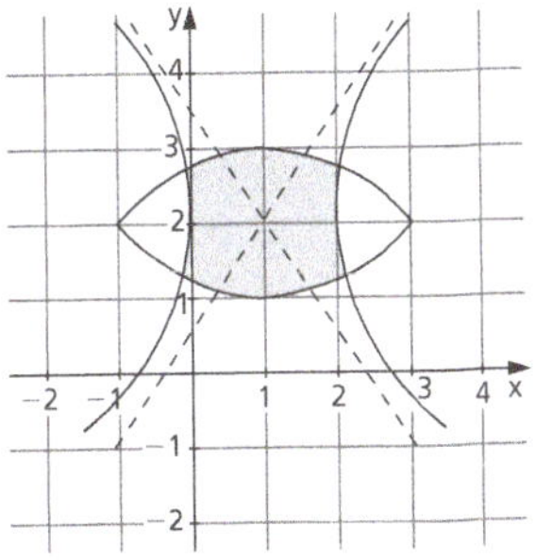

49. e
50. $z = \frac{1}{2} + \frac{\sqrt{3}}{2}i$
51. a
52. a
53. c
54. b
55. d
56. c
57. d
58. c
59. b
60. c
61. c
62. 01, 04, 08 e 16
63. e
64. a

65. $a = -4$

66. 1

67. V, F, F, F, V

68. 32

69. a) 0; 2; −2
b) a^4

70. $\frac{n-1}{2}$

71. $2i; -2i; -\sqrt{3} + i; -\sqrt{3} - i$

72. e 73. a

74. c 75. e

76. b 77. c

78. c 79. 2

80. a) $A = 1, B = -1, C = 2$
b) Demonstração

81. e

82. a) Demonstração
b) $f(x) = x^3 - x^2 - x + 1$

83. b 84. d

85. b 86. b

87. $(x^2 - 1)(x^3 + x + 1)$

88. 51 89. d

90. b 91. e

92. b 93. b

94. e 95. b

96. b 97. b

98. e 99. b

100. $k = 2$

101. d 102. a

103. b 104. a

105. d 106. c

107. 10 108. a

109. e

110. $K = \frac{1}{4}$ e $\alpha = \frac{\pi}{6}$ ou $\alpha = \frac{5\pi}{6}$

111. c

112. V, V, V, F

113. d 114. b

115. e

116. a)

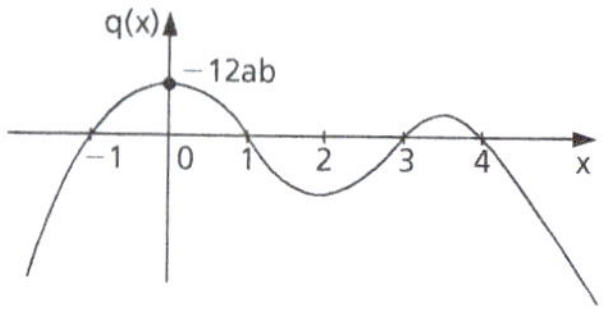

b) $abx(x-1)(x-3)(x-4)$; raízes: 0, 1, 3 e 4

117. b 118. b

119. d 120. 78

121. a 122. a

123. e 124. c

125. d 126. e

127. c 128. c

129. b

130. $-2 < m < -\sqrt{2}$

131. $y = -5 \pm 2\sqrt{42}$

132. a) $x^2 - x - 1 = 0$; $\frac{1 + \sqrt{5}}{2}$
b) $F(10) = 55$; $F(11) = 89$; 1,6

133. $Z = -1$ ou $Z = \frac{1}{2} + \frac{\sqrt{3}}{2}i$ ou $Z = \frac{1}{2} - \frac{\sqrt{3}}{2}i$

134. c 135. (2, 1)

136. a 137. e

138. b 139. a

140. 2a e −a

141. a 142. c

143. 5 144. b

145. $0 < \alpha < \frac{\pi}{3}$

146. d 147. a

148. a 149. c

150. a 151. e

152. a 153. a

154. d 155. b

156. $t = 9$ e $t = 18$

157. e 158. c

159. a 160. d

161. e 162. e

163. a 164. d

165. b

166. $a = -1, b = -17, c = -15$

167. a) $-\frac{7}{5}, \frac{3}{5}, \frac{13}{5}$
b) $-\frac{73}{5}$

168. −210

169. 64

170. b 171. a

172. a) 2, 4 e 8
b) $k = 56$

173. b 174. a

175. 3, −3, 4

176. c

177. 5; 1 + 2i; 1 − 2i

178. a **179.** $16\sqrt{5}$

180. 45

181. c **182.** e

183. A(0) + B(1) = 5

184. c **185.** c

186. e **187.** a

188. a) 0

b) +i, −i e 3

189. a) a = −2, b = −2, c = 8

b) $Q(x) = ax^4 + 2ax^3 - 4ax^2 - 2ax + 3a$, $a \in \mathbb{R}^*$

190. e

191. a) $x = \dfrac{-1-i}{2}$ e $x = \dfrac{-1+i}{2}$

b) $x \leqslant -\dfrac{\sqrt{2}}{2}$ ou $0 \leqslant x \leqslant \dfrac{\sqrt{2}}{2}$

192. $S = \{x \in \mathbb{R} \mid x \leqslant -1$ ou $x \geqslant 2\}$

193. V, V, F, V, V

194. F, V, V, F, V

195. a **196.** b

197. b

198. V, V, V, V

199. $a_0 = 27$, $a_1 = -4$ e $a_2 = -5$

200. e **201.** e

202. a **203.** a

204. a) As raízes de q(x) são $\dfrac{-1 \pm \sqrt{15}i}{2}$.

b) Prova-se que $x = 1 \in \mathbb{Z}$.

205. d **206.** c

207. e

208. a) $x^3 - 2x^2 + 4x - 8 = 0$

b) −2i e 2

209. Demonstração

210. b **211.** e

212. b

213. V, F, F

214. b **215.** e

216. a) $r = -\dfrac{1}{2}$

b) $-\dfrac{1}{2}, \dfrac{5}{2}$ e $-\dfrac{7}{2}$

217. a **218.** e

219. e

220. $\alpha = 0$, $\beta = 1 - m$ e $\gamma = m$ com $m \in \mathbb{R}$ e $m \neq -1$.

221. a **222.** c

223. a

224. a = 1 e b = 2

225. c

226. a) $\dfrac{1}{2}, -\sqrt{5}, \sqrt{5}$

b) $-\dfrac{1}{2}, \dfrac{1}{2}, -\sqrt{5}, \sqrt{5}$.

Com multiplicidade um: $-\dfrac{1}{2}$ e $\dfrac{1}{2}$;

com multiplicidade dois: $-\sqrt{5}$ e $\sqrt{5}$

c) $\left[-\dfrac{1}{2}, \dfrac{1}{2}\right]$

227. a

Significado das siglas de vestibulares

FEI-SP — Faculdade de Engenharia Industrial, São Paulo
FGV-SP — Fundação Getúlio Vargas, São Paulo
FGV-RJ — Fundação Getúlio Vargas, Rio de Janeiro
Fuvest-SP — Fundação para o Vestibular da Universidade de São Paulo
ITA-SP — Instituto Tecnológico de Aeronáutica, São Paulo
Mackenzie-SP — Universidade Presbiteriana Mackenzie, São Paulo
PUC-MG — Pontifícia Universidade Católica de Minas Gerais
PUC-RJ — Pontifícia Universidade Católica do Rio de Janeiro
PUC-RS — Pontifícia Universidade Católica do Rio Grande do Sul
PUC-SP — Pontifícia Universidade Católica de São Paulo
UE-CE — Universidade Estadual do Ceará
UE-GO — Universidade Estadual de Goiás
U. E. Ponta Grossa-PR — Universidade Estadual de Ponta Grossa, Paraná
UE-RJ — Universidade do Estado do Rio de Janeiro
UF-AL — Universidade Federal de Alagoas
UF-AM — Universidade Federal do Amazonas
UF-BA — Universidade Federal da Bahia
UF-CE — Universidade Federal do Ceará
UF-ES — Universidade Federal do Espírito Santo
UFF-RJ — Universidade Federal Fluminense, Rio de Janeiro
UF-GO — Universidade Federal de Goiás
U. F. Juiz de Fora-MG — Universidade Federal de Juiz de Fora, Minas Gerais
UF-MS — Universidade Federal de Mato Grosso do Sul
UF-MT — Universidade Federal do Mato Grosso
UF-PB — Universidade Federal da Paraíba
UF-PE — Universidade Federal de Pernambuco
UF-PI — Universidade Federal do Piauí
UF-PR — Universidade Federal do Paraná
UF-RS — Universidade Federal do Rio Grande do Sul
UF-RN — Universidade Federal do Rio Grande do Norte
UF-SE — Universidade Federal de Sergipe
U. F. Uberlândia-MG — Universidade Federal de Uberlândia, Minas Gerais
Unesp-SP — Universidade Estadual Paulista, São Paulo
Unicamp-SP — Universidade Estadual de Campinas, São Paulo
Unifesp-SP — Universidade Federal de São Paulo
Vunesp-SP — Fundação para o Vestibular da Universidade Estadual Paulista, São Paulo